权威·前沿·原创

皮书系列为
"十二五"国家重点图书出版规划项目

U0205975

测绘地理信息蓝皮书
BLUE BOOK OF CHINA'S
SURVEYING & MAPPING &
GEOINFORMATION

新常态下的测绘地理信息研究报告（2015）

REPORT ON SURVEYING, MAPPING AND GEOINFORMATION UNDER
THE NEW NORMAL (2015)

主　编／库热西·买合苏提
副 主 编／王春峰　陈常松
执行主编／徐永清

社会科学文献出版社
SOCIAL SCIENCES ACADEMIC PRESS (CHINA)

图书在版编目（CIP）数据

新常态下的测绘地理信息研究报告. 2015/库热西·
买合苏提主编. —北京：社会科学文献出版社，2015. 12
（测绘地理信息蓝皮书）
ISBN 978 - 7 - 5097 - 8638 - 3

Ⅰ. ①新…　Ⅱ. ①库…　Ⅲ. ①测绘 - 地理信息学 -
研究报告 - 中国 - 2015　Ⅳ. ①P208

中国版本图书馆 CIP 数据核字（2015）第 310211 号

测绘地理信息蓝皮书
新常态下的测绘地理信息研究报告（2015）

主　　编 / 库热西·买合苏提
副 主 编 / 王春峰　陈常松
执行主编 / 徐永清

出 版 人 / 谢寿光
项目统筹 / 王　绯
责任编辑 / 曹长香

出　　　版 / 社会科学文献出版社·社会政法分社（010）59367156
　　　　　　 地址：北京市北三环中路甲29号院华龙大厦　邮编：100029
　　　　　　 网址：www. ssap. com. cn
发　　　行 / 市场营销中心（010）59367081　59367090
　　　　　　 读者服务中心（010）59367028
印　　　装 / 三河市东方印刷有限公司

规　　　格 / 开 本：787mm × 1092mm　1/16
　　　　　　 印 张：22.25　字 数：371 千字
版　　　次 / 2015 年 12 月第 1 版　2015 年 12 月第 1 次印刷
书　　　号 / ISBN 978 - 7 - 5097 - 8638 - 3
定　　　价 / 118.00 元

皮书序列号 / B - 2009 - 123

测绘地理信息蓝皮书编委会

摘　要

当前，我国经济发展进入新常态。为此，国家测绘地理信息局测绘发展研究中心组织编辑出版第七本测绘地理信息蓝皮书——《新常态下的测绘地理信息研究报告（2015）》一书。该蓝皮书邀请测绘地理信息行业的有关领导、专家和企业家撰文，深入分析探讨测绘地理信息工作如何更好地适应新常态，更好地满足各领域的旺盛需求，力求通过本书的介绍，为推动测绘地理信息工作科学发展提供借鉴和启示。

本书包括前言、主报告和 6 个篇章的专题报告。前言分析了新常态下测绘地理信息工作的发展思路和定位，提出了新常态下测绘地理信息深化改革和转型升级的方向和任务。

主报告分析了新常态给测绘地理信息工作带来的影响、挑战和机遇，指出深化改革转型升级是适应新常态的根本途径，重点分析了建设新型基础测绘、提高地理国情监测能力、增强应急测绘服务能力、促进地理信息产业发展、加强科技创新等领域面临的新要求、目标和任务。

专题报告由新型基础测绘篇、地理国情监测篇、公共服务篇、地理信息产业篇、管理篇和科技创新篇组成，从不同方面和角度分析了测绘地理信息如何更好适应新常态的要求。

关键词： 新常态　测绘　地理信息　深化改革　现状

Abstract

At present, China's economy has entered into a period of new normal. Therefore, the Development Research Centre of Surveying and Mapping of the National Administration of Surveying, Mapping and Geoinformation edited the blue book *Report On Surveying, Mapping and Geoinformation under the New Normal* (2015), which is the seventh of the *Blue Book of China's Surveying & Mapping & Geoinformation*. Officals, experts and entrepreneurs were invited to write articles about how to adapt the new normal state and meet the needs in various fields better. This book will provide reference and inspiration for promoting scientific development of surveying, mapping and geoinformation.

The book includes preface, keynote article and special reports. The preface analyzed the development ideas and the position of surveying, mapping and geoinformation under the new normal. The orientation and key task of the transformation and upgrading of surveying, mapping and geoinformation during the period of new normal state were proposed.

The keynote article introduced the influence and challenge of surveying, mapping and geoinformation works under the new normal. It also pointed out that deepening the reform and transformation and upgrading is the basic way to adapt the new normal state. The new requirements, objectives and tasks in the fields of building up new foundational surveying, improving the ability of geographic national condition monitoring, strengthening emergency response surveying mapping services, promoting the development of geoinformation industry and enhancing science and technology innovation were emphatically analyzed.

Special reports consist of new foundational surveying section, geographic national condition monitoring section, public service section, geoinformation industry section, administration section and science and technology innovation section. These reports illustrated how surveying, mapping and geoinformation can adapt requirements of new normal from different aspects and sights.

Keywords: New Normal; Surveying and Mapping; Geoinformation; Deepening Reform; Status

目 录

B Ⅳ　公共服务篇

B Ⅴ　地理信息产业篇

B Ⅵ　管理篇

B Ⅶ　科技创新篇

皮书数据库阅读 **使用指南**

CONTENTS

B III National Geographic Condition Monitoring

B IV Public Service

B V Geoinformation Industry

B VI Management

B VII   Science and Technology
Innovation

前言　适应新常态、服务新常态

库热西·买合苏提 *

当前，我国经济发展进入新常态。以习近平同志为总书记的党中央，在科学分析国内外经济发展形势、准确把握我国基本国情的基础上，针对我国经济发展的阶段性特征，作出了这一重大战略判断。

经济发展新常态，是对我国经济建设迈向更高发展阶段的明确宣示。认识新常态，适应新常态，引领新常态，是当前和今后一个时期我国经济发展的大逻辑，是指引经济工作的科学指南，也是我国测绘地理信息工作必须遵循的战略方针。

2015 年 7 月 1 日，习近平总书记给国家测绘地理信息局第一大地测量队 6 位老队员、老党员回信，充分肯定国测一大队爱国报国、勇攀高峰的感人事迹和崇高精神，对全国测绘地理信息工作者和广大共产党员提出殷切希望。我国的测绘地理信息工作，要坚决贯彻落实党中央、国务院的决策部署，认真领会中央关于经济发展新常态的指示精神，深刻理解新常态，主动适应新常态，全面服务新常态；在现有发展基础之上，全面深化各项改革，加快实现转型升级，为国家的经济建设和社会发展，为实现"两个一百年"奋斗目标，提供坚实有力的测绘地理信息服务保障。

深刻认识新常态的内涵

正确认识、准确把握我国经济发展新常态的内涵，必须以马克思主义的世界观和方法论为指导，坚持实事求是，增强辩证思维能力，深刻认识经济发展新常态的本质特征、内在规律和发展趋势，进一步增强对中国特色社会主义的道路自信、理论自信和制度自信。

---

* 库热西·买合苏提，国土资源部副部长、党组成员，国家测绘地理信息局局长、党组书记。

新常态要有新认识。经济进入新常态这一重大判断，深刻揭示了我国经济发展的阶段性特征，准确研判了经济发展的未来走势。要清醒地观察经济形势，看到新常态下需求、生产能力和产业组织方式、生产要素相对优势、市场竞争特点、资源环境约束、经济风险积累与化解、资源配置模式和宏观调控方式等，已发生的深刻的趋势性变化。

新常态之"新"，意味着不同以往，表现为我国经济发展的条件和环境发生诸多重大改变；新常态之"常"，意味着相对稳定，表现为经济结构的逐步优化和增长质量的稳步提高。以新常态判断、定义当前我国经济特征并将之上升到战略高度，是全面把握国际经济政治发展格局、深刻认识我国基本国情、推动我国经济持续健康发展的关键，是对治国理念和发展思想的深化与创新，充分展现了党中央高瞻远瞩的战略眼光和处变不惊的决策定力。

新常态带来新思考。经济进入新常态这一重大判断，遵循和把握了经济发展规律，是当前制定经济发展政策和创新宏观调控的最重要背景。科学把握我国经济发展新常态，有利于形成社会合理预期，增强思想和行动合力，加快转方式调结构。必须充分认识新常态下发展条件的变化，历史地、辩证地看待经济社会民生各个方面的阶段性特征，准确把握新常态带来的新机遇、面临的新挑战、提出的新要求，把思想和行动统一到中央的认识和判断上来，增强加快测绘地理信息事业转型升级步伐、抓好全面深化改革的自觉性、主动性和坚定性。

新常态更需新作为。适应新常态，贵在主动，贵在行动。主动才能洞彻形势、把握先机，行动才能因地制宜、有所作为。经济发展新常态，对于宏观政策选择、行业转型升级等产生方向性、决定性的重大影响。我国测绘地理信息领域的改革创新发展，必须做到观念上适应、认识上到位、方法上对路、工作上得力，对新形势新常态下的测绘地理信息发展战略、工作定位、改革思路等进行深入研究和系统谋划，尤其是要把推进转型升级、提质增效摆到更加重要的位置，谋新篇布新局，革除积弊，勇于创新，不断增强发展活力、积蓄发展动力、拓展发展空间。

新常态下的发展思路和工作定位

经济发展新常态下，测绘地理信息事业既面临巨大机遇，也面临严峻挑战、全面深化改革、转型升级的任务繁重而艰巨，要求我们进一步明确事业发展思路，找准工作定位。

明确新常态下的发展思路和工作定位。推进测绘地理信息事业改革发展、转型升级，首先必须科学确定新形势新常态下发展的战略方向，找准测绘地理信息事业在国家改革发展大局中的定位。按照中央领导同志对测绘地理信息工作的重要指示批示，按照国务院赋予测绘地理信息部门的职能职责，结合工作实践，我们确立了"加强基础测绘，监测地理国情，强化公共服务，壮大地信产业，维护国家安全，建设测绘强国"的发展战略，明确了"全力做好测绘地理信息服务保障，大力促进地理信息产业发展，尽责维护国家地理信息安全"的工作定位。科学、准确的发展战略和工作定位，为事业科学发展进一步指明了方向。

明确新常态下的改革思路和事业布局。2014 年 9 月出台的《国家测绘地理信息局全面深化改革的实施意见》，明确了测绘地理信息改革发展的整体思路和目标框架，提出了体制机制、结构布局、政策制度等方面的改革事项。通过深化改革，加快建设科学完备的政策法规体系、基础测绘体系、公共服务体系、地理信息产业体系、科技创新体系和人才队伍体系等"六大体系"，着力提升运用法治思维和法治方式管理的能力、基础地理信息资源供给能力、公益性服务保障能力、地理信息产业竞争能力、创新驱动发展能力和维护国家地理信息安全能力等"六大能力"。通过建设这"六大体系""六大能力"，推动事业布局更加优化，工作运行更加科学，服务成效更加突出，地位作用更加彰显。

新常态下的深化改革和转型升级

新形势下，测绘地理信息事业改革创新发展应该"对症下药""量体裁衣"，从依法行政、新型基础测绘、服务模式、产业发展、创新驱动、队伍架构等六个方面打出"组合拳"，不断推进转型升级。

依法行政，构建高效管理体系。坚持法治导向，巩固职能之本，树立法治理念，提升运用法治思维和法治方式履行职能、深化改革、推动发展的能力。加快完善以《测绘法》为核心的法律规范体系，进一步转变政府职能，进一步简政放权，大力加强地理信息市场监管和地理信息安全监管，加快形成权责明晰、分工合理、运转协调、监管到位、规范高效的管理体制机制，切实促进市场公平有序，保障国家地理信息安全。

固本培元，发展新型基础测绘。认真贯彻实施国务院批复同意的《全国基础测绘中长期规划纲要（2015～2030年）》，加快建设新型基础测绘。要在坚持基础测绘基础地位不动摇的同时，与时俱进调整基础测绘工作布局，加快基础测绘工作内容、工作对象、工作手段、工作重点的转型和变革，扩大数据覆盖面，加快数据更新，丰富数据内容，提升数据生产能力，实现基础地理信息由地上向地下、陆地向海洋、国内向国外、静态向动态、有限要素向全要素、定期更新向适时动态更新的转变。加快建设现代化测绘基准和卫星测绘应用体系，加快基础地理信息资源建设与更新，加强测绘基础设施建设、地理信息公共服务、测绘地理信息科技创新和标准化，确保规划纲要确定的"全面建成新型基础测绘体系"目标顺利实现。

应用为先，优化保障服务模式。坚持应用为先、需求导向，盘活用好地理信息资源。在保证国家地理信息安全的前提下，充分挖掘地理信息价值，全方位拓展应用服务领域，提高服务效能。进一步加强地理信息资源与国家重大战略任务、重大改革措施、政府公共管理、社会生产生活的融合。推进地理国情监测，实现常态化、法定化。加快"天地图"建设，扩大数字（智慧）城市应用，做好应急测绘保障，促进地理信息协同更新、资源共享、统一服务，提升地理信息应用服务效果，彰显测绘地理信息成果和技术的价值。积极推动由政府主导的公共服务和由市场主导的产业化服务共同发展，加大政府购买公共服务力度，提升测绘地理信息公共服务整体能力。

市场导向，振兴地理信息产业。要坚持市场导向，坚守兴业之要，发挥好新常态下政府和市场的"双引擎"作用，发挥市场对资源配置的决定性作用。贯彻落实好国家相关政策，通过科学规划、合理准入、搭建产业园区、优化市场环境等方式，以及支持创建产业联盟、设立产业基金等平台，推动地理信息产业与其他新型服务业态融合发展，引导地理信息企业兼并重组、改革创新，促进地理信息产业向高附加值、高增长率方向发展。

创新驱动，提升行业科技水平。要坚持创新导向，激活强测之力，抓重大、抓尖端、抓基本，大力深化测绘地理信息科技体制改革，显著提升创新驱动发展能力。做好科技创新顶层设计，着力关键技术研发，加强高精尖装备建设，发挥标准引领作用，加快建设信息化测绘技术体系，发挥好企业的技术创新主体地位；实施"走出去"战略，注重学习利用国外资源和技术，不断提高我国测绘地理信息科技和产业发展能力。

优化结构，深化事业单位改革。要坚持优化导向，立足履职之需，按国家统一部署，稳步推进测绘地理信息事业单位分类改革。认真开展调查研究，因地制宜地对事业单位布局、结构、功能和规模进行优化调整，建设与新型基础测绘相适应的公益队伍，稳妥推进检验检测认证机构整合、报刊出版体制改革等行业体制改革，加快推进政社分开和社团组织改革，创新人才发展机制。

新常态下更要求实、务实、落实

在经济发展进入新常态的形势下，测绘地理信息深化改革、转型升级，是全方位的、系统的、多维度的系统工程，必然涉及深层次利益格局的调整，任务繁重而艰巨。必须充分发挥好各级班子的领导核心作用，广泛调动职工群众的积极性和创造性，统筹兼顾、科学实施，求实、务实、落实。

求实：处理好三个关系。正确处理好政府与市场的关系。既要全面依法行政，发挥好政府应有的作用，也要进一步简政放权，发挥市场在资源配置中的决定性作用，不断解放生产力，增强发展活力。正确处理好长远与近期的关系。既要从长远出发考虑和确定改革的目标、方向、重点和方式，建立长效机制，追求长期效果，也要有步骤地扎实走好当前深化改革、转型升级的每一步，抓紧解决当前亟须解决的突出矛盾和问题。正确处理好大局与局部的关系。既要抓好"牵一发而动全身"的重点领域和关键环节，调动和发挥各部门、各单位的优势，又要牢固树立全局观念，增强局部服从大局的自觉性。

务实：坚守好三个底线。在改革发展的全过程和各节点，都要守住守好安全、廉政和民生这三个底线。安全方面，要加强安全生产、保密和质量意识教育，严格责任落实和责任追究，确保生产生活人身安全、地理信息安全和成果质量安全。廉政方面，要严格干部教育管理监督，严格执行党风廉政建设责任制，强化"两个责任"，注重巡视和审计监督，确保想干事、能干事、干成事、不出事。民生方面，要持续完善收入分配制度，关心关怀关爱基层职工，改善生产生活条件，切实解决实际困难，让改革发展成果更多惠及广大职工群众。

落实：把握好三个环节。要狠抓深化改革、转型升级的举措落地。细化实施方案，进行任务分解，建立改革举措台账，落实责任主体，形成时间表和路线图，拿出硬措施，划定硬杠杠，完成硬任务。要抓统筹实施。按照科学民主、以点带面、先行先试、实践检验的原则，把长期目标与阶段任务相结合，把顶层设计与基层探索有机结合，先易后难、循序渐进，鼓励不同区域差别化探索、创造性地开展工作。要抓督查督导。建立健全督查督办机制，强化责任部门和一把手责任，坚持领导挂帅抓督查，掌握深化改革、转型升级进展情况和落实效果，及时协调解决深化改革、转型升级中出现的问题。

经济发展进入新常态，测绘地理信息事业也步入新的发展时期。测绘地理信息部门将深入贯彻落实党的十八大、十八届三中和四中全会及中央经济工作会议精神，以习近平总书记系列重要讲话精神为指导，进一步贯彻落实中央领导同志对测绘地理信息工作的重要指示精神，顺势而为、主动作为、奋发有为，全面深化改革，加快转型升级，更好地服务大局、服务社会、服务民生。

我们编辑出版这本《测绘地理信息蓝皮书》之《新常态下的测绘地理信息研究报告（2015）》，期望能够通过业界同人和有关专家的研究、探讨，不断推进新常态下测绘地理信息的深化改革、转型升级，推动测绘地理信息事业更好地适应新常态、服务新常态。

2015 年 11 月

主 报 告

General Report

测绘地理信息适应、服务经济发展
新常态研究报告

徐永清 宁镇亚 乔朝飞 阮于洲 孙 威 曹会超*

摘　要： 本文阐述了经济发展新常态的提出背景、内涵和特征，初步总结了新常态对测绘地理信息带来的影响和挑战，分析了新常态为事业发展提供的新机遇。新常态下，测绘地理信息工作必须积极应对，全面深化基础测绘、地理国情监测、应急测绘保障、地理信息产业发展、科技创新等各项改革，不断推进测绘地理信息转型升级，才能更好地适应和服务经济发展新常态。

关键词： 新常态 测绘地理信息 改革发展 基础测绘 地理国情监测
　　　　 应急测绘 地理信息产业 科技创新

＊ 徐永清，国家测绘地理信息局测绘发展研究中心副主任，高级记者；宁镇亚、乔朝飞、阮于洲、孙威，国家测绘地理信息局测绘发展研究中心副研究员；曹会超，国家测绘地理信息局测绘发展研究中心助理研究员。

中国进入经济发展新常态，这是中央全面把握国际经济政治发展格局、深刻认识我国基本国情和发展阶段所作出的重大科学判断，是治国理念和发展思想的进一步深化和创新，是指导当前和今后一个时期我国经济持续健康发展的重要战略思想。

中国经济发展呈现出新常态后，我国测绘地理信息的发展环境也随之发生重大变化，面临重大机遇和挑战。

如何主动适应经济发展新常态，应对新常态下出现的趋势性变化、困难和挑战，大力推动测绘地理信息事业改革创新、转型升级，全面提高服务大局的能力和水平，更好地建设测绘强国，是当前必须认真思考的问题。

一 背景

观大势，懂全局，谋大事。

必须深刻理解新常态出现的国际国内背景，明确方向，应势而谋，求新求进，探索质量更高、效益更好、结构更优、优势充分释放的发展新路。

必须准确把握中央新常态下经济工作的指导方针和原则要求，从生产力和生产关系、速度与效益、投入与创新、政府与市场等角度出发，深刻认识新常态下经济发展的趋势性变化，密切联系我国测绘地理信息实际情况，坚持问题导向，以改革创新、转型升级为第一动力，使测绘地理信息持续保持生机和活力，更好地适应新常态、服务新常态。

（一）新常态的提出与内涵

"新常态"（new normal）作为"常态"的衍生词，最早由美国的金融家提出，指"反常的现实正逐步变为常态"。

2002年，"新常态"被提出之初的主要含义有两条：一是无就业增长的经济复苏，二是恐怖主义距离日常生活更近①。2008年金融危机后，华尔街金融家基于以下判断重提新常态：在未来相当长的一段时间里，美国跟其他发达国家会进入一个低增长、高失业、投资风险大、平均回报率低的阶段。2010年

---

① 张慧莲等：《中国经济"新常态"》，《银行家》2014年第6期，第11～13页。

第 40 届达沃斯世界经济论坛年会上，美国人格罗斯和埃里安再次使用"新常态"概念，以归纳全球金融危机爆发后经济可能遭受的缓慢而痛苦的恢复过程。据统计，"新常态"一词在国际主流媒体中出现的频率从 2002 年的 50 次/月增加到 2011 年的 700 次/月，到 2014 年，则猛增至每月上万次。

国内对于"新常态"的高度关注始于习近平总书记 2014 年 5 月的讲话，他说："中国发展仍处于重要战略机遇期，我们要增强信心，从当前中国经济发展的阶段性特征出发，适应新常态，保持战略上的平常心态。"这被认为是中国高层领导首次用"新常态"描述中国经济。2014 年 8 月，《人民日报》刊登了多篇关于经济"新常态"的特别报道和评论员文章，提出了"新常态"的主要表现和特征；2014 年 11 月，在亚太经合组织（APEC）工商领导人峰会上，习近平首次系统阐述了"新常态"；2014 年 12 月，中央经济工作会议从 9 个方面对我国经济"新常态"进行了全面深刻的阐释。

2014 年，已就任美国总统全球发展顾问委员会主席的埃里安再次对"新常态"作了归纳总结，对新常态的时间节点、根本原因、政策忧虑、严峻后果和积极因素进行了阐述，对经济走势进行了展望，并认为"新常态是经历多年非同寻常时期之后的一个必然结果"。由于埃里安先后两次关于"新常态"的阐述都比较准确地判断了美国经济的走向，"新常态"概念逐步得到美国官方认可。美国劳动统计局（BLS）在 2013 年 12 月发布了《2022 年的美国经济：通向新常态》，预测 2012～2022 年美国年平均经济增长率为 2.6%（见图 1）。由此可见，美国原创意义上的"新常态"，本意是让人们对全球金融危机后的经济金融恢复不要抱过高期望，主基调可用"悲观""无奈"来概括[①]。

在把"新常态"作为执政新理念关键词提出 6 个月后，习近平在亚太经合组织（APEC）工商领导人峰会主旨演讲中，向包括 130 多家跨国公司领导人在内的世界工商领袖们阐述了什么是经济新常态、新常态的新机遇、怎么适应新常态等关键点。习近平站在最高决策者的角度，以"新常态"描述中国经济的特征，并将之上升到中国宏观战略高度，在解决纷争的同时，对中国经济"下一个十年"的政策大方向作出了战略性选择。总的来看，在经济新常态下要坚持稳中求进工作总基调，主动适应经济发展新常态，保持经济运行在

---

① 王松奇：《新常态源流考》，《银行家》2014 年第 9 期，第 25～27 页。

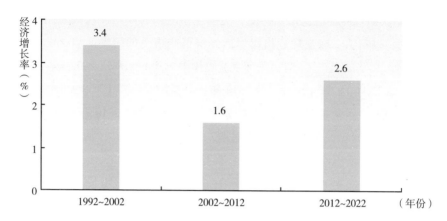

图1 美国劳动统计局进行的统计和预测

合理区间。

目前，各界对"新常态"的理解差别巨大。大多数国外媒体将之称为"pinormal"，即"习近平常态"。对于许多以中国经济为研究对象的外国学者来说，研究"pinormal"就是一个雾里看花的过程。而国内学者对"新常态"的定义与陈世清趋同，即新常态经济是经济学范式转换、经济发展模式转轨、经济增长方式转变，新常态经济是与 GDP 导向的旧经济形态与经济发展模式不同的新的经济形态与经济发展模式①。李扬等人认为，中国经济新常态体现在增长上的主要特征就是结构性减速，主要原因有要素供给效率变化、资源配置效率变化、创新能力不足、资源环境约束增强等，并存在产能过剩、债务风险增大、城镇化转型、金融乱象丛生等矛盾。因此，同样是"新常态"，但是中国的"新常态"概念无论内涵和外延都不同于美国人提出的"新常态"②。

此外，值得注意的是，有学者指出，对"经济新常态"的解释都不能漏掉语义学的说明。"常"者，长也；"态"者，形势局面也。而经济局面涉及"长"字，就至少要五到十年，方可与"长"字相匹配。因此，用这种语义学的"经济新常态"定义，还有许多问题需要进一步思考。

---

① 陈世清：《新常态经济学的理论建构》，人民网，http：//news. people. com. cn. 2015. in/g/0410/c1004 - 2646975397. html。

② 齐建国：《中国经济"新常态"的语境解析》，《西部论坛》2015 年第 1 期，第 51～59 页。

（二）中国经济新常态的特征

习近平在 APEC 峰会上总结了中国经济在新常态下呈现出的三大特点：一是从高速增长转为中高速增长；二是经济结构不断优化升级，从规模速度型粗放增长转向质量效率型集约增长，第三产业、消费需求逐步成为主体，城乡区域差距逐步缩小，居民收入占比上升，发展成果惠及更广大民众；三是从要素驱动、投资驱动转向创新驱动。

2014 年 12 月，中央经济工作会议首次明确了经济发展新常态的九大特征①。

个性化、多样化消费渐成主流。我国模仿型排浪式消费阶段基本结束，个性化、多样化消费渐成主流，以保证产品质量、创新供给来激活需求的重要性显著上升，要采取正确的消费政策，释放消费潜力，使消费继续在推动经济发展中发挥基础作用。

新技术、新产品、新业态、新商业模式投资机会涌现。经历了改革开放以来高强度大规模开发建设后，传统产业相对饱和，基础设施互联互通和一些新技术、新产品、新业态、新商业模式的投资机会大量涌现，对创新投融资方式提出了新要求，要善于把握投资方向，消除投资障碍，使投资继续对经济发展发挥关键作用。

出口继续对经济发展发挥支撑作用。在国际金融危机发生前，出口成为拉动我国经济快速发展的重要力量，现在全球总需求不振，我国传统的比较优势也发生了转化。同时我国出口竞争优势依然存在，高水平引进来、大规模走出去正在同步发生，通过加紧培育新的比较优势，使出口继续对经济发展发挥支撑作用。

生产小型化、智能化、专业化将成为产业组织新特征。供给不足的主要矛盾转变为传统产业供给能力过剩，产业结构的优化升级以及企业兼并重组、生产相对集中的趋势不可避免，新兴产业、服务业、小微企业作用更加凸显，生产小型化、智能化、专业化将成为产业组织新特征。

创新成为驱动发展新引擎。引进技术和管理就能迅速变成生产力，现在

---

① 《中央经济工作会议在北京举行》，《光明日报》2014 年 12 月 12 日，第 1 版。

人口老龄化日趋发展，农业富余劳动力减少，要素的规模驱动力减弱，经济增长将更多依靠人力资本质量和技术进步，必须让创新成为驱动发展新引擎。

从数量扩张和价格竞争转向质量型、差异化为主的竞争。过去的市场，主要以数量扩张和价格竞争为主，现在的竞争正逐步转向质量型、差异化为主，统一全国市场、提高资源配置效率是经济发展的内生性要求。

推动形成绿色低碳循环发展新方式。经过多年的高速发展，现在环境承载能力已经达到或接近上限，必须加强生态文明建设，推动形成绿色低碳循环发展新方式。

化解以高杠杆和泡沫化为特征的风险将持续一段时间。伴随着经济增速的下行，各类隐性风险逐步显性化，风险总体可控，但化解以高杠杆和泡沫化为主要特征的各类风险将持续一段时间，必须标本兼治，对症下药。

全面把握总供求关系新变化，科学宏观调控。全面刺激政策的边际效用明显递减，既要全面化解产能过剩，也要通过发挥市场机制作用探索未来产业的发展方向，必须全面把握总供求关系的新变化，科学进行宏观调控。

二　新常态下的测绘地理信息

中国经济进入新常态后，国家测绘地理信息局党组认真思考、充分认识新常态对于测绘地理信息带来的深刻影响以及机遇、挑战，坚持稳中求进，主动积极地适应新常态，服务新常态，推动改革创新深入发展。

新常态下，测绘地理信息部门积极适应，取得了一些成效。但是，随着经济下行压力的增加，"一带一路"等战略的加快推进，既有矛盾进一步凸显，同时出现一些新的问题。

（一）新常态带来的影响和挑战

1. 测绘成果需求结构调整进入关键期

分析近十年的我国测绘成果提供基本情况可以发现，从 2011 年开始，经济社会发展对测绘地理信息的需求发生重大变化，而最近两年开始进入调整的关键期。

需求结构调整具体表现为以下方面。

（1）基本比例尺地形图、测绘基准成果等传统测绘成果使用量逐步下滑（见图2）。其中，2014年测绘基准成果提供数比2013年下降45.3%（见图3），为近几年的最低点。

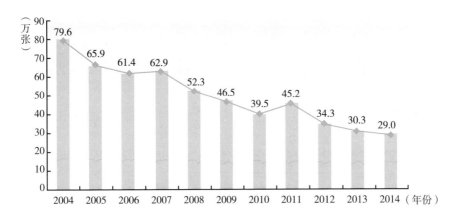

图2　2004～2014年地形图使用情况

资料来源：测绘地理信息统计年鉴。

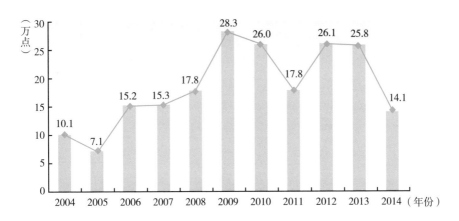

图3　2004～2014年提供测绘基准情况

资料来源：测绘地理信息统计年鉴。

（2）数字正射影像（DOM）、航摄影像、卫星影像等新型数字化测绘成果的需求大幅上升（见图4）。其中，数字正射影像（DOM）的提供量增幅最快，2014年较2013年增长101.0%。

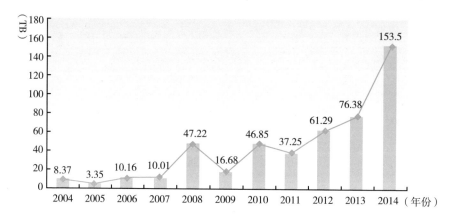

图4　2004～2014年提供"4D"成果数据情况

资料来源：测绘地理信息统计年鉴。

（3）数字高程模型（DEM）、数字栅格地图（DRG）等成果的提供量呈现极不稳定的动荡态势（见图5）。

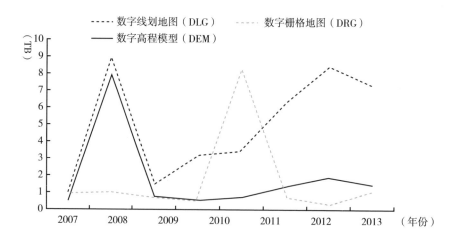

图5　2007～2014年DLG、DEM、DRG数据提供情况

资料来源：测绘地理信息统计年鉴。

（4）2015 年以来，经济增速放缓，上半年测绘仪器和导航产品市场形势严峻，一些传统产品的销售出现较大降幅。

2. 收入结构发生显著变化

对比测绘地理信息部门不同时期的收入情况，可以发现收入结构在发生显著变化。据不完全统计，中央财政拨款收入仍占据总收入的主要部分，比重从 62% 降到 51%；而地方政府财政资金投入、部门间的横向合作项目资金投入等其他收入在增加，比重从 10% 提高到 22%（见表 1）。具体表现为以下方面。

表 1 2006～2014 年测绘地理信息部门财务决算数据对比

单位：%

年份	财政收入	事业收入	经营收入	其他收入
2006～2010	62	25	3	10
2011～2014	51	25	2	22

数据来源：财政部。

（1）各级财政拨款收入的比重在降低，但是增幅有所加快（见图 6）。其中，测绘地理信息系统 2012 年、2013 年和 2014 年的财政拨款收入分别为 42.8 亿元、53.8 亿元和 73.8 亿元，同比增长 13.1%、25.7% 和 37.1%。

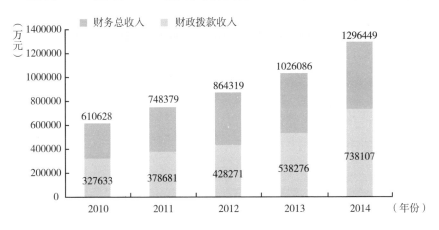

图 6 2010～2014 年测绘地理信息系统财务收入和财政拨款情况

（2）其他收入的比重在提高，增幅较大（见图7）。其中，国家测绘地理信息局预算单位2012年、2013年和2014年的其他收入分别为4.82亿元、6.36亿元和10.19亿元，增幅为49.7%、31.8%和60.2%。

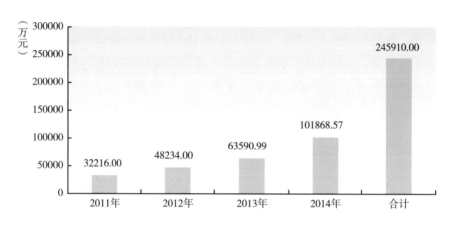

图7　2011～2014年测绘地理信息系统其他收入情况

3. 提高保障服务能力更显紧迫

党的十八大、十八届三中和四中全会及中央经济工作会议作出的系列决策部署，对测绘地理信息保障服务能力提出了更高要求。为切实增强围绕贯彻落实党和国家重大决策部署、保障经济社会发展能力，测绘地理信息部门确立了"加强基础测绘，监测地理国情，强化公共服务，壮大地信产业，维护国家安全，建设测绘强国"的发展战略，明确了"全力做好测绘地理信息服务保障，大力促进地理信息产业发展，尽责维护国家地理信息安全"的工作定位。但是，围绕中心、服务大局的能力和水平仍亟待提高，需要不断提升地理信息获取能力和更新速度，拓展地理信息覆盖范围和应用领域，为国家战略、重大工程和突发事件提供更有力保障。

4. 地理空间思维能力薄弱

测绘地理信息的转型升级离不开地学知识的支撑，依赖于地理空间思维能力的提升，而我们当前的地理空间思维能力还相对薄弱。从当前开展的地理国情普查看，进行资源分布与利用、生态协调性、基本公共服务均等化、区域经济潜能、城镇发展等专题的综合统计分析工作，离不开地学知识的支撑。从将要开展的地理国情监测看，面向自然、经济、政治、社会文化等方面重大问题，开展的多要素之间的相互作用、相互关系，地表综合体的特征和时空变化规律分析，需要地学知识、思维和方法的综合运用。

5. 地理信息安全成为新焦点

随着信息资源成为国家控制力最为重要的核心要素之一，地理信息资源的主动权、控制权就成为焦点。党中央和国务院高度重视地理信息安全。2014年来，中央印发了加强卫星导航定位基准站建设和应用管理的相关文件，中央领导同志对地理信息安全问题作出一系列指示，《测绘法》修订纳入国家安全立法体系。维护国家地理信息安全，成为测绘地理信息行政管理部门的重要工作职责和任务。

6. 互联网模式强烈冲击地理信息产业

互联网技术推动地理信息技术深入应用到更广的范围，互联网思维的盛行带来了崭新的商业模式，这一切都在快速改变和颠覆着地理信息产业。首先，资本"大鳄"的进入，培育了一大批新的经济增长点，成为转变经济发展方式的突破口，也引发了地理信息产业从业者和投资者对市场、用户、产品乃至整个商业生态的重新审视；其次，互联网企业的"跨界"使传统测绘地理信息企业面临极大的挑战，不断挤压传统测绘地理信息市场，企业间的低价竞争日趋激烈，市场淘汰、整合的节奏加快。

总体来看，从事"北斗"软硬件生产和应用服务、移动互联网地理信息服务的企业发展势头相对较好，而从事传统的地理信息数据获取、测绘技术服务的企业则增长效益一般，有的甚至亏损。

7. 融合是大势所趋

与新技术的融合发展不够。测绘地理信息属于地理科学范畴，是这门横断科学的核心应用技术。一方面，测绘地理信息技术可以为所有行业所用，促进行业信息化水平的提升。数字城市地理空间框架在国土、规划、交通、房产、公安、消防、环保、卫生以及公众服务等几十个领域得到应用，累计开发应用系统超过3600个。另一方面，物联网、云计算、大数据等高新技术又为测绘地理信息技术带来新的助力，推动了大量的地理信息新应用，如打车、外卖等生活类服务（见图8）。所以，测绘地理信息开疆拓土之路在于融合。融合也是一种双向选择，互为需要，相互借力。

随着云计算、大数据在技术、产品和商业模式方面的逐渐成熟，其发展逐

图 8　基于位置服务的打车软件

渐从概念炒作向实际应用转移，与需求紧密结合的实践案例不断出现。同时，云计算、大数据的实质性发展也为物联网提供了更强大的基础设施和更智能的分析工具，使物联网不再是传感器及设备的简单互联，而是真正拥有分析、决策、响应能力。目前测绘地理信息行业的创新能力不强，对云计算、大数据、物联网、移动互联网、虚拟现实等新技术的重视程度不够，还处于观望状态，没有主动积极吸收、利用来提高保障能力。

8. 无人机遥感的应用普及超常发展

近几年，无人机技术的迅速成熟和遥感技术的长足进步，使得无人机遥感应用得到了超乎想象的发展（见表 2）。无人机遥感以其全天时、实时化、高分辨率、灵活机动、高性价比等优势，极大地丰富了地理信息数据的获取手段，在测绘地理信息行业得到了广泛普及。此外，无人机遥感在农业、生态环境、新农村建设规划、自然灾害监测、公共安全、水利、矿产资源勘探等国民经济及社会发展各领域发挥了重要作用，成为继卫星遥感和有人通用航空遥感技术之后的新兴发展方向。

表 2　2014 年来中国无人机企业投融资一览

序号	公司名称	投融资情况
1	极飞科技	2014 年 9 月获得 2000 万美元 A 轮融资
2	亿航智能	2014 年 12 月获得 1000 万美元 A 轮融资,2015 年 8 月 24 日完成 4200 万美元 B 轮融资
3	佳讯飞鸿	3800 万元增资智能无人机系统开发商臻迪智能,获得该公司 10% 股权

序号	公司名称	投融资情况
4	大疆科技	2015 年 5 月 6 日获得 Accel 公司 7500 万美元融资
5	零度智控	雷柏科技 5000 万元注资,雷柏持有零度增资后 10% 的股权
6	伊立浦电器	约 2200 万元人民币收购瑞士 Mistral Engines SA 公司 85.6% 的股权、德国 SkyTRAC/SkyRIDER 共轴双旋翼直升机项目技术资产和样机

研究机构 EVTank 发布的《2015 年度民用无人机市场研究报告》数据显示,2014 年全球民用无人机销量为 37.8 万架,其中专业级无人机销量占 33%,消费级无人机销量占 67%。预计 2015 年全球民用无人机将同比保持 50% 的增长态势。

9. 体制机制改革的关键性凸显

测绘地理信息部门的生产与需求脱节是重要体现。当前,测绘地理信息部门仍以计划性的基础测绘为主要生产任务,这种延续多年的传统测绘生产模式,注重讲究方法科学性、程序严谨性、数据精确度,缺乏从服务快速、简便、高效等角度考虑,导致生产出来的大量数据无人问津、束之高阁的现象比较突出,难以发挥其应有作用;也引发了大量需求得不到满足,用户不得不另辟蹊径获取或另起炉灶自行生产的问题。

测绘地理信息事业转型升级也好,转变政府职能也好,构建市场主体也好,兼并重组也好,甚至激发从业者的积极性、创造性,一个共同的障碍都指向了管理体制问题。随着国家对行政审批制度改革要求的提高,测绘地理信息部门必须考虑健全行政管理体制,切实减少简化审批环节,继续减少、下放行政审批事项,促使测绘地理信息部门逐步退出具体的生产、服务事务,把工作重心放到政策规划的制定实施和对市场的监管上。

10. 地理信息企业缺乏竞争力

不掌握关键核心技术是竞争力不强的主要原因。地理信息企业规模普遍偏小,小型企业占 70%~85%[①],多年来靠人口红利、改革开放红利、资源环境红利等优势发展,对技术创新的投入长期处于较低水平,使得企业的技术储备

---

① 《中国地理信息产业发展报告》,中国地理信息产业协会,2014。

严重不足，在卫星导航技术、遥感技术、地理信息系统技术、数据库管理、高端仪器装备等核心领域一直处于追赶状态。当前中国经济发展进入新常态，国际市场变幻莫测、日益复杂险峻，中小企业赖以生存的成本优势都不复存在，"不创新毋宁死"将越来越明显。

（二）新常态为发展提供的新机遇

1. 积极的财政政策下相关投资增加

2014 年底召开的中央经济工作会议明确提出，实现稳增长需要稳投资。2015 年以来，李克强总理主持召开的国务院常务会议，研究的议题几乎都与保增长有关。2014 年政府工作报告指出，2015 年我国铁路投资要保持在 8000 亿元以上，在建重大水利工程投资规模超过 8000 亿元。还要启动实施一批新的重大工程项目，包括棚户区和危房改造等民生项目，中西部铁路和公路等重大交通项目，水利等农业项目。此外，各省份 2015 年两会政府工作报告关于"一带一路"基建投资项目总规模超过 1 万亿元。这说明，投资尤其是以基础设施建设为主的公共品投资仍将是稳增长的重要手段。

同时，政府工作报告指出，2015 年拟安排财政赤字 1.62 万亿元，比上年增加 2700 亿元，赤字率从上年的 2.1% 提高到 2.3%。2015 年赤字率 0.2 个百分点的上升，释放出积极的财政政策加码信号。截至 2015 年 6 月，在财政收入增速放缓情况下，财政支出增速仍保持在较高的水平。中债资信 2015 年 8 月 12 日发布的《2015 年上半年全国财政收支专题报告》称，2015 年下半年，我国仍将延续"积极财政政策"，基建投资仍将是托底经济增长的重要力量（见图 9）。

测绘地理信息工作作为交通、水利、能源、通信和电力等基础设施建设的基础性工作，必须提供丰富的测绘地理信息成果和全程性的技术服务，全力支撑工程优化设计，保障工程质量，节约财政投资，强化运营管理。在新常态下，相关财政投资的增加，积极财政政策的实施，都会为测绘地理信息提供旺盛需求。

2. 新四化同步发展对地理信息的需求

推进新型工业化、信息化、城镇化、农业现代化同步发展是党的十八大确立的重要国策。在新常态下，我国后工业化、城镇化、现代化再也不能走过去

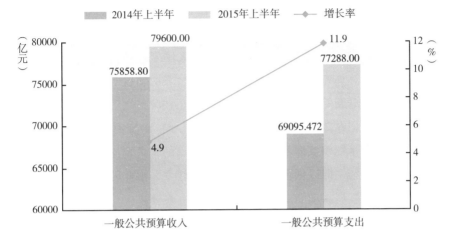

图9 2015年上半年全国财政收支情况

说明：2015年1~6月，全国一般公共预算收入79600亿元，比上年同期增长4.9%，回落4.1个百分点。其中，中央一般公共预算增长4.7%，低于2015年上半年7%的经济增速。从支出看，全国一般公共预算支出77288亿元，比上年同期增长11.9%。其中，中央一般公共预算支出增长10.6%，明显高于收入增幅（4.7%）。

的老路，即高耗能、高污染、低效率的路径，而要走一条"新四化"的新路。

"互联网+"已成为经济发展新引擎。移动互联网、云计算、大数据、物联网等与传统行业的深度融合，互联网在社会资源配置中的优化和集成作用得到充分体现，提升了全社会的创新力和生产力，形成了更广泛的以互联网为基础设施和实现工具的经济发展新形态。城镇化一直是中国经济发展的动力之一。近年来，随着传统工业化过程接近完成，城镇化更被人们赋予中国经济未来增长主要引擎的寄托。工业4.0和农业现代化，也被作为重要战略来积极推进。

"新四化"的实施，特别是信息化、城镇化的提速，对于测绘地理信息提出很多需求，提供了巨大的发展空间。测绘地理信息是全面提升信息化水平的重要条件，"天地图"的战略性基础信息平台作用更加突出。数字（智慧）城市地理空间框架和地理国情监测对于建设生态文明，科学布局城镇化，统筹规划、合理利用国土发展空间，有效推进重大工程建设至关重要。

3.科技创新将造就新增动力

全球金融危机和日益突出的能源资源约束、环境问题，引发世界经济格局和产业结构的深度调整，使得科技对经济社会可持续发展的支撑作用日益明显。美国、欧盟、日本等纷纷提出"创新战略""欧洲 2020 战略""新经济增长战略"等，把科技优势与创新能力作为未来国家竞争战略核心进行部署。以移动互联、云计算、大数据、智能制造等为代表的新技术快速发展，创新进入密集时代，全球新一轮科技革命和产业变革正在孕育兴起。

习近平总书记在 2014 年 6 月指出，我国主要依靠资源等要素投入推动经济增长和规模扩张的粗放型发展方式是不可持续的，必须加快从要素驱动、投资规模驱动发展为主向以创新驱动发展为主的转变。由此可见，以改革创新培育我国经济社会发展新动能已成为新常态下的客观要求。

我国与创新型国家存在明显差距。世界公认的创新型国家有 20 个左右，它们有如下共同特征：研发投入占 GDP 的比例一般在2%以上，科技对经济增长的贡献率在70%以上，对外技术依存度指标一般在30%以下。而我国科技对经济增长的贡献率为39%，对外技术依存度高于40%。必须要整合创新资源，加强物质、生命、信息、地球等可能出现革命性突破的科学前沿及交叉领域方向布局，积极适应初现端倪的新科技革命①。

测绘地理信息科技融合了信息科学、空间科学、高性能计算和网络通信等领域的先进技术，是以全球导航定位技术、遥感技术、地理信息系统技术等"3S"技术为核心的高新技术。可以说，测绘地理信息科技水平在很大程度上体现了国家的高新技术水平与综合国力。贯彻实施创新驱动发展战略，必将显著提升测绘地理信息的自主创新能力，为事业发展增添新动力。

4. 战略性新兴产业的优势

新常态下经济发展更加注重质量。前几年，为应对国际金融危机冲击，我国出台了一揽子刺激政策，为我国经济稳健增长和世界经济复苏作出重大贡献。但大规模刺激政策也产生一些负面效应，如金融资本脱实向虚、企业债务偏高、地方融资平台等部分领域和环节潜在风险积聚等。面对这种情况，习近平主席强调促进经济新常态健康发展，要坚持以提高经济发展质量和效益为中心，关键是转变发展方式，调整经济结构。这也间接透露出"大水漫灌"式

---

① 魏全忠：《"创新驱动"发展战略的几点思考》，人民网，http：//theory. people. com. cn/n/2014/1120/c40537 - 26061968. html。

的刺激经济计划不会出台，积极的财政政策更加注重"滴灌"式的精准调控。

推动经济结构战略性调整和发展方式转变，是提高经济发展质量的主线。驾驭、引领经济新常态，必须把转方式调结构放到更加重要位置，推动产业结构加快由中低端向中高端迈进。推动产业结构调整，关键要培育发展战略性新兴产业，支持服务业特别是现代服务业加快发展。2015 年上半年国家统计局公布的经济运行数据表明，尽管中国经济增速有所放缓，但增速下台阶、质量上台阶的特征逐步显现，中国经济结构"质量更好，结构更优"。

地理信息产业是战略性信息产业，亦属于高技术服务业范畴。在新常态下，地理信息产业的快速发展，将促进物联网、智慧城市以及关联服务业的发展，完善"网格化"社会管理，支撑重大项目科学决策，带动创业就业，满足对测绘地理信息的个性化、多样化需求，对转变经济发展方式起到"助推器"的作用。

5. 简政放权释放市场活力

"转变政府职能"是新常态下稳增长、控通胀、防风险，保持经济持续健康发展的迫切需要和重大举措。而行政审批制度改革（简政放权）则是转变政府职能的突破口，是释放改革红利、加快推动经济转型升级的重要方式。党的十八大以来，以习近平同志为总书记的党中央对深化行政体制改革提出了明确要求。十八届二中、三中、四中全会进一步明确转变政府职能的目标和任务。新一届政府把简政放权作为全面深化改革的"先手棋"和转变政府职能的"当头炮"，采取了一系列重大改革措施。

两年多来，简政放权、放管结合工作取得明显成效。截至 2015 年 7 月 28 日，相继取消和下放了 800 多项行政审批事项，公布取消了 211 项职业资格许可和认定事项等。工商登记实行"先照后证"，前置审批事项 85% 改为后置审批；注册资本由实缴改为认缴，企业年检改为年报公示；资质资格许可认定事项大幅减少。这一系列改革举措有力解放和发展了生产力，激发了市场活力和社会创造力。新增市场主体呈现"井喷式"增长，2014 年达 1293 万户，其中新注册企业增长 45.9%。2015 年 1~4 月份，新注册企业继续保持每天 1 万户。

测绘地理信息部门要按照党中央和国务院的部署，切实简政放权，减少、简化审批环节，扎紧行政审批的"制度笼子"，不断转变政府职能，发挥市场在资源配置中的决定性作用。通过把职能更多转变到加强发展战略、规划、政策、标准等的制定实施和强化对市场活动的监管和公共服务提供上来，保持地理信息产业逆势上扬持续快速健康发展。

三 深化改革、转型升级是适应新常态的根本途径

当前，我国经济转型升级正处在关键时期，增长、转型、改革深度融合的特点突出。在这样的背景下，只有牢牢把握发展大势、突出创新驱动、狠抓改革攻坚，正确、精准、有序、协调地推进测绘地理信息领域各项改革，加快测绘地理信息转型升级，才能更好地适应和引领经济新常态①。

（一）按需测绘，建设新型基础测绘

1. 基础测绘发展的新需求

基础测绘是为经济建设、国防建设和社会发展提供地理信息的基础性、公益性事业，是经济社会可持续发展的重要支撑。2015 年 6 月，国务院批复原则同意《全国基础测绘中长期规划纲要（2015～2030 年)》，为强化基础测绘奠定了坚实的基础。

自 2006 年 8 月 23 日国务院办公厅印发《全国基础测绘中长期规划纲要》以来，测绘基准体系现代化迈出一大步，基础地理信息资源建设取得历史性进展，基础测绘公共服务方式实现根本性转变，基础测绘技术装备、法规政策、管理体制、运行机制等得到前所未有的改善，基础测绘实现跨越式发展。同时，基础测绘发展面临的形势已经发生翻天覆地的变化。从技术手段看，新技术的进步推动基础测绘生产服务组织体系、业务流程、成果形式、服务方式不断发生变革。从需求上看，新时期经济社会发展要求基础测绘服务动态性更强、更加全面、更加直接、更加灵活。

实施区域发展总体战略，推进新一轮西部大开发，加强西部地区生态环境保护，全面振兴东北地区等老工业基地，大力促进中部地区崛起，积极支持东

---

① 库热西：《新常态下测绘地理信息事业改革发展的思考》，新华网，http：//news. xinhuanet. com/expo/2015－03/02/c_ 127533674. htm。

部地区率先发展，推进京津冀、长江三角洲、珠江三角洲地区区域经济一体化发展，实施长江经济带战略，加大对革命老区、民族地区、边疆地区和贫困地区扶持力度，优化城市布局和形态，科学编制城市规划，全面提升各类基础设施水平，这对基础测绘保障服务能力提出旺盛要求。

实施主体功能区战略，优化国土空间开发格局，评价各区域主体功能定位的落实情况，推进形成主体功能区，开展国土空间动态监测和主体功能区建设的跟踪评估，这对基础测绘的数据连续性提出更高的要求。

加强生态文明建设，评价植树造林效果，统计新增森林面积，制定国家适应气候变化总体战略，加强气候变化科学研究、观测和影响评估，加强对极端天气和气候事件的监测、预警和预防，加强水量监测能力建设，实施地下水监测工程，评价耕地保护补偿机制执行效果，确保耕地保有量不减少，评价生态环境保护、生态补偿政策执行、矿山地质环境恢复治理、矿区土地复垦、重点流域和区域水污染防治等的效果，需要进一步拓展基础测绘的服务对象和服务领域。

加快新型农业现代化建设，保障国家粮食安全，推进社会主义新农村建设，需要基础测绘持续提供有力支撑。加快国民经济和社会信息化建设，加快电子政务建设，需要基础测绘工作加快建立统一、标准、权威的数字地理空间框架。加强和创新社会管理，加强应急处置和应急能力建设，有效应对和妥善处置突发公共事件，加快社区信息化建设，建立健全统一指挥、结构合理、反应灵敏、保障有力、运转高效的国家突发事件应急体系，建立和管理国家人口基础信息资源库，需要高效的基础测绘保障。

实施"走出去"战略，打造"丝绸之路经济带"和"21世纪海上丝绸之路"，维护我国在国际化、全球化进程中的利益，应对资源枯竭、能源紧张、环境恶化、粮食安全、气候变化、恐怖主义、南北极资源开发等全球性问题，尤其需要加快全球地理信息资源建设。强化规划管理，统筹各级各类空间规划，对《全国主体功能区规划》以及其他与位置相关的专项规划的执行情况和执行效果进行评估，迫切需要基础测绘为管理决策提供更加翔实的依据。推进新军事变革，客观反映地表形态的地理信息，实现武器装备智能化、指挥控制自动化、作战空间多维化和作战样式体系化，对基础测绘的保障服务能力提出更高的要求。

总的来看，全面深化改革的推进对各种形态的保障服务需求更广、要求更高，基础测绘体制机制面临改革发展的迫切需要。

2. 加快基础测绘转型升级的目标和任务

坚持服务大局、服务社会、服务民生的宗旨，按照测绘地理信息事业发展总体战略，加快实施《全国基础测绘中长期规划纲要（2015～2030年）》。遵循"强化服务、加强管理，需求牵引、科技推动，统筹规划、协调发展，高效利用、保障安全"的总体原则，在对现行基础测绘技术体系、产品体系进行总体评估的基础上，瞄准经济社会建设新阶段对基础地理信息保障服务的新需求，进一步完善管理体制机制和政策法规，加快信息化测绘体系建设，推进数字地理空间框架完善升级，构建新型基础测绘体系，为经济社会平稳健康发展提供有力支撑。

一是建设现代化测绘基准体系。充分利用最新技术，通过新建、改建和利用等方式，建立地基稳定、分布合理、利于长期保存的测绘基准体系基础设施，形成覆盖我国全部陆海国土、高精度、三维、动态以及几何基准与物理基准一体的现代化测绘基准体系。"十三五"期间，实施完成国家现代大地基准建设，开展国家现代高程控制网建设，加强国家重力基本网建设，积极推动2000国家大地坐标系应用，加强测量标志的管理与维护，提高测绘基准数据管理和服务能力等工作。

二是构建卫星测绘应用业务体系。根据国家民用空间基础设施中长期发展规划，统筹谋划卫星测绘天基系统和地面应用系统建设，推动多类型、多分辨率测绘卫星的研制和发射，加强卫星测绘业务系统建设，构建完善的卫星测绘应用业务体系，形成卫星测绘应用系列产品，广泛开展卫星测绘应用服务，有效满足基础测绘业务及相关行业应用对卫星测绘的应用需求。主要任务包括：加快测绘卫星的研制和发射，建设卫星测绘应用业务系统，形成卫星测绘应用产品系列，完善卫星测绘应用工作机制，健全卫星测绘应用政策措施，改造基础测绘生产服务体系等工作。

三是丰富基础地理信息资源。进一步统筹航空航天遥感影像获取，为基础地理信息资源建设提供坚实的数据源支撑。从新时期经济社会发展的实际需求出发，不断优化基础地理信息资源建设工作机制，构建覆盖完整、尺度完备、数据鲜活、要素丰富的基础地理信息资源，提升基础地理信息资源的可用性、适用性、实用性，全面提升对经济社会发展的保障服务能力。具体任务有：加强航空航天遥感影像获取，加快基础地理信息更新速度，扩大高精度基础地理信息覆盖范围，加强边疆地区基础测绘工作，强化岛礁基础地理信息获取，开展海洋地理信息资源开发建设，加强全球基础地理信息资源建设，强化极地基础地理信息资源建设，创新基础地理信息数据库建库和管理模式，充实和拓展基础地理信息要素类型，加快数字（智慧）地理空间框架建设和应用等工作。

四是完善信息化测绘基础设施。以实现地理信息数据获取实时化、处理自动化、服务网络化、应用社会化，以及各环节基于网络的高度协同为主线，充分利用物联网、云计算、大数据等技术手段，构建天、空、地、海一体化的基础地理信息数据获取体系，推进数据处理、管理、分析、服务基础设施和装备的更新换代，全面提升我国基础地理信息生成与服务等各环节的技术装备条件，显著提升我国基础测绘生产力水平。主要任务包括：提升地理信息数据实时化获取能力、智能化处理能力、网络化服务能力，推进基础测绘生产管理信息化，加快测绘质检仪检体系建设等。

五是深化地理信息公共服务。以满足经济社会发展和人民群众对地理信息公共产品和服务的需求为出发点和落脚点，进一步完善公共服务体系，不断创新公共产品内容，着力创新服务机制和服务方式，不断拓宽服务领域，让人民群众享受到改革发展的成果。主要任务包括：建立以需求为导向的公共服务体系，强化"天地图"建设和应用，丰富地理信息产品服务内容，创新地理信息产品服务形式，积极为重大战略和工程服务，鼓励基础地理信息的增值开发等。

六是优化基础测绘发展环境和条件。加强基础测绘管理与法制建设，完善基础测绘管理体制。探索更加包容的基础测绘计划管理体制，科学划分和调整管理职责，加强规划计划管理力度，科学制订计划指标体系。创新测绘地理信息工作投入机制，将基础测绘纳入各级财政经费预算，完善基础测绘投融资体制机制，充分发挥市场在资源配置中的决定性作用。加快基础测绘组织体系和队伍建设，深化基础测绘组织机构调整。促进地理信息资源共建共享，深化系统内共建共享，完善跨部门共享机制，加强军地统筹和共享。加强对规划实施的协调和管理，强化部门协同合作，逐级分解组织实施，争取和实施重大专项，适时开展规划评估。

（二）加快转型，提高地理国情监测能力

1. 地理国情监测面临的新要求

测绘地理信息价值的体现不仅在于数据的生产，更在于数据的活性以及解释运用数据的能力。系统分析新常态下政府部门、社会公众对地理空间情报的具体需求，开展地理国情监测的顶层设计，把握好服务重点领域和内容，不断增强数据挖掘和分析能力，全面提高测绘地理信息服务的水平和质量。

新常态下，地理国情监测面临新形势、新要求，必须围绕十八大以来制定的国家重大发展战略，更好地服务大局、服务社会、服务民生，才能成为政府科学决策的指南针、检验人与自然和谐发展的温度计、监督各项工作推进的度量衡。

党的十八届三中全会将推进国家治理体系和治理能力现代化作为全面深化改革的总目标，要求必须从各个领域推进国家治理体系和治理能力现代化。推进国家治理体系和治理能力现代化，决策将日益依赖数据和分析，管理必须从客观的国情出发。通过地理国情监测可以准确把握地理国情，分析评估我国的自然资源禀赋及造成人、地冲突的关键因素，为政府管理提供决策依据。同时，各类经济社会信息与地理信息的融合，能够深入揭示经济社会发展的空间演变和内在规律，为制定和实施国家发展战略与规划、优化国土空间开发格局提供重要参考和依据，综合反映国家生态和环境发展现状。

2015 年 4 月印发的《中共中央、国务院关于加快推进生态文明建设的意见》要求，利用卫星遥感等技术手段，对自然资源和生态环境保护状况开展全天候监测，健全覆盖所有资源环境要素的监测网络体系。2015 年 5 月，中央经济工作会议提出，要处理好人与自然的关系，处理好新常态下环境与发展的关系。2015 年 7 月，习近平总书记主持召开中央全面深化改革领导小组第十四次会议，审议通过了《生态环境监测网络建设方案》《关于开展领导干部自然资源资产离任审计的试点方案》等方案，强调要提高生态环境监测立体化、自动化、智能化水平，开展生态环境监测大数据分析，实现生态环境监测和监管有效联动；要开展领导干部自然资源资产离任审计试点。

地理国情监测可以客观公正地检查重大战略、规划、决策等落实情况，监测国家和地方重大工程的进展情况，监测道路、城市建设等的发展变迁，以及森林覆盖、重点流域和区域污染防治情况，提供客观真实的统计数据和地图印证，起到监管检验的作用，将促进信息共享和政务公开，减少和杜绝瞒报虚报，催生阳光行政。

2. 地理国情监测的目标和任务

坚持"需求牵引、强化服务，统筹规划、形成合力，因地制宜、循序渐进，发挥优势、广泛参与"的总体部署，紧密围绕经济社会发展、生态文明建设等方面的需求，通过试点总结经验，逐步探索适合开展常态化地理国情监测的领域；逐步提高监测能力，加强人才队伍、组织机构、工艺流程、技术装备等的支撑；促进地理国情监测"进法律""进规划""进预算""进职责"，着力实现地理国情监测工作业务化、规范化开展。通过常态化地理国情监测工作的深入开展，促进政府科学决策，推进国家治理体系和治理能力建设。

地理国情监测领域的设计，必须紧密围绕党和国家的重大部署，以及党中央、国务院领导的有关指示精神，尽可能满足经济社会发展的各项需求。根据党的十八大和十八届三中全会精神，以及党中央、国务院领导的有关指示，初步研究确定了自然资源管理、国土空间开发、区域发展规划实施、城镇化发展、大气污染防治、地面沉降监测、海岸带变化、重大工程实施等八个方面的常态化监测领域（见表3）。

表3　常态化地理国情监测的主要领域

序号		监测领域
1		湿地
2		湖泊
3	自然资源管理	森林
4		荒漠
5		草原
6		冰川
7		优化和重点开发区
8	国土空间开发	重点生态功能区
9		农产品主产区
10		禁止开发区
11	区域发展规划实施	

序号	监测领域	
12	城镇化发展	城市扩展
13		棚户区改造
14		城市群
15	大气污染防治	
16	地面沉降监测	
17	海岸带变化	沿海滩涂
18		围填海
19	重大工程实施	重大生态工程实施
20		重大水利工程实施

针对以上八个监测领域，还需要进一步明确监测的对象、层级、周期、内容、技术方法和流程、分析评价方法、成果形式、服务对象和服务方式等。

（1）自然资源管理。围绕湖泊、湿地、江河流域、森林、草原、荒漠、冰川等主要自然生态开展监测，以国家和省级层面监测为主，监测周期多为1~3年，直接监测内容一般包括面积、范围等，间接监测内容一般包括土壤、水文、气象等，成果形式为报告和图件，服务对象为各级政府和相关部门。

（2）国土空间开发。按照主体功能区规划，对优化和重点开发区、重点生态功能区、农产品主产区、禁止开发区进行监测，以国家和省级层面监测为主，周期多为1~2年，监测内容主要包括名称、界线、面积、类型、用途等，成果形式包括报告、图件、数据、应用系统等，服务对象主要是各级政府、发展改革、环保以及国土等部门。

（3）区域发展规划实施。对国家发布的城乡统筹、生态环境以及国家新区三类区域发展规划实施状况进行监测，以国家层面监测为主，监测周期为2年，监测内容包括资源、环境、生态、自然灾害、经济、人口社会、政策、交通等，成果有报告、图件、数据（库）、应用系统等，服务对象主要是各级政府、发展改革、环境以及国土等部门。

（4）城镇化发展。以反映城镇化进程为目的，围绕单一城市和城市群开展监测，在省级层面进行周期为2~3年的监测，主题为城市扩展、棚户区改造、城市群发展，成果有报告、数据和图件等，服务对象主要是各级人民政府，以及城市规划、发展改革、交通、水利等部门。

（5）大气污染防治。对全国雾霾较严重的地区，包括主要城市群所在的行政区域和污染较严重的主要城市行政区域，以国家和省级监测为主，监测周期为1年，主要监测内容包括扬尘地表和工业污染源两大类，成果以报告、数据和图件为主，服务对象主要为国务院、省级人民政府、环保部门。

（6）地面沉降监测。对我国存在大面积沉降的重点城市的主城区、六大平原和沉降易发地区进行监测，主要在相关地区的省、市级层面展开，监测周期从1个月到几年不等，对沉降量、沉降范围、沉降坡度以及地下水标高、地下水超采量等内容进行监测，成果包括报告、图件和数据（库）等，服务对象主要是各级政府、国家减灾委、民政、国土、水利、住房和城乡建设、交通运输等部门。

（7）海岸带变化。对我国沿海的滩涂资源进行监测，主要在省级层面开展，监测周期为1年，对海岸线、地形、土地利用、地质类型等进行监测，成果主要包括分析报告、数据和图件等，主要提供给国家发展改革委、国家海洋局、沿海各省市政府和海洋行政主管部门使用。

（8）重大工程实施。对国家正在和将要实施的重大生态工程、重大水利工程进行监测，在国家层面开展为期1～2年的监测，分别包括植被覆盖、荒漠与裸露地、水域以及地面沉降、生态环境等内容，成果形式有报告专报、统计图件、服务系统等，服务对象是国家发展改革委、环保部以及相关省（区、市）人民政府。

（三）加强建设，增强应急测绘服务能力

1. 应急测绘服务面临的新要求

测绘应急保障服务直接关系人民群众的切身利益和构建和谐社会的大局，是最能直接体现测绘地理信息部门作用的职能之一。在全面建设小康社会进程中，为更好地防范各种突发事件，应对日趋复杂的公共安全形势，满足公众日益增长的公共安全需求，测绘应急保障服务能力必须不断加强。

当前我国应急测绘工作机制基本建立，确立了应急测绘工作的法定地位，各级测绘地理信息部门落实了应急测绘工作职责，成立了测绘应急组织领导机构，形成了应急测绘工作预案，为应对各种突发事件提供高效有序的测绘保障。在云南鲁甸地震、天津滨海新区爆炸、陕西山阳滑坡、浙江台风"灿

鸿"、新疆皮山地震等突发事件中的高效应急测绘服务，得到了各级政府的高度认可。

相对于我国广袤的国土，面对公共安全形势严峻，各种自然灾害频发的形势，以及更高的时效性要求，突发情况下的测绘地理信息快速获取、处理、传输和服务能力需要大幅增强，应急管理水平需要全面提升。《国家"十二五"突发事件应急体系建设规划》要求，航空应急救援队伍按照2小时350公里半径覆盖我国大部分陆地国土和沿海重点海域，特别重大突发事件现场图像等信息力争4小时之内传送到国务院应急平台。《国家航空应急救援体系建设"十二五"规划》明确到2015年，基本建立我国航空应急救援体系，建成2支综合力量和森林航空消防、海上救助、警用航空、应急测绘、医疗救助等5支专业力量相结合，通航企事业单位高度参与的航空应急队伍体系。《国家综合防灾减灾规划（2011～2015年）》提出，基本摸清全国重点区域自然灾害风险情况，基本建成国家综合减灾与风险管理信息平台，自然灾害监测预警、统计核查和信息服务能力进一步提高。其中，在规划的十项任务中明确提出了要提升加强应急监测能力。

2. 增强应急测绘服务能力的主要任务

根据国家应急体系建设的需要，进一步加强应急现场影像采集、移动应急测绘、影像数据快速处理、多源数据集成分析、数据传输与信息服务、应急地图快速制印等技术装备和必需的保障装备，建成包含完善的应急测绘航空遥感获取网络、一个应急测绘数据处理与服务平台、若干国家应急测绘保障分队和一套国家应急测绘指挥系统的国家应急测绘专业力量，形成覆盖全国陆海区域、"天空地"一体、高适应性、高机动性的国家应急测绘体系，实现在突发事件的"第一时间"快速获取、分析、处理、服务和共享现场信息的能力，为防灾减灾、应急指挥、快速救援提供决策支撑。

一是健全应急测绘工作机制。建立由政府主导的公共应急救援补偿制度，健全紧急状态下动员社会力量参与应急测绘保障服务的工作机制，确保灾后地理信息提供及时完成。强化全国应急测绘的统筹协调，建立健全从中央到地方多级互联、专兼职结合的测绘应急保障队伍。不断加强部间的联合协作，加大在地理信息资源共建共享、应急信息发布等方面的合作力度。

二是建设应急测绘服务基地。综合考虑我国自然、地理等因素以及已有应急测绘装备，统筹建立国家、省两级应急测绘服务基地。按照分级投入的原则，建立若干国家级航空应急测绘区域中心，作为国家级应急测绘保障的骨干力量，在各省（区、市）建立省级航空应急测绘中心，作为省级应急测绘保障的骨干力量。科学布局两级应急测绘服务基地，辅以高效的管理和指挥调配，保障应急测绘影像的及时获取。

三是加强应急测绘技术装备配置。根据应急测绘服务基地的功能定位，有针对性地配置技术装备。在国家层面，重点建设国家航空应急测绘系统和突发事件现场地理信息应急服务系统。其中，国家航空应急测绘系统包括有人机获取分系统、无人机获取分系统、数据处理分系统等。突发事件现场应急地理信息系统包括应急现场勘测分系统、应急数据快速处理分系统、灾情解译与分析分系统、应急地图快速制印分系统、应急测绘信息服务分系统、应急测绘数据管理分系统、应急数据快速传输分系统、应急测绘指挥调度分系统等功能模块。

四是强化孕灾环境监测和信息资源建设。将国家确立的重大突发事件分为自然灾害、事故灾害、公共卫生事件和公共安全事件4大类、15亚类和95子类，详细分析发现其中97%与空间位置直接或间接相关。目前应急测绘工作保障服务的重点在于灾害发生后的数据快速采集和提供，而缺乏事前的积累和准备，对孕灾环境的监测不充分，缺乏对应急相关信息的搜集整理。而事实上，事前的积累和准备对于快速高效的应急测绘工作意义重大。这就要求加强灾害多发及潜在地区高精度地理信息的持续监测和统计分析。建设全国测绘地理信息应急数据库，包括地震、火山、泥石流、滑坡等地质灾害高发易发区域信息，大型油气储存库、加油站、煤气站等危险源信息，应急救灾预案、应急救灾人员基本信息和联系方式等应急救灾资源信息以及学校、医院等重点保护对象信息。

（四）转变职能，促进产业发展

1. 转变政府职能的总体要求

转变政府职能是深化行政体制改革的核心。在经济新常态下，测绘地理信息部门职能转变的核心是处理好政府和市场的关系，使市场在资源配置中起决定性作用和更好地发挥政府作用，实现政府与市场、政府与社会的良性互动，

更好地激发市场主体的活力，促进地理信息产业的快速健康发展。

习近平总书记在十八届二中全会第二次全体会议上明确指出："转变政府职能是深化行政体制改革的核心，实质上要解决的是政府应该做什么、不应该做什么，重点是政府、市场、社会的关系，即哪些事该由市场、社会、政府各自分担，哪些事应该由三者共同承担。"

党的十八大报告提出，深化行政审批制度改革，继续简政放权，推动政府职能向创造良好发展环境、提供优质公共服务、维护社会公平正义转变。《中共中央关于全面深化改革若干重大问题的决定》指出，进一步简政放权，深化行政审批制度改革，最大限度减少中央政府对微观事务的管理。《中共中央关于全面推进依法治国若干重大问题的决定》明确，深入推进依法行政，加快建设法治政府。

综观党中央和国务院的相关要求，其精神实质就是通过"清权、减权、限权、晒权"推动政府职能转变。持续深化行政审批制度改革，不断提高简政放权的含金量，建立完善政府权力清单制度。加强和优化公共服务，强化政府的公共服务职能，增加公共产品有效供给，构建多元化、社会化的公共服务供给体系，提高公共服务总体水平。加强事中事后监管，完善制度建设，创新监管方式，鼓励社会监督，强化行业自律，加强监管研究，"放""管"同步推进。创新行政管理方式，以法治思维和法治方式推进行政执法改革，依靠社会信用体系建设加强市场监管。

所有这些关于简政放权的重要文件精神，对进一步做好测绘地理信息简政放权工作提出了明确要求，指明了改革前进的方向。

2. 加快政府的简政放权

适应经济新常态，需要在更高层次上实现政府职能转变新常态，首要一点就是深入推进简政放权，将不该由政府管理和政府管理不好的事项下放给市场和社会，从根本上释放市场和社会活力。

测绘地理信息部门认真贯彻落实国务院的部署和要求，扎实推进测绘地理信息行政审批制度改革，各项工作取得积极进展。国家测绘地理信息局从2013年4月相继取消了基础测绘规划备案、编制中小学教学地图审批事项、测绘行业特有工种职业技能鉴定等审批事项。目前，国家测绘地理信息局共有9项行政审批事项（见表4）。全国31个省（区、市）测绘地理信息行政主管部门也在不断积极推进测绘地理信息行政审批制度改革，促进简政放权。各地根据改革发展需要和实际情况，取消、调整或者下放了一些测绘地理信息行政审批事项，推进各审批事项的网上在线办理、集中办理，进一步提高了行政审批效率。但总的来看，测绘地理信息领域的简政放权还存在一些问题，如行政许可审批事项设置仍需要进一步规范，审批事项的审批条件不明确、不清晰，以及审批时限相对较长等。

表4　国家测绘地理信息局行政许可审批事项现状

序号	内容
1	外国的组织或者个人在中华人民共和国领域和管辖的其他海域从事测绘活动审批
2	从事测绘活动的单位资质认定
3	地图审核
4	建立相对独立的平面坐标系统审批
5	从事测绘活动的专业技术人员执业资格认定
6	拆迁永久性测量标志或者使永久性测量标志失去效能审批
7	法人或者其他组织需要利用属于国家秘密的基础测绘成果审批
8	对外提供属于国家秘密的测绘成果审批
9	采用国际坐标系统审批

进一步加快测绘地理信息领域的简政放权，要从过去的大事小事包干转变到提供便捷、优质的服务，提升事中事后综合监管能力，提供更多实用有效的便民服务。

一是着力做好行政审批事项的法律支撑。尽快完成《测绘法》《地图管理条例》《测量标志保护条例》《地图审核管理规定》等系列法律法规以及地方性法规规章的修订及发布实施工作，为测绘地理信息行政审批改革工作提供强有力的法律依据和保障支撑。

二是加快推进现有行政审批事项的清理。做好采用国际坐标系统审批，对外提供属于国家秘密的测绘成果审批事项，法人或者其他组织需要利用属于国家秘密的基础测绘成果审批等事项的取消、合并和调整，让非行政许可类的测绘地理信息审批事项彻底淡出历史舞台。

三是进一步优化行政审批程序。研究缩短各审批事项的审批时限，加强在线审批系统建设，逐步实现审批项目申请、受理、审查、批复、公布、查询、

送达的全程网上办理。

四是积极推进"放""管"有机结合。对经批准予以取消的行政审批项目，探索通过经济、法律的手段，实行间接、动态管理和事中、事后监督。对经批准予以保留的行政审批项目，强化行政审批监督，实行全程跟踪督办、限时办结和责任追究等监督管理制度，确保审批事项程序规范、公开透明、高效便民。

3. 加强对产业发展的服务引导

市场与政府都是资源配置的主体。政府配置资源是通过"有形的手"，市场配置资源是通过"无形的手"。要加强服务和引导，营造环境，创造条件，充分发挥政府的"有形的手"的作用，更好地配置资源，推动地理信息产业又好又快发展。

一是统筹规划地理信息产业发展。加强地理信息产业发展战略研究和规划编制工作，强化对各地地理信息产业园布局和定位的指导，统筹好地理信息技术、资源、市场、产品、人才等多方面要素。建立地理信息产业统计制度，合理制定地理信息产业分类标准，加快研究制定地理信息产业统计指标体系，形成地理信息单位名录库和更新机制，明确地理信息产业的统计范围，逐步形成规范的地理信息产业统计工作机制。

二是支持地理信息企业做强做大。建立健全地理信息资质管理制度，不断完善测绘地理信息准入制度，及时将新兴地理信息活动纳入监管，科学合理规定从业单位资质等级标准和准入条件，形成全国联网、动态更新的资质与信用管理机制。促进地理信息技术创新和产业结构优化，提升地理信息从业人员整体素质，提高地理信息产品质量，引导和规范测绘地理信息行业公平有序竞争。通过改进管理服务和加强政策引导、扶持，创造有利于企业兼并重组的良好环境，形成市场有效竞争、企业协调发展、优胜劣汰的良好局面。引导企业向园区汇集，推动地理信息产业集团化、集群化、规模化发展，加大对中小微企业的支持力度，加快培育龙头企业。

三是完善地理信息相关标准。加快完善标准化管理制度，适时修订测绘地理信息标准化管理办法等规章，出台加强测绘地理信息标准化工作的意见。探索建立"政府引导、市场主导、企业主体、社会参与"的开放型测绘地理信息标准形成机制，逐步深化部门之间、行业之间以及军民之间共同参与、各有侧重、合力推进的融合型测绘地理信息标准协调机制。以现有测绘标准体系与地理信息标准体系为基础，围绕重点开展各业务领域标准子体系建设，加快相关标准的修订工作，科学表达各类型、各层次标准的内容、内涵与衔接关系，明确国家标准、行业标准布局和强制性标准、推荐性标准构成，留足地方标准对接空间，逐步形成层次分明、结构合理、覆盖全面、定位准确的测绘地理信息标准体系。加强企业标准化指导，促进企业标准体系完善和服务质量提高。

四是规范地理信息市场秩序。通过政府信息公开、单位主动申报、发包单位提供等多种渠道，广泛征集测绘资质单位的信用信息，记录在测绘地理信息市场信用信息管理平台中，并在测绘资质管理和市场活动中充分发挥信用管理体系的作用。加大地理信息知识产权保护力度，进一步明确地理信息知识产权的概念、归属、内容和权限，建立公平合理的地理信息版权交易体系。加快健全各项市场管理制度，完善招投标、资产评估、咨询服务、工程监理、质量监督检验等制度，逐步建立地理信息监理准入制度、监理人员管理制度、质量监督检验制度，规范地理信息咨询服务机构。完善与有关部门形成的长效监管机制，加大联合执法力度，严厉打击非法地理信息活动。

五是加强地理信息安全监管。提高地理信息安全保密意识，与爱国主义教育、法制宣传教育相结合开展国家版图知识"三进"活动，普及全民的国家版图知识，开展地图安全审校人员和涉密岗位人员等培训。健全地理信息安全保密制度，细化更新地理信息涉密要素，完善基础地理信息要素细化分层管理政策，指导涉密地理信息生产和使用单位强化安全保密措施。提升地理信息安全监管能力，创新监管手段，研究监管的新技术、新方法，加强涉密地理信息保密技术处理研究。加大违法行为查处力度，联合有关部门形成监管合力，及时查处地理信息失泄密等危害国家安全利益的违法行为。

六是加大基础地理信息供给。按照著名战略学专家迈克尔·波特的理念：一个优秀的竞争战略，关键是定位、取舍、配置。必须根据测绘地理信息行业的信息资源禀赋优势，不断完善基础地理信息的提供和使用政策，加强地理信息资源对企业的供给，为大众创业、万众创新提供基础资源，如"千金买马骨"般吸引更多的创新资源汇集。

（五）强化创新，加快融合发展

1. 加强科技创新迫在眉睫

深化测绘地理信息科技体制改革，建立以需求为导向的科技项目立项机制，促进地理信息与新一代信息技术、大数据、云计算、物联网等的融合发展，充分发挥企业的创新主体作用，加快科技成果转化，全面提升科技支撑能力。

发达国家基本建立了多层次、多种类、广覆盖的对地观测体系，实现了全天候、全天时、全球范围高精度的基础地理信息获取能力。全球导航卫星系统不断完善，向全天候、全球覆盖、三维定速定时、高精度、应用广泛、多功能的方向发展。光学遥感卫星的时间、空间分辨率不断提高，小型、低成本和可应急发射的军民两用卫星快速发展，对地观测效率大幅提升。雷达遥感卫星向着性能高、成本低、多模式/多频/多极化的方向发展，图像分辨率和定位精度不断提高。航空遥感装备日趋多样化，机载数字航空摄影系统朝小型化、高分辨率和立体化发展，倾斜摄影技术、机载激光雷达（LIDAR）技术等快速发展。地面、地下及水下测量仪器向多技术融合方向发展。数据处理装备逐步实现自动化和智能化，数据管理向信息共享、互操作方向发展。

《国家技术预测总体研究（2014 年）》认为，我国技术水平相当于美国的68.4%，落后于领先国家9.4年。有关学者研究认为，我国测绘地理信息与发达国家的差距集中体现在空间测绘能力上，落后至少十年[①]（见表5）。

表5　测绘地理信息领域与发达国家的差距

主要细分领域	差距	主要细分领域	差距
测绘基准	3～5 年	数字航空遥感影像获取	5～10 年
卫星导航定位系统	10～15 年	数据处理	5 年左右
航天光学遥感影像获取	10～20 年	地理信息资源和管理	3～5 年
航天航空雷达影像获取	10～20 年	数据分发和服务	5 年左右

---

① 宁镇亚、郭晋洲等：《测绘强国指标体系研究》，《测绘通报》2015 年第 7 期，第 117～120 页。

总的来看，测绘地理信息科技创新领域存在的主要问题有：对科技创新工作的顶层设计、前瞻性等谋划不够；科技创新基础不牢，原始创新和自主创新能力不足，核心技术与高端装备受制于人；科技项目管理、绩效评价、投入机制等体制机制还不完善；企业技术创新主体作用不显著，创新与转化各个环节衔接不够紧密；科技创新体系布局不够完善，区域和领域发展不平衡；各类创新单元发展协调性较差，没有形成整体合力；创新型科技人才结构性不足矛盾突出，国际型高端人才、复合型人才不足。

2. 加强科技创新的主要任务

全面贯彻落实党的十八大和十八届三中、四中全会精神，落实习近平总书记系列重要讲话精神，深入贯彻实施创新驱动发展战略，紧密围绕测绘地理信息发展战略方向，加强测绘地理信息科技创新。坚持目标导向和问题导向相结合、科技创新和人才团队建设相结合、政府引导和市场导向相结合的原则，努力破除制约测绘地理信息科技创新的思想障碍和机制藩篱，营造良好的创新环境，完善科技创新体制机制，加强测绘地理信息科技创新活动组织，激发人才的创新活力，促进科技成果转化，完善创新平台，助力测绘地理信息快速发展。

一是健全科技创新体制机制。加强科技创新资源的统筹协调，充分发挥国内外、行业内外相关测绘地理信息科技创新资源的作用。积极推进科技管理职能和管理方式转变，进一步发挥政府在配置科技创新资源中有形的作用，为企业创新提供畅通无阻的全程服务。研究建立测绘地理信息科技创新的多元投入机制，增加科技创新经费的预算比例，综合利用贷款贴息、风险补偿、创投引导等方式，引导和调动金融资本和民间资本参与技术创新，鼓励国内外资本等设立测绘地理信息科技创新基金，逐步建立"谁出题谁出钱，谁用成果谁出钱"的新机制。研究制定符合各类科技创新活动特点的评价办法，增强中期检查、项目验收、绩效考核、人才评价的科学性，加强科研诚信管理。

二是增强科技自主创新能力。要围绕重点任务、瞄准关键环节，抓好信息化测绘体系各个环节的项目布局，做好测绘地理信息行业科技创新的顶层设计，统筹优势科技力量，加强核心关键技术攻关。加大基础研究和应用基础研究在科技创新活动中所占的比例，大力支持原始创新和自主创新，对于能破解行业、地区测绘地理信息发展瓶颈的原创性科技成果给予重点支持或奖励。鼓励开展具有自主知识产权的高端仪器装备研发，加大对装备研发与定型试用的支持力度。

三是强化科技创新平台建设。推进国家重点实验室建设，优化部门实验室与工程技术研究中心建设布局，建立软科学创新平台，积极支持创新联盟、协同中心、创客或众创空间等促进大众创业万众创新的新型创新平台建设，不断优化科技创新平台总体布局。强化产学研用协同创新，打造科技要素相对集中的区域创新协同中心，积极推进部部共建、省部共建、军民共建创新平台与合作模式。加强国内外测绘地理信息科技合作交流，加大国际科技人才、技术、资金等资源的引进力度，支持国内科研机构、企业和个人走出去，促进国际交流合作。加强智库平台的规划布局与建设，加快形成测绘地理信息智库体系。

四是发挥企业技术创新主体作用。扩大企业在科技创新中的参与度和话语权，发挥企业在参与研究制定测绘地理信息科技规划、政策和标准制定等工作中的作用，使企业真正成为科研立项的主体、投入的主体、研发的主体、风险承担的主体和利益共享的主体。探索以财政后补助、间接投入、政府购买服务等多种方式鼓励企业牵头开展研发攻关，形成激励创新的正确导向，实现创新资源合理配置和高效利用。支持企业建设成果中试转化平台，促进科技成果产业化的中试孵化、定型、转化和应用。充分利用和争取国家普惠性财税政策，以及国家支持地理信息产业科技创新的有关政策，引导有条件的企业设立创业投资基金。

五是完善科技成果转化激励政策。建立有利于促进科技成果转化的绩效考核评价体系，健全科技成果转化机制。将不涉及国防、国家安全和利益、重大社会公共利益的科技成果的使用权、处置权和收益权，全部下放给符合条件的项目承担单位。完善有关科技成果转化的投融资政策，充分利用创业投资资本市场、信贷担保、科技保险等方式，围绕着产业链来部署创新链，围绕着创新链来完善资金链。提高科研人员成果转化收益比例，其职务科技成果转让收益应在重要贡献人员、所属单位之间合理分配。加大对核心知识产权的支持力度，支持和促进知识产权产业化。加强重要技术标准研究布局，提升技术标准研制和应用水平。

六是加强科技人才队伍建设。多学科知识的综合运用至关重要，理想的人才队伍技能包括空间思维、科学与计算机、数学与统计、语言与文化等。除了培养大地测量与地球物理学、摄影测量学、遥感、制图学、地理信息系统与地理空间分析等核心领域的人才外，还要大力培养和引进地理空间情报融合、众包、人文地理学、可视化分析以及预测等新兴领域的人才。进一步加强测绘地理信息人才的在职培训、脱产学习、出国进修等继续教育工作，有效促进科技人才队伍的知识更新与技术更新。通过培养、引进等方式打造高水平的科技创新团队，在科技项目申报等方面予以优先支持。完善人才流动机制，健全测绘地理信息行业党政机关、事业单位和企业之间畅通的科技人才流动机制。

新型基础测绘篇

New Fundamental Surverying & Mapping

B.2

北京市新型基础测绘体系建设的
战略思考与研究*

温宗勇**

摘　要：　本文回顾总结了北京市基础测绘的发展历程和实践经验，针对基础测绘发展中存在的问题和隐患，以问题和目标为导向，着重介绍了北京市测绘设计研究院面对新形势和转型的背景，开展新型基础测绘体系建设的思考与研究，阐述了北京市新型基础测绘转型发展的新认识和新思路，并提出了相关建议。

关键词：　北京市　新型基础测绘　应用　转型　科技

* 课题组组长：温宗勇；副组长：杨伯钢、陈品祥、程祥、贾光军、代为；成员：陈积旭、安智明、王攀、孙毅、侯庆明、刘寒、李兵、刘英杰、蔺志永、宣兆新、董明、臧伟、李伟（执笔）、陈廷武、张凤录、刘光、孔令彦、白昕、张海涛、陶迎春、赵春香等。本课题在研究过程中得到了北京市规划委员会的王熙处长、任超处长和北京市勘察设计与测绘地理信息管理办公室的李节严副主任、王金坡副主任的鼎力支持，在此一并鸣谢。

** 温宗勇，北京市测绘设计研究院院长，高级规划师。

汉代刘向的《说苑·谈丛》云:"谋先事则昌,事先谋则亡。"认识新形势,谋划新思路,是自古以来成就事业的基本方法。当前,测绘地理信息事业受到中央和国家层面高度重视,经济社会战略转型、全面深化改革以及国家重大战略的实施对基础测绘提出了新的要求。我国的经济发展空间不断拓展,生态环境保护与重大事件处理都对基础测绘提出了新的需求。面对新常态、新形势、新任务、新挑战,在国家测绘地理信息局的带领下,北京市测绘设计研究院(以下简称北京院)以《国务院办公厅关于促进地理信息产业发展的意见》《国家测绘地理信息局全面深化改革的实施意见》《全国基础测绘中长期规划纲要(2015~2030年)》为指导,正确认识新常态,主动适应新常态,转变观念,顺应形势,组织团队,积极开展北京市新型基础测绘体系建设的研究工作。通过结合北京院测绘地理信息工作实际情况,依靠院科技、生产、研发、管理等部门的专家力量,初步提出了适应首都经济社会发展的新型基础测绘体系建设的战略构想。

一 新型基础测绘提出的背景

(一)新型基础测绘的提出

2014年10月,《国家测绘地理信息局全面深化改革的实施意见》正式出台,确立了六大体系和六大能力的目标任务,首次提出了建设新型基础测绘体系。2015年,是测绘地理信息改革发展、转型升级的关键一年,国家测绘地理信息局印发的《2015年测绘地理信息工作要点》明确了7个方面重点工作,其中再次提出:要加强新型基础测绘研究,进一步明确新型基础测绘的具体内涵、建设目标、重点任务、力量布局和体制机制。国务院关于《全国基础测绘中长期规划纲要(2015~2030年)》的批复要求,认真组织实施规划纲要,到2020年,建立起高效协调的管理体制和运行机制,营造较为完善的政策和法制环境,形成以基础地理信息获取立体化实时化、处理自动化智能化、服务网络化社会化为特征的信息化测绘体系,全面建成结构完整、功能完备的数字地理空间框架。批复进一步确定了2030年全面建成新型基础测绘体系的目标,为经济社会发展提供多层次、全方位的基础测绘服务。新型基础测绘的概念和特点日趋明确,基础测绘迎来了改革与转型的重大机遇期。

（二）新型基础测绘的特点

新型基础测绘是对传统基础测绘的继承和发扬，与传统基础测绘相比具备"全球覆盖、海陆兼顾、联动更新、按需服务、开放共享"等特征，主要体现在以下6个方面的"新"。

工作范围"新"：由原来的我国陆地国土，拓展延伸到海洋、周边乃至全球。

工作重点"新"：由大地测量、地形图测绘、基础地理数据采集等逐步转变为以测绘基准运营维护与服务、基础地理信息动态更新、海洋和全球地理信息获取、基础地理信息应用服务等为主。

技术手段"新"：改变了传统的大地测量、航空摄影测量及地图制图技术，广泛采用卫星导航定位、遥感、地理信息、互联网或物联网、大数据等先进的技术手段。

组织模式"新"：由原来按照大地测量、航空摄影测量、地图制图等工序生产组织模式，转变为测绘技术一体化集成、国家和地方分工协同、测绘系统与专业部门信息共享协作等方式。

成果形式"新"：由提供传统的大地测量控制点成果，转变为可提供高精度的实时测绘基准定位、高精度大地水准面等；由原来提供不同比例尺地形图或"4D"数据产品，转变为可提供按需定制地形图、专题图及内容丰富的高精度基础地理信息数据；由原来只能提供国内陆地范围的基础地理信息，转变为可提供海洋和全球范围的数据；由原来只能提供版本式基础地理数据，转变为可提供多时态的增量数据。

服务方式"新"：由原来只能提供模拟地形图或数据产品，转变为提供网络化的数据下载、地图服务、平台服务、卫星导航定位服务，以及多种形式的定制服务等。

二 北京市基础测绘的发展历程

（一）发展阶段与特点

北京市作为全国首善之区，全市国土面积达16400平方公里，全市基础测绘开展较早，目前已近 20 年。北京市基础测绘工作经历了三个发展阶段。

（1）1997～2002 年。这一阶段是本市基础测绘的初始期，基础测绘任务被正式列入市国民经济和社会发展计划，由北京市测绘设计研究院作为测绘责任主体负责实施首轮测绘，初步确定了基本比例尺和相应的测绘范围，1∶500、1∶2000 和 1∶10000 比例尺地形图分别覆盖四环、五环和全市域，建立了全市的测绘基准体系，为全市提供基本控制数据和地形图数据服务。

（2）2003～2008 年。这一阶段是本市基础测绘的稳定期，经过五年的摸索，基础测绘的基础保障作用逐步显现，政府研究建立了基础测绘的定期更新机制和稳定的财政投入机制。基本控制方面，精化了似大地水准面，建立了北京市 GNSS 实时定位服务系统，对高程和平面控制网定期复测，开展沉降区水准复测；地形图方面，2003～2008 年，基本比例尺地形图建立了"2－3－4－8"更新周期，并逐步缩短为"1－2－4－8"（以年为单位，对应比例尺分别为 1∶500 四环范围、1∶2000 中心城范围、1∶10000 平原范围、1∶10000 山区范围），覆盖范围进一步扩大：1∶500 图扩展到四环外中心城重点区域，1∶2000 图实现平原区覆盖；基础地理信息数据库与地形图联动更新（见图 1、图 2、图 3、图 4）。

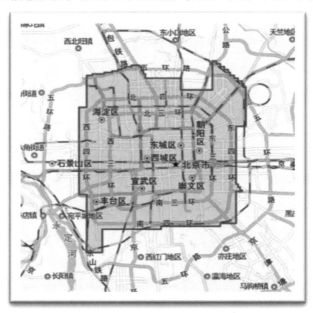

图 1 1∶500 地形图四环覆盖范围

图2　1:500地形图城区及新城覆盖范围

图3　1:2000地形图覆盖范围

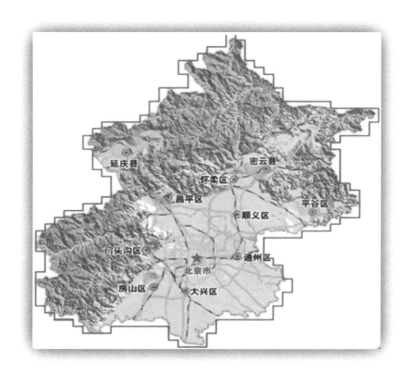

图4　1∶10000 地形图覆盖范围

（3）2009 年至今。如图 5 所示，这一阶段是本市基础测绘的拓展期，更新周期进一步缩短，并建立了市、区两级财政投入机制。基本比例尺地形图和数据库的更新周期进一步缩短为"05－1－1－4"；1∶500 和 1∶2000 比例尺地形图向郊区新城覆盖，建立了"中心城区＋新城"两级基础测绘体系，覆盖密云、通州等 11 个新城，面积达 1200 平方公里，市、区两级财政投入使本市的基础测绘年度经费首次过亿元，为本市各区县新城详细规划、镇域总体规划、城中村改造、重点功能区开发建设、用地梳理等工作提供支撑和保障，为加强新城区域的精细化管理提供了有力的基础数据支持。

（二）促进转型与升级

2013 年，北京院推进顶层设计落地，实施了机制创新与科技创新两个"四位一体"，目标旨在突出基础测绘在院工作中的主体地位，组建专门机构、

图5　北京市基础测绘更新周期的发展与未来趋势

改进工艺，提高效率，促进基础测绘转型升级。

机制创新。北京院调整了内部机构，使基础测绘工作有了专门的机构和专业化队伍，突出了基础测绘工作的主体地位，形成了基础测绘、专业测绘和地理信息服务三大业务板块，明确了基础测绘工作由新组建的基础测绘院、地理信息中心和原来的航空遥感院共同承担，彻底改变了过去基础测绘任务分散在多个部门并与其他测绘任务混搭的经营管理方式，实现基础测绘生产、数据管理和分发服务流程的一体化。

科技创新。如图6所示，实施科技创新"四位一体"，提高基础测绘生产和服务能力。主要的做法包括：系统地梳理和再造了基础测绘流程；开展一体化建设工作，实现三种比例尺数据缩编更新、内外业一体化和图库一体化，升级了生产作业平台，提高生产效率；通过数据库升级，打造"数据航母"，整合多年份、多类型的数据成果，采用"六分法"（分层、分区、分类、分级、分段、分工）对数据进行切分，实现海量数据高效存储、管理和分发服务；通过管理信息化建设，支撑生产流程的运转和生产组织管理的顺利运行。通过科技创新，实现了基础测绘生产效率的提高和生产、管理、服务的流程化、一体化，使基础测绘数据资源从"数据仓库"向"数据超市"转变。

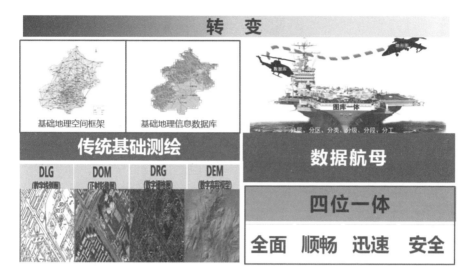

图6　传统基础测绘转型

（三）存在的问题和隐患

北京市基础测绘在全国范围内较早建立了市级财政定期投入机制，并拓展了区县两级财政投入的新城基础测绘模式。建立了结构合理、技术先进、装备精良、经验丰富、专业化的基础测绘队伍，形成了多种比例尺覆盖、按周期更新的测绘成果。但在面向应用的过程中也存在一些问题和隐患。

一是基础测绘实施的标准过于僵化和自我，以不变应万变，已经难以适应用户和市场的需求；二是基础测绘数据的现势性仍需持续提高；三是随着科技手段的提升和应用领域的扩大，基础测绘成果保密要求与社会需求之间的矛盾在不断加剧；四是单一、静态的基础测绘成果难以满足各领域日益增长的多样化应用与需求；五是资金投入不足造成基础测绘数据更新维护和基础测绘人才队伍培养面临困难。

这些问题如果得不到高度重视和及时解决，很可能成为北京市基础测绘发展的瓶颈。如何跨越这一瓶颈，则应从思想认识着手，从对新型基础测绘的认识和顶层设计方面寻找出路。

三　北京市新型基础测绘建设思路

（一）积极谋划

2015 年初，北京院向国家测绘地理信息局汇报了将北京纳入新型基础测绘体系建设试点城市的设想与思路。北京院在年初制定的院《2015 年工作要点》提出：密切关注国家测绘地理信息局关于新型基础测绘体系建设的新思路，主动研究符合北京地方特点的新型基础测绘体系的具体内容、建设目标和重点任务。北京院组织相关专家、技术骨干成立了新型基础测绘体系建设研究工作组，院主要领导亲自挂帅，多次去基础测绘实施部门和作业现场调研，探讨"十三五"基础测绘发展战略。在 2015 年 6 月院第二届科技周活动中，组织开展了新型基础测绘专家论坛，国家测绘地理信息局、北京市规划委、市勘察设计与测绘地理信息管理办公室、区县规划分局和市测绘院相关领导和专家参加，从管理、需求和实施等不同层面出发，各抒己见，通过研讨，对新型基础测绘的认识更加深刻、思路更加清晰、方向更加明确。在院"十三五"规划编制的过程中，新型基础测绘体系建设内容将纳入规划，成为今后一个时期的重点任务。

（二）明确重点

随着测绘地理信息发展理念的初步转变，"重生产，轻应用"的传统理念也逐步被打破，基础测绘需要从首都经济社会发展需求出发，基础测绘更多是面向首都规划，面向城市管理，为城市改革与发展中最需要解决的问题提供保障。我们认为北京市新型基础测绘体系建设未来将在以下几个方面重点推进。

一是加快基础测绘标准体系建设。根据城市规划建设和管理对测绘地理信息要素的需求，划分重要要素和一般要素，探索分批要素更新模式，对与经济社会发展密切相关、用户需求量大、现势性要求高的要素开启绿色通道，进行快速更新；对其他要素按更新周期进行更新，以实现基础测绘成果有侧重的、高效的、快速的更新，提高数据现势性。

二是进一步完善测绘基准体系。研究建立京津冀区域性似大地水准面整体模型；监测北京市重点沉降区，形成天地一体化的地面沉降监测体系；根据需要加密连续运行基准站网；建立京津冀 CORS 资源共享机制，扩大系统的覆盖范围；开展系统升级改造，实现四星兼容的多系统联合定位。

三是进一步扩大基本比例尺地形图的覆盖范围。逐步扩大城市大比例尺地形图的覆盖范围，努力实现 1∶500 比例尺地形图从四环范围扩大到中心城，并继续推进其在郊区新城的覆盖。

四是进一步缩短基本比例尺地形图的更新周期。强化城市中等比例尺地形图在规划、建设、管理、应急等各领域的公益性、基础性作用，努力实现 1∶2000 比例尺地形图平原区按年度更新。进一步缩短城市大比例尺地形图更新周期，推进"0－1－1－4"周期更新，即努力实现对四环内 1∶500 比例尺地形图采用实时更新。

五是拓展基础地理信息资源类型和应用领域，丰富和拓展基本比例尺地形图的要素类型，尝试将三维精细建模、地下管线测绘等新型产品纳入基础测绘成果体系，实现成果的地上地下覆盖、二维三维同步，制作涉密版、政务版和公众版三种版本的电子地形图并定期更新，不断满足各行业对基础测绘的各类需求。拓展应用领域，在服务各级政府管理和决策之外，加强市场化应用拓展，开发服务公众需求的产品。

六是加强科技支撑和质量管理。通过科技进步，建立基础测绘快速更新体系，搭建基础测绘信息应用平台，提高数据的获取、处理、管理和服务能力，进一步提升基础测绘生产效率、生产能力和服务水平。建立基于规划数据的变化发现和要素快速更新机制。加强院层面的统筹管理和生产作业上下游环节质检的沟通协调，保障基础测绘成果质量。

七是探索建立多元化的基础测绘投入机制。不断加强基础测绘市区两级财政投入机制，在妥善处理数据保密的前提下，探索通过市场化方式拓展 1∶500 大比例尺基础测绘资金投入渠道。

四　结束语

过去 20 年里，北京市基础测绘工作起步早、投入多、作用大，积累了大量的技术经验和数据，在全国处于比较领先的地位。新型基础测绘的提出是推动行业转型升级的重大举措，也是突破北京基础测绘跨越发展瓶颈、实现转型

升级的重大机遇。随着新型基础测绘分别纳入《北京市测绘设计研究院"十三五"发展规划》和《北京市"十三五"测绘地理信息发展规划》,基础测绘将从重视测绘生产向重视保障服务转变,其能力必将实现质的飞跃,并在京津冀一体化、首都非核心功能疏解等北京市重点工作中发挥更加积极的作用。到2020年,北京市力争建成"产品升级、更新加快、技术先进、服务多元"的新型基础测绘服务体系,并积极争取这一项目能够成为国家新型基础测绘建设的示范。

B . 3

基础地理信息数据库建设与更新的思考

田海波*

摘　要： 在国务院批准的《全国基础测绘中长期规划纲要（2015～
2030年)》中，国家测绘地理信息局提出了以信息化测绘技
术体系来构建新型基础测绘体系的发展目标。本文通过分析
我国基础地理信息数据库建设和更新的现状，归纳总结了当
前数据库建设中存在的问题，结合新型基础测绘转型升级的
发展需求，探索新时期新常态下数据库建设与更新的思路，
为未来我国基础地理信息数据库的建设和更新提供参考。

关键词： 新型基础测绘　地理信息数据库　动态更新　数据融合

一　引言

党的十八大对加快形成新的经济发展方式作出了全面部署，国家相继实施
了"一带一路""建设海洋强国""京津冀协同发展""长江经济带"等一系
列重大战略，我国的经济发展空间也正逐步由陆地向海洋、由境内向境外拓
展，对基础测绘提出了新的要求。基础测绘发展必须突破传统思维，调整发展
战略，做好工作对象和服务方式的创新，更好地完成当前新形势下的测绘服务
和保障工作。为此，国家测绘地理信息局提出了建设新型基础测绘体系的新构
想，2015年6月，国务院批准的《全国基础测绘中长期规划纲要（2015～
2030年)》明确提出了新型基础测绘的五项主要任务，其中基础地理信息数据

---

* 田海波，国家测绘地理信息局国土测绘司副司长。

库建设与更新是核心任务之一。

我国基础地理信息数据库建设经过了 30 年历程，逐步建成了覆盖全国陆地国土、涵盖全要素、系列比例尺、多产品类型、高现势性、面向服务、集成管理的国家基础地理信息数据库。在国家经济社会发展的新常态下，基础地理信息数据库建设与更新应如何提升和发展，如何构建地理信息数据库建设与更新的支撑体系，对提升基础地理信息资源保障能力和服务能力是一个至关重要的问题。

二　数据库建设现状

与发达国家相比，我国基础地理信息数据库建设起步较晚，始于 20 世纪 80 年代，经历了初始建库、重点更新、全面更新等阶段，目前已经进入以持续更新和应需服务为特征的新阶段，不仅建成了国家级和省级的数据库产品体系，而且形成了基础地理信息数据库建设与更新的完整技术体系。

（一）数据库建设现状分析

从初始建库阶段到现在的持续更新，国家基础地理信息数据库建设完成了从核心要素建库到全要素建库的升级改造。数据体完成了从 1954 年北京坐标系、1980 年西安坐标系到 2000 年国家大地坐标系的转换；数据库从单一产品、独立建库模式，逐步发展成多元产品、联动更新、集成建库的新模式；数据库更新模式从推扫式更新转变为增量更新，更新频率逐渐加快，1∶50000 数据库年度更新、1∶250000 和 1∶1000000 每 2 到 3 年更新一次。至"十二五"期间，国家基础地理信息数据库实现了覆盖全国陆地国土、全要素更新，形成了涵盖 3 个尺度、4 种类型（正射影像数据、地形要素数据、数字高程模型数据、地形图制图数据）的国家基础地理信息数据库产品体系，实现了多尺度、多种类产品的集成建库，及其与历史数据库和服务数据库的统一管理，实现了多尺度地形数据库的纵向联动更新和同尺度下不同数据库的横向联动更新。

在国家测绘地理信息局统一部署下，"十二五"期间各省测绘地理信息局开展了 1∶10000 地形数据库的整合改造和完善更新，1∶10000 地形图覆盖我国陆地国土范围由 374.2 万平方公里扩大到 537.2 万平方公里，27 个省（区、市）建成了省级基础地理信息库。

基础地理信息数据库在完整性和现势性方面能够更好地满足专业部门、科研单位的需求，在国防建设、规划设计、生产建设、人民生活等各个领域得到了广泛应用。但对比国际上美国、英国、德国和日本等发达国家，我国在数据库成果、数据现势性、产品内容形式、数据应用和服务等方面仍存在进一步改进完善的空间。

（二）数据库建设中存在的问题

近年来，随着基础地理信息的广泛应用，地理信息产业的蓬勃发展，基础地理信息数据库建设中的一些问题也凸显了出来，主要体现在如下几个方面。

1. 数据侧重地形信息表达，要素信息量不够丰富

现有的基础地理信息数据标准处在传统测绘向数字化测绘转型升级过程中，从以地形图图式表达演变而来，在要素采集选取和属性信息设置方面受地图比例尺图面信息承载量限制的影响深；要素通过航测或卫星遥感内业判读和外业调绘的技术手段采集，主要偏向要素自然属性信息，人文经济属性信息因获取难度大而采集量少。

现有的地形要素采集相当于某一尺度下对某个时刻地表情况的一个快照表达，受到生产工艺和图幅生产单元影响，地理要素没有按照面向对象的地理实体化来表达，同一地理实体多个尺度间的要素没有建立关联，在采集和更新过程中多尺度数据间的要素一致性较难维护，面向连续尺度可视化时，要素一致性问题凸显。

2. 数据尺度固定、产品形式单一，不能较好地适应按需测绘要求

目前我国基础测绘是按照国家级、省级、市县级进行分级管理，基础地理信息数据库的矢量数据标准兼顾了不同尺度下的地形图表达，而不同比例尺的矢量数据采集是根据图面表达内容和精度来定义数据采集的技术规范，各级测绘地理信息主管部门的数据比例尺固定，基础地理信息的覆盖未能较好地考虑地区经济发展差异，以及人类活动和经济发展对地理信息精度的差异化需求。

适应新技术、新环境下的测绘地理信息公共服务体系尚未建成，产品形式比较单一、创新不足，仍以提供地图和地理信息数据等直接生产成果为主，面向地理信息系统的应用产品、专题产品、信息知识产品不多，在面向对象和区

域统计分析方面较弱，不能较好地适应按需测绘的需求。

3. 数据库联动更新效率不高，三库融合更新需求凸显

随着"三大平台"专项工程的推进，基础地理信息数据库、公共地理框架数据库和地理国情普查数据库逐步形成，三库之间的联动更新问题已受到广泛关注。当前，测绘地理信息部门提供服务的出口多，地理信息数据版本的不一致性，影响测绘部门数据的权威性；此外，数据库与生产平台脱节，各比例尺分别组织和建库，库间未建立关联关系，导致跨尺度的联动更新困难，动态更新效率不高。急需对三库数据进行融合，形成完整的、一致的地理框架数据，并在同一时空框架下挂接其他行业专题空间数据。

三 数据库建设发展新趋势

近年来，地理信息越来越成为信息社会的重要元素，随着地理信息产业的快速发展，基础地理信息数据库建设应该顺应以下发展趋势。

（一）以用户为中心，按需测绘与提供产品

互联网正悄然改变着人们的生活习惯和思维模式，用户对地理信息的需求也逐渐从原来的被动接收转变为主动获取。传统以产品为中心的基础地理信息数据库建设将向以用户为中心转型，具体表现为以用户需求驱动的测绘多于按计划测绘，加强地理信息与专业信息的结合，提高地理信息对开放式应用需求的适应性。

（二）数据更新来源泛在化，更新手段多样化

大数据技术手段和应用理念促进了在地理信息采集、分析与服务方面的变革创新，推动基础地理信息数据库的快速发展。大数据时代将更加强化信息的众筹与共享，基础地理信息的更新数据源不再局限于专业的测绘部门数据，而将扩张到一切可能的空间信息数据生产端。

数据更新手段多样化，逐步从数据采集更新向数据整合更新、数据融合更新发展。传统定期全面更新模式极大程度上依赖专业测绘部门的基础测绘业务工作，而大数据时代的数据整合模式更加强调通过整合已有地理信息更新数

据，实现对更大范围的数据更新，更注重利用测绘数据的互补性。数据融合更新手段充分利用各种空间地理信息数据源，从多个维度和层次进行数据之间的同化融合，实现对基础地理信息数据的更新维护，更体现多源数据的相互验证及协调作用。

（三）社会化应用深入，地理信息内容趋于全息化

传统的基础地理信息内容和表达方式越来越不适应大数据环境下用户的全息化和个性化定制需求。内容丰富、以人为本的全息化基础地理信息表达模型设计，在原有内容基础上补充与社会、经济、人文相关的信息，并优化数据结构和信息表达方式，使基础信息和专题信息相互补充、相互融合，可以帮助各领域、各层级的用户都能获取所需要的数据信息。

（四）地理信息覆盖从陆地到海洋，从局部到全球范围

基础地理信息数据内容由陆地信息向海洋延伸、由局部地区向全球范围覆盖，同时地理信息的多尺度要素一致性与多级别数据精度将进一步提高。由于按需测绘的推进与数据内容的丰富，基础地理信息将更好地结合各行业部门的专业信息，能较好地挂接其他社会经济属性，开展相应的专题应用。

（五）围绕数据库，从生产到服务更加一体化

基础地理信息数据库已成为衔接基础测绘从生产到公共服务的纽带，基础地理信息数据的生产、存储、管理和应用服务等整个生命周期将趋于一体化的统筹规划与协同建设。生产更新和应用服务环节更加紧密，从数据更新到产品服务更新的响应更加及时，以库为基础有利于地理信息数据实现从数据源到产品的联动更新机制，顺向帮助提高地理信息产品的现势性，逆向推进数据源的按需测绘和获取。

四　数据库建设与更新的思考

分析了基础地理信息数据库的现状及问题，面向数据库建设的发展趋势，下文从数据标准、数据库能力、数据库更新和数据库应用等方面进行探讨。

（一）数据标准修订和完善

1. 逐步向面向对象的矢量要素数据标准过渡

建立基于地理要素的矢量数据模型，要素是对地球上对应的地理实体的描述，在不同分辨率上对同一地理实体可表达为不同的矢量对象类型（点、线和面）；要素通过赋予它唯一的、永久的标识码来识别，一组属性和所链接的空间对象来描述。永久的要素标识码将不同分辨率和不同范围的同一要素连接起来，作为不同尺度间矢量数据级联更新的基础，也作为挂接其他专题信息的桥梁。

2. 适当降低图式要求，数据模型侧重统计分析

基础地理信息的应用转向公众化和公开化，地图作为基础地理信息的主要产品形式，要由"工艺型"转为实用型和分析型产品，矢量数据模型要兼顾地图产品制作和统计分析，需要适当降低现有纸质地图产品图式规范要求，并加强对电子类地图产品图式表达的标准研究。

3. 预留扩展接口，衔接海洋基础数据

未来的基础地理信息数据库是陆海兼顾的，因此，在数据标准修订过程中，需要预留好扩展接口，来衔接海洋基础地理信息，实现陆海一体化。

（二）数据库升级

1. 建立面向全球的时空基准参考

数据库要管理全球范围内的空间数据，数据存储的空间参考宜采用统一的地理坐标系统，这种坐标系能保证全球范围内的空间数据连续存储，也便于与其他行业的空间数据进行整合和专题信息的互操作。同时，数据库应将不同级别控制精度的本底数据纳入管理，作为不同来源数据融合的几何控制基准。

2. 向对象型要素级数据库过渡

新型基础地理信息数据库应是多尺度（内容详细度）、多专题数据融合的真正的"一个数据库"，针对库体内每个要素对象开展属性信息、更新频次、可视化级别、专题归类、公开化特性、历史变迁、服务信息、元数据信息等的设计，建立真正要素级数据库管理模式。

3. 关于未来数据库结构的设想

随着数据内容和产品的丰富和多样化，数据库的库体结构不再是单一的4D产品和元数据，应该是包括基准控制成果、基础地理要素、专题要素数据、影像数据、三维模型、面向应用的服务数据等综合型数据库。数据库所支持的数据存储模型应包括矢量、栅格、瓦片、网络、三维模型、表格、文件集等，是一个混合架构的数据库系统。

参照空间数据仓库的框架结构，未来地理信息数据库可由多源数据资料库、多级精度基准控制库、多维度地理要素库、多主题产品库构成。多源数据资料库用来存储地理信息采集和更新所需的数据源资料，通过对数据源的精度评定、质量评定和可利用分析后生成资料元数据供处理时参考。多级精度基准控制库用来存储基准控制资料，作为不同精度数据源的控制基准，包括大地控制成果、控制点影像、几何纠正参考影像和特征矢量要素等。多维地理要素库是面向生产、加工处理型的数据集，矢量要素的采集和更新将基于此库来开展，从它抽取面向应用的产品数据集和分析数据集。多主题产品库是存储最终的标准产品和成果数据，可以是4D产品、面向服务的框架数据，以及用于统计分析的地理国情要素数据。

（三）数据库更新

1. 开展按需的更新体系设计

新型基础地理信息数据库应打破传统测绘比例尺的概念，针对国内外不同地区经济发展状况、地理信息产业发展状况、用户的信息需求情况，以及海洋区域的地理、经济、人文特征和用户需求，按需开展内容精细度和更新频度设计。在此基础上，按照内容精细度和更新频度的不同，建立健全更新等级体系，对各建设更新等级的内要素内容、属性内容、更新周期等进行设计，并将国内外不同地区归入相应更新等级，应需动态管理和变更各地区的更新等级，实现基础地理信息数据库应需建设和更新。

2. 围绕数据库的生产更新组织模式

基于数据库，建立要素级增量更新方式。数据库完成对要素标识、更新状态和更新时间的维护，未来的生产更新平台要具备与数据库的联机和通信能力，在更新生产过程中，能够智能产生增量更新包。

建立以区域为单元的网格化更新手段。数据采集和更新单元将由原来的图幅级转为区域级，区域可以是不同范围大小的行政区划单元，跨区域采集和更新数据时，要保证数据是逻辑无缝的，即要做区域接边和要素一致性处理。

建立基于数据库的协同化更新生产模式。针对基础地理信息数据的更新生产，要打破传统的按照工序分工的业务组织模式，测绘地理信息部门注意力应从地理信息采集更新转换到多源数据的融合，从而构建以数据为中心的业务组织模式。围绕数据产品的分级分类来组织生产和加工，面向用户的产品需求，生产单位内部可组织从资料收集、素材处理到产品制作的完整业务能力，而且是依托地理信息数据库来完成生产的组织和调度。

3. 建立多层次的长效更新机制

协同国家、省、市级联动更新。可按照行政区划范围，各级测绘地理信息主管部门更新和维护本级范围的一套地理要素数据集，并在本级范围内做多尺度的要素一致性处理，然后逐级汇交到上一级进行区域单元接边和要素一致性处理，最终形成统一的、多尺度融合的国家地理数据库。

协同测绘部门和专业部门更新。进一步理清测绘地理信息部门与专业部门在空间数据采集方面的界线，测绘地理信息部门要侧重提供统一的地理空间框架数据，专业部门提供权威专题数据，两者在统一时间框架上协调自然属性数据和人文经济数据。一套时空框架数据上可挂接多个维度的专题信息数据，形成多维空间框架数据。建立测绘部门和专业部门的协同更新机制，建立数据会商渠道，基础数据和专题数据实现融合后，统一对外发布和使用。

（四）数据库应用

1. 数据库应用产品设计

新型基础地理信息数据库建设与更新必须是面向社会、服务社会的，因此应开展基础地理信息产品的公众化和公开化研究。从规划设计类（专业用图）、政务支持类（政务用图）、公众消费类（功能用图）三个维度开展应用产品设计。在相关法律法规的框架下，细化基础地理信息公开化表达的要求，明确表达内容，设计表达规则和公开化处理模型，开展基础地理信息衍生产品的应需设计和个性化设计，提高基础测绘服务保障的能力。

2. 面向主题的动态抽取和产品组装能力

数据库应提供面向某个应用主题，从多维地理要素数据中动态抽取和快速整合，并派生形成面向主题的产品单元素材数据集，通过素材组装和产品制作快速生成主题产品。

3. 数据库由管理型转向分析型

已有的基础数据库大多是面向基础测绘成果储存和管理，以图幅模式组织和以图为产品出口，较少体现数据库的联机事务处理能力。现如今地理国情普查数据库建设已将统计分析和变化监测作为重要的数据库应用指标，随着外部应用需求的提升，需要数据库具有更多的联机事务分析能力，通过动态抽取和派生生成面向分析的数据集。

五 总结展望

随着"互联网＋"战略的推进，地理信息作为信息社会的基础性资源，也面临着大数据的挑战。进入"十三五"发展新时期，国家测绘地理信息局提出将在 2030 年之前全面建成"全球覆盖、海陆兼顾、联动更新、按需服务、开放共享"的新型基础测绘体系，基础地理信息数据库作为新型基础测绘体系的核心组成部分，需要从数据库内容、模型结构、更新技术方法、更新机制，以及业务组织模式等方面进行大胆尝试和有益探索，来迎接新机遇、应对新挑战。

参考文献

［1］李德仁：《论空天地一体化对地观测网络》，《地球信息科学学报》2012 年第 4 期。

［2］李德仁、王艳军、邵振峰：《新地理信息时代的信息化测绘》，《武汉大学学报》2012 年第 1 期。

［3］李清泉、李德仁：《大数据 GIS》，《武汉大学学报》2014 年第 6 期。

［4］沈松雨：《大数据环境下 GIS 技术发展研究》，《科技创新与应用》2015 年第 10 期。

［5］《王春峰副局长就〈全国基础测绘中长期规划纲要（2015－2030年）〉答记者问》。

［6］王东华、刘建军：《国家基础地理信息数据库动态更新总体技术》，《测绘学报》2015年第7期。

［7］王东华、刘建军、商瑶玲、赵仁亮、张元杰、李雪梅：《国家1:50000基础地理信息数据库动态更新》，《测绘通报》2013年第7期。

［8］王东华、商瑶玲：《新型基础测绘建设内容与特征——〈全国基础测绘中长期规划纲要（2015－2030年）〉解读》。

［9］王家耀：《测绘导航与地理信息科学技术的进展——庆祝〈测绘科学技术学报〉创刊30周年》，《测绘科学技术学报》2014年第5期。

［10］熊伟：《成绩令人欣喜 形势催人奋进——〈全国基础测绘中长期规划纲要（2015～2030年）〉解读》。

基础地理信息数据库升级对策

陈少勤[*]

摘　要： 本文简述了基础地理信息数据库建设及数据更新的现状，分析了地理信息的应用需求，并提出数据库体系升级与数据更新生产流程改造的对策。

关键词： 基础地理信息　数据库更新　生产技术流程　升级　改造

　　基础测绘是公益性事业，为各行各业提供基本比例尺地形图及基础地理信息的产品和服务。随着社会信息化程度的逐渐提高，对基础测绘产品和服务需求的广度和应用深度不断拓展，测绘地理信息行业走上了蓬勃发展的快速轨道。正可谓，地理信息无处不在，"数字地球"无所不载。

　　然而，机遇与挑战同在、发展与创新并行。智能手机与移动互联网的应用，真正开启了基于物联网、大数据和云计算的社会大变革时代。无线网、智能终端、新型传感器将逐渐覆盖人类活动的每个场所，形成"物物可传感、处处皆互联、人人有终端、时时能计算"的智能化环境，这必将带来难以预料的行业领域洗牌、技术体系颠覆、生产组织重构。从"互联网＋"的视角看，互联网是为其他部门、行业分发地图产品的渠道和提供地理信息服务的门户，基础测绘产品经特殊处理，通过网络加载到公共平台上，实现在线式的内容和技术服务，基础测绘的固有价值得以更好体现和进一步延伸。而从"互联网＋"的角度看，互联网已成为构造和运作智能化社会的"操作系统"，流动的信息则是智慧世界的"黏合剂"，信息传播的状态决定着社会的组织方

_____

　　* 陈少勤，教授级高工，浙江省测绘与地理信息标准化技术委员会。

式、构造逻辑和运作法则，而测绘的本质就是生产和发布地理信息，地理信息将成为智能化社会环境中不可或缺的基本成分。那么，基础测绘又该如何紧跟版本升级中的"操作系统"新架构，进行自身系统优化，整合固有的资源、机制，创新功能和优化性能，提供适应新时代的产品和服务，以尽快嵌入并适配快速换代的智能化社会呢？

一 发展现状与问题分析

（一）基础测绘生产与数据更新

我国基础测绘的生产技术体系历经模拟法、解析法、数字法和信息化等各阶段。在长期依赖光机设备的模拟时代，地图主要是纸质产品；解析法是个短暂的过渡，利用单板机伺服提高光机的效能，但产品形式并无本质性改进；20世纪后期，由计算机与网络技术大发展而掀起的信息化浪潮裹挟着测绘行业在短短的几年内就完成了生产技术体系的数字化转轨，从仪器装备、技术方法到产品形式等全面实现数字化；进入21世纪以来，基础测绘随着互联网不断延伸的步伐而渗入其他领域的信息化建设中，同时实现了扮演角色由平面地图产品的提供者向立体时空信息服务者的华丽转身。

回首发展历程，可以看出现代测绘科技的进步，主要体现在新型设备装备的技术方法方面，如遥感、全球卫星定位系统、全数字摄影测量系统、地理信息系统等，以及由此产生的新产品形式，如DEM、DOM、三维景观、地理信息数据库等。也许，正因为这些科技创新并非出自测绘行业的内在动力，在被动引进新技术后的数字化基础测绘生产体系运作时，依然保留着许多传统模拟法生产的习惯。例如，地形图的核心内容——地图要素的图形（矢量数据），也是地理信息的主要载体，其表达形式仍然沿用传统的分类体系和符号语言，尽管这种设计是基于传统制图、印刷工艺，并受到纸张、油墨的特性限制；再如，基础测绘的生产计划和组织基本还是以特定比例尺的图幅为基本统计和作业单元，尽管这种安排是受到纸张开幅的限制和顾及人工换算比例尺的便利；又如，地图精度的设计是与成图的比例尺、图面负载量的可读性以及要素的综合取舍和图形概括程度等对应固定的，尽管这种规定是基于传统的测绘、制图生产流程中测绘误差的产生、传递和积累在图面上所能达到和可控制的范围的统筹考虑。

这些模拟法的残留惯性，不但制约了数字化技术优势的充分发挥，还阻碍了信息化生产体系的建设进程。相比地理信息系统而言，地图符号语言具有较大的局限性，形象地说，地图表达的内容主要是地面可见的现象，而地理信息系统可以将地上地表和地下、方位形状和属性、过去现在和将来等各种数据集成在数据库中，这需要比地形信息量更全面的地理要素分类体系和更灵活的符号表达。摆脱了纸张束缚的数字化生产，完全可以跳出传统工艺流程的桎梏。航测生产的调绘可先于像片控制测量，因为无论是栅格的或矢量的调绘片都可用控制点进行单片纠正或立体量测；数据任何时候都可以校对；测图生产计划如果按自然像对或像片安排任务，既有利于提高作业效率、减少差错率，还能免去图幅分割、接边和拼幅这道工序，因为对于数据库的存储、读写而言，作业单元的范围与地图输出的幅面并无对应关系；DEM 并不需要按成固定比例尺地图的等高距先测绘等高线再构 TIN 后内插栅格数据，因为可在编辑由立体影像匹配生成的格网点基础上加测地形特征点、线再构 TIN，即可提高内插 DEM 的进度，也可反演任意等高距的等高线，且更新测绘地形特征线的工作量远低于逐条等高线的更新测绘；由于现代测绘设备装备的长足发展，不但生产能力和效率大幅度提高，其数据采集的精准度和内容表达的详尽性都有很大提高，且以数字形式存储和展示的地理信息不再受限于特定纸张幅面上固定比例尺下的绘制范围，因此也就没必要再严格按固定比例尺逐级分别进行数据采集，可在相近的多级比例尺跨度内按较详细的表达要求采集满足多尺度表达的图形数据和通用的属性数据，经数据处理和集成后可根据不同的产品需求输出任意比例尺的地图。

（二）基础地理信息数据库建设

我国测绘系统的信息化建设大致可分为四个阶段：首先是全面实施基础测绘生产的数字化转轨战略；接着是加快开展基础地理信息数据库建设；然后是建设信息化测绘体系，拓展基础地理信息的应用和服务；现在则是进一步形成新型基础测绘系统，促进与各部门、各层级的地理信息数据共享和推广地理信息数据的公众应用。

全国各地的经济发展水平不同，基础测绘进度、数据生产能力和数据建库技术等参差不齐，基础地理信息系统建设的技术路线都是因地制宜，优劣长短不尽相同。

"先制图后建库"是先按地图制图的技术要求，用机助制图软件采集、编辑地图要素、文字注记并符号化，以图幅为单位形成地形图文件数据。再按数据库构建的技术要求，用 GIS 软件拼幅、接边、整合全区域的文件数据，融合、集成为面向对象的地理要素数据库。此法在数字化转轨初期采用较多，由于对地理信息的需求理解不够，当时的设计主要考虑的是地形图数据管理和制图输出，较少顾及 GIS 如何应用为主产品管理和制图输出因素，许多建成的数据库并非真正的地理信息系统数据库，确切地说是地图数据库。

地图制图的编辑阶段，为强调图面层次、图形关系与符号效果，需要对图形进行综合取舍、裁切移位、压盖避让等处理，不但会把地理要素数据解构，还要添加增强符号效果的辅助图形（非地理要素本体的数据）。而在随后的数据建库阶段，又要按面向对象的要求修复地理要素的数据完整性，并剥离非地理要素本体的助辅图形。此法因制图与建库前后技术要求不同而平添了许多重复工作。

"先建库后制图"是先按建库技术要求，采集、编辑面向对象的地理要素数据，用 GIS 软件整合、集成和建库。再按制图要求，用机助制图软件处理、编辑地图图形、符号和注记等，形成分图幅的地形图文件数据。此法多用在基础地理信息系统建设中，当时多地的地图数据库尚在建设中，而地理信息服务已经迫在眉睫。

GIS 擅长地理分析，地图制图并非其强项。地理要素可视化能够自动生成，地图编辑符号化必须人工操作。GIS 是用于地理数据管理和地理空间分析的，将地理要素可视化只是给人看而已。当系统提供了丰富、可选、可调整的画面渲染功能，应该就不需要规则复杂的符号化功能了。此法因建库时忽略了制图的技术要求，以后出图时又需要再将数据导入机助制图软件，重新编辑制图效果，增加了更多工作量。

"图库一体化"是用机助制图和 GIS 功能一体化的软件，在同一数据库里，按制图和建库的双重技术要求，编辑、处理同一套数据，以期达到既可管理地理要素数据又可输出地图文件数据。这种做法软件一体、数据一套、编辑一次，看似减少了数据编辑和建库的工作量，但因地图制图与地理分析对数据结构的要求不同，地图编辑与数据建库难以同时兼顾，实际上在后期提供数据产品和服务时仍然需要重新处理后分别输出。

这种做法未能跳出地图制图的思维藩篱。有的软件产品是直接将数据的采集、编辑、建库、制图和符号化等各种功能整合在一个系统里面，有的软件产品是在原有强大的地理分析功能基础上增加图形编辑和制图标示的功能。地图制图需要复杂的几何编辑功能支撑丰富的图面效果，地理分析需要强大的拓扑计算功能进行面向对象的地理分析，从符号化与可视化的表象看二者非常相似，其实各自需要的数据结构和计算方法差异很大。不同的数据和功能混合在一个系统里，彼此协调和迁就必然降低各自原来应有的功能和效率。在一个库里同时存储不同功用的数据，不但徒增数据结构的复杂性，也必然降低各自不同的数据应用效率。

"统一编辑分别建库"是按地图制图、数据建库和三维构 TIN 的多重技术要求，利用机助制图软件强大的图形编辑、属性赋值、拓扑构建和符号化等功能，兼顾地图制图、地理分析和拓扑计算的数据结构，同时采集、编辑面向对象的地理要素的图形、属性、符号、注记、高程及其辅助图形等数据，形成一套类似原材料、零配件式的数据库。再根据不同产品、服务的需要，分别导入地图制图软件、GIS 软件或三维建模软件等专业系统，构建不同产品的数据库。此法在数据采集、编辑阶段统一技术要求，不但可减少工作量，还有利于保持数据的一致性；用专用软件建立专用数据库可达到专用的功能和效率。专门产品需要专用工具进行专业操作才有最高的效率，专业化、标准化是大规模工业化的基础。

综上所述，早期用老版地形图数字化生产的 4D 产品，均以图幅为单元，其中 DLG 多为机助制图系统的文件数据，其数据结构以满足图形表示、符号化及其图面关系处理等制图效果和文字注记为主。而后期 GIS 数据建库的设计太多沿用地图制图的惯性思路，且数据库基本都是原地形图的固有信息，其内容完备性和结构适用性均不足以支撑地理信息查询、统计和分析的应用需求。

建设基础地理信息系统的目的不仅仅是测绘部门的数据管理和地图制图，更重要的是为专业 GIS 应用提供基础数据的保障和服务。从公共地理信息数据保障的角度出发，基础 GIS 是为其他专业 GIS 应用提供框架性地理信息数据的基础，这种数据应该是在对地理实体共同认知的基础上面向对象的地理要素的表达，而不是仅从地图制图的认知表达。从 GIS 用户的角度出发，可视化或符号化只是 GIS 应用的最终表示。如果将含有大量地形图制图信息的数据库提供给专业 GIS 作为数据基础，势必给用户造成许多不必要的数据冗余和信息干扰。

在专业 GIS 应用中，基础 GIS 数据往往只作为空间参考，而专题要素数据则是另层叠加，很少直接利用基础数据深加工。一是因为专业 GIS 与基础 GIS 对地理实体的认知维度不同、概念定义不一、语义模型异构，难以协调图形和属性的表达方式；二是因为专业 GIS 应用往往需要结合本部门业务持续更新地理要素数据，如果将专题数据附着在基础数据上，如果无法建立和维持业务操作对象与地理实体对象彼此对应的映射关系，当基础数据按批次提供全域更新数据时，专题数据则无法作——对应的地理要素更新。

分析可知，数据编辑不能同步、数据表达难以兼顾，其根本原因是不同专业对地理实体的认知不同。如果固守现存基础地理信息的数据范式，用现有基础地理信息数据库提供地理信息数据的服务、共享和交换，则难以达到专业 GIS 对地理空间框架数据的通用性要求。久而久之，基础地理信息数据恐将失去地理信息数据的基础地位。唯有从语义层面深入研究地理实体的本质，探讨各行各业对地理实体的认知方法和表达规律，并求得主流应用行业之间的最大公约数，给出通用的地理实体语义模型和数据范式，才能达成各专业 GIS 之间最大限度的数据共享、交换和互操作。

（三）地理信息数据库数据更新

随着信息化测绘体系建设的开展，基础测绘的生产能力得到极大提高，数据更新周期不断缩短，数据的现势性明显提高。数字省区和数字城市的地理空间框架建设，加快了省级和市县级的基础测绘更新生产和基础地理信息系统建设，推进了地理信息公共平台建设进程。从国家到省市县的"天地图"全面建设和运行，从基础测绘数据更新生产到地理信息数据上线服务的速度越来越快，基础地理信息系统的应用越来越广，测绘部门与其他部门的地理信息数据共享交换稳步发展，共享交换的地理信息数据的范围、品种和数量不断上升。

但是，加速发展的事业也带来了新的问题。随着服务和应用领域的拓展，测绘部门生产的数据产品也越来越杂，除了基础测绘的地形图外，还有诸如地形图 4D 产品库、基础地理信息库、地理空间框架库、地理实体库、电子地图库、切片地图库、三维景观库、地名库、地址库、POR 库、导航库、自然资源与地理空间库、应急指挥库、政务地图库、标准样图库、遥感影像库、数码航摄库、控制点影像库、海洋测绘库等等。其中有些库还分成不同比例尺的子库，以及许多为用户开发专业 GIS 建成的数据库，共享交换中逐步获取的部门专题数据等等，品种越来越杂。而这些数据库的建设时期、建设单位、存储空间、网络分布、技术设计、数据结构、数据质量、更新周期、维护部门、用户服务等等的头绪越来越繁。

这些年来，随着数据库产品的不断增加，数据更新的问题日益突出，更新能力则每况愈下。

一是数据库分头建设、分散管理。这些数据库中的大部分地理要素是面向相同的地理实体的，数据结构也既高度雷同又各不协调，造成存储空间的极大浪费，增加无谓的更新工作量和更新困难程度，使得现势性维护更加困难。

二是各数据库更新现势性不一致。虽然基础测绘的数据更新速度在不断提高，但由于基础测绘生产单位是按区域划分各自组织数据更新，且往往由各自承担不同品种的数据库更新，导致从地形图更新到数据库更新的生产流程上出现多头线路各自为战的局面，不但能产生大量的重复工作，还导致不同产品、不同比例尺数据库彼此之间的图形综合取舍、要素符号化、数据现势性以及数据质量等的不一致性。

三是用户数据库无法同步更新。以图幅为单位元的基础数据更新生产仍拘泥于地形图的要素分类和符号表达，没有专门面向地理实体对象进行地理要素的数据更新。当整个区域的更新数据提供给用户时，用户是很难针对业务需求挑出基础库里最新更新的要素来结合业务需求更新自己的数据库的，而如果将全部数据统一替换成新数据，则会使得最近的业务数据无法与最新的基础数据准确地对应叠合和关联。而这种连带更新是需要伴随着每次更新数据的共享而不断重复的。

四是地理要素数据没有标准化。地理要素的图形综合取舍系人工作业，数据更新的随意性、自由度较大，质量保证的难度增加，难以实施流程化、精细化、规模化的生产。

面对品种繁多、情况复杂的众多数据库，该如何有效保持必要的数据质量和现势性呢？怎样满足用户业务系统对数据高度保鲜的要求呢？尤其是，将来测绘地理信息人该如何迎接"互联网＋"模式下即将来临的爆炸式增长的地理信息公众用户时时处处在线应用对最新数据的需求呢？

二　通用地理实体数据仓库

为适应专业 GIS 需求，必须改进地理信息数据库的数据结构；为提高数据更新生产效率，必须建立面向对象的数据更新生产机制；为减少数据库多头更新造成的重复生产，必须改进数据更新技术，即先统一更新基础地理信息数据库，再分头共享专业 GIS 或地图产品。而关键在于改进基础地理信息数据库的设计，建设新型的一库多用的通用型地理信息数据库，才能创新测绘生产与地理信息服务的技术体系，促进测绘与地理信息行业在新常态新形势下的转型升级。

（一）地理信息术语

为便于行文叙述，本文就所用术语作专门定义如下。

·地理实体——现实世界中客观存在的地理现象。

·地理要素——将人类认知现实世界的地理实体概念在计算机系统中用矢量数据的形式表达的地理实体的数据对象。

·地理实体编码——笔者认为，地理实体在其形态保持不变的时间段内拥有空间方位的独占性。据此特性可知存在一种算法，能利用该时空特征为每个地理实体编制一个独立的唯一代码，则处在不同时空的地理实体必定具有不同的编码数值。

·通用地理实体——各部门、各行业 GIS 可以通用并能达成一致描述的地理现象。

·框架要素——表达地图或 GIS 基本内容的地理实体，主要指地名、水系、道路、居民地、境界、地貌等。

·表征要素——地形图上强调表达的形状不同、特征各异的具有一定方位意义的地理实体。

·地理空间尺度——观察地理现象的空间范围的宽广程度。

·地理实体粒度——在特定地理空间尺度下观察地理现象形状所得的图形概括的详细程度。

·地理实体关系——地理实体之间的相关状态或性质，如构成关系、组合关系、邻接关系、联接关系、包含关系、从属关系、空间关系、拓扑关系和名称指代关系等。

（二）地理信息数据库体系升级思路

第一，现有基础数据库来自于地形图数字化，所采用的基础地理信息分类代码，本质上就是地形图符号的分类代码，主要适合于地图制图需要，并不切合各行业专业 GIS 应用的要求。要提高基础 GIS 的服务能力，必须充分顾及各行业专业 GIS 应用的基本要求。所以，对于应用需求大的通用性地理实体，应协调主要应用部门的认知差异，求得地理要素表达的最大公约数。尤其是对于有专门部门管理的框架要素，如水系、交通、地名、境界等，应积极评估采用相关主管部门技术标准的可行性，技术设计尽量执行所需标准，以提高数据的权威性。

第二，目前，省级基础测绘主要还是以图幅为单位分区域进行数据更新的生产模式，数据更新的服务也只能是周期性、批量式、成片性的整体提供，难以满足其他行业专业 GIS 应用要求及时提供面向对象的地理实体数据增量更新需求。欲建立针对地理实体面向对象的增量式数据更新生产模式，必先设计面向对象的地理实体的数据结构和数据库范式，才能支持以地理实体为单位的面向对象的增量式数据更新。

第三，随着信息技术和互联网非同凡响的快速发展，各种专业 GIS 和网络地图越来越多。而这些产品各自独立建设的数据库和数据更新，同时也催生了大量重复性的数据采集和更新工作。欲建立"一次数据更新，其他数据库都可以联动更新数据"的共享交换机制，必先建立标准化的可以通用的面向对象的地理实体数据仓库，为其他地图生产或 GIS 应用提供可灵活装配、定制、加工各种产品的地理信息的原材料、零配件和器材式的数据。

第四，地图产生于人类迁徙途中记录地理发现的需要，故而带着与生俱来的风格——特别关注并记录具有明显形状特征的地理现象，尤其强调对具有方位意义的独立地物的突出表示。对 GIS 检索、统计和分析而言，更关注地理实体的属性、分布和相互关系等。在实用中不难发现，带有地形图古老基因特征的基础 GIS，一个面是数据库里存在着大量繁杂、离散且高度冗余的表征要素，另一方面是重要的框架要素及其属性信息严重不足。欲区别对待地图制图与 GIS 应用的不同需求，可将表征要素与框架要素按各自的实际需求分别设计不同的数据结构，在通用地理实体数据仓库分别建立框架要素与表征要素两大基本数据集，前者注重满足高效的数据更新与共享交换，加上后者即可用于地图制图。

第五，为协调各部门各行业对地理实体达成共同认知，接受统一的表达方式，使所有参与共享交换的用户可以准确及时地获取标准化的地理实体更新数据，必须为每个地理实体赋予唯一标识，它可以是文字、图形、颜色、编码等形式，本文则专指"地理实体编码"。

（三）新型数据库更新的信息化架构

建设新型基础测绘数据更新模式，需要改造现有的基础测绘生产模式和运行机制，全面重构信息化的测绘生产技术体系。笔者提出的信息化架构宗旨是，"新型架构内任何环节上发生的数据更新，都可以被该架构内需要与其保持同样现势性的其他节点联动更新"（见图 1）。纵向上支持来自各级基础测绘数据更新的多比例尺数据的级联更新，就是从小尺度的较小粒度地理实体到大尺度的较大粒度地理实体数据的级联更新；横向上支持来自所有用户更新数据共享交换的协同更新，就是在架构下任何 GIS 数据库或地图产品的数据更新，都可成为架构内其数据库或地图产品协同更新的数据源。

支撑架构运行的核心是"通用地理实体数据仓库"，它存储记录品种多样、规格齐全、内容全面、结构标准、广泛适用、不同粒度的框架性地理实体的数据资源。可为各种 GIS 数据库提供器材、零件、配件或部件，用以组合或构建更大、更复杂、更专业的数据集，并可支持专业 GIS 中局部单元的精准数据替换和面向对象的数据更新以及要素质检的关系恢复和重构。

利用信息资源具有可复制、可共享的特性，设计以数据仓库为中心的地理实体数据的增量更新机制和共享交换机制。一是以基础测绘数据更新生产为主线，从数据采集、编辑到提交（生产单位用于数据更新管理的数据库）建立按要素分类的面向对象的数据更新生产流水线，经由并行质量控制系统随行同步把关，再由数据预处理系统将数据导入通用地理实体数据仓库。生产线上仅针对实地发生变化的地理实体进行增量式数据更新，而不是将整个产品全面更新。更新数据存入数据仓库后，再按特定产品的组装规则开发数据抽取、转换和加载（ETL）工具软件更新基础地理信息数据库、基本比例尺地形图以及其他电子地图等产品。二是以地理信息数据共享交换平台为依托，发挥地理信息数据共享交换的优势，利用平台提供的数据前置交换系统，实现中心数据仓库与各专业 GIS 之间增量式的数据联动更新。

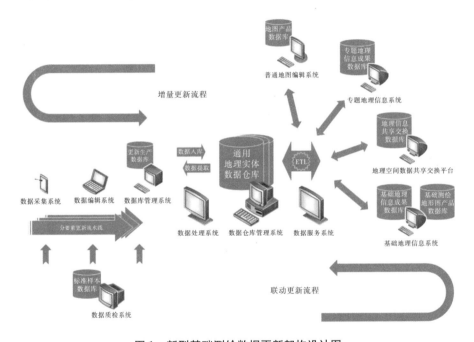

图 1　新型基础测绘数据更新架构设计图

（四）通用地理实体数据仓库的结构

通用地理实体数据仓库主要由地名地址库、地理实体库与地理编码库三个概念数据库组成，内部通过地理实体序号建立互为映射关系（见图 2）。

地理实体库由框架要素库和表征要素库组成，存储记录构成要素的图元数据和属性数据，以及地图制图和地图符号所需符号编码。地名地址库是最常用的重要地理数据，可以建立地名地址与地理实体之间的映射关系；地理实体编码数据库的作用是建立地名与矢量要素之间的映射关系；地理实体序号用以维持这种对应关系，并管理地理实体的增删改状态及其生命周期。

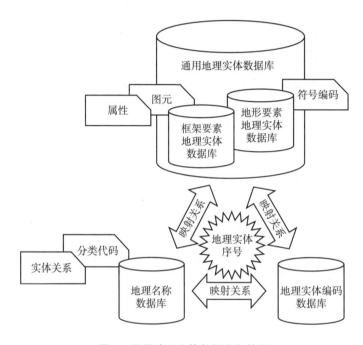

图 2　通用地理实体数据库架构图

三　数据库联动更新流程框架设计

　　数据库更新的设计思路，是以通用数据仓库的地理实体数据为核心的更新目标，从基础测绘、应用服务等各方面获取更新数据来源。基础测绘数据源就是测绘部门根据基础测绘生产计划开展的长期性、持续、经常性的地形图数据更新；应用服务数据源是指数据仓库为用户提供数据的共享交换（包括测绘部门的各种地图产品生产和其他部门的专业 GIS 开发利用）数据服务过程中通过共享交换机制获取用户端的更新数据，用户在开发利用基础数据的过程中，也会对现势性、准确度不足的基础数据进行更新，这些可以通过共享交换机制成为数据仓库的新鲜数据源。

（一）基础测绘数据更新流程

当有待更新的区域和地理实体时，首先需要从通用地理实体数据仓库和测绘专题中提取待更新区域中的必要数据作为更新参考。

当数据采集端完成数据采集并经过质检，则需要将数据更新成果提交到通用地理实体数据仓库和测绘专题数据库。

由于数据更新方式及内容类别多种多样，数据采集生产库与通用地理实体数据仓库之间的数据流动有一套 ETL 工具来支撑。

（二）测绘与地理信息产品更新流程

测绘部门在通用数据库的基础再进一步加工生产各种地图产品、地理信息系统应用以及地理空间公共平台产品，在生产过程中产生的更新数据，也可反馈给通用数据库。

（三）专业 GIS 应用产品更新流程

专业 GIS 应用在各自的专题数据库中产生的数据更新，可以通过共享交换平台反馈给通用数据库。

四　结语

如今，互联网思维已经渗透到各个行业，处于"互联网＋"这个新形态社会的升级版操作系统下，测绘地理信息同样也面临着全面升级换代的考验。环顾其他行业，很多传统的产品或服务虽然"患有"不可数字化的天生不足，也都在利用信息化利器努力实现生产模式的升级和商业模式网络化。反观测绘行业，产品本身就是信息，尽管生产工具、技术方法、数据内容、产品形式和服务方式等各方面都已经自然而然地进化到数字时代了，但是生产组织、管理机制、工艺流程、质检方法等却奇怪地还没有跨入信息化门槛，而且是慵懒地停留在模拟时代。

以往取得的成功恰恰就是继续前进的最大包袱，想要赢得未来的成功，必

须放下成功的历史包袱。大数据的竞争，主要体现在所拥有的数据规模、活跃程度以及解析、处置、运用数据的能力。在智能化社会环境中，数据资源的众筹模式将越来越广泛地渗入各行各业，地理信息将在网络化应用泛滥的趋势下快速实现大规模众筹模式的共享与交换。希望"技术颠覆往往来自于外部"这句谶语不会降临在测绘人身上。

我国海洋测绘进展及新常态下的挑战

欧阳永忠　元建胜　马宏达　彭认灿　黄谟涛　翟国君　崔洪生*

摘　要： 本文全面综述了60多年来我国海洋测绘在信息获取、产品制作、航行安全与多样化军事任务保障以及国家海洋权益维护等方面取得的进展，总结了在海区测量和产品开发方面取得的成就。结合新常态下海洋测绘的四个特征，分析了海洋测绘在法规标准与新技术、基础设施建设、海区测量与产品保障等方面面临的多重挑战，最后从法规标准建设、技术创新、军民融合等三方面提出了应对措施和建议。

关键词： 海洋测绘　海区测量　产品制作　新常态　进展　挑战

一　引言

1949年5月26日，我海军接管了原国民党海军海道测量局，在上海首先创建了新中国海道测量机构——华东军区海军海道测量局，并于1951年转隶海军司令部，改称海军海道测量局。1953年扩建为海道测量部。1959年，改称海军司令部航海保证部。2012年增加新名称中国海军海道测量局。设有航海导航、海道测量、海洋气象水文、防险救生机构。在海军北海、东海、南海三个舰队设有海道测量单位，负责外业测量；在海军大连舰艇学院设有海洋测绘系，负责教学、科研；在天津设有中国航海图书出版社和专职研究机构，分

---

* 欧阳永忠，博士，高级工程师，海军海洋测绘研究所总工程师，兼任中国测绘地理信息学会海洋测绘专业委员会副主任；元建胜、马宏达，海军司令部航海保证部；彭认灿，海军大连舰艇学院海洋测绘系；黄谟涛，海军海洋测绘研究所高级工程师；翟国君，海军海洋测绘研究所；崔洪生，海军出版社。

别负责海图和航海书表出版、发行，以及基础理论研究、新技术应用开发、仪器设备研制、技术标准编制和调查技术方法研究；在中国沿海设有航海图书专销站，负责纸质航海图书供应服务。按照中华人民共和国有关法律法规，海军司令部航海保证部是中国海道测量主管机构和唯一的官方航海图书出版机构。

本文综述了60多年来我国海洋测绘取得的主要技术进展与成就，分析了新常态下我国海洋测绘的现实需求及存在的差距，提出应对挑战应从国家层面采取的宏观对策措施和建议。

二　主要进展与成就

60多年来，海洋测绘事业从小到大、从弱到强，取得了辉煌的成就，业已建成完备的教学、科研、生产、分发和管理体系，建立了一支基本满足国防和经济建设需求，体系完整、手段多样、设备精良、行动迅速、服务完善的海洋测绘队伍，为维护国家海洋权益、捍卫国家主权以及保障国防和国民经济建设提供了强有力的海洋地理信息支撑。

（一）技术与能力

一是海洋空间信息获取能力已达到多要素、多尺度、标准化、体系化。现有千、百吨级各类型测量船和多波束测深仪、海洋重力仪、磁力仪等多种信息采集设备，具备同时获取数十种海洋空间信息的能力，已形成大地控制、海岸地形、水深、底质、重磁、潮汐、声速等多要素测量能力和航天、航空、水面、水下四位一体的信息获取体系。

二是海洋信息产品制作能力已达到多类型、多形态、系列化、全球化。建立了以中国海洋测绘数据库为核心，海图制作、书表照排、大幅面高速印刷等多系统为节点的一体化信息处理与产品制作体系。具备生产通用性海图、图集、书表和满足各种应用需求的专题产品能力，以纸质、电子、二维、三维等不同形态提供应用，已按国际、国家标准形成系列化保障产品。

三是海道测量步入正规化、制度化轨道。颁布了一批法律、规章、国家标准、行业标准，与IHO推荐的标准接轨，有力地保证了我国海道测量成果的质量。

四是全球化航行安全保障能力初步具备。我国舰船在全球海域内执行任务已趋于常态，和平方舟医院船"和谐使命"系列任务，81 舰环球实习航行，亚丁湾护航，编队出访等各类舰艇远航任务都已用上了我们自己出版的海图，配备了"便携式全球电子海图系统"，汇编了世界各国领海基点基线、海洋政策资料和百余个国际港口资料，保证了我国舰艇在全球区域航行和进出外国港口的安全。

五是多样化军事任务保障与执行能力大幅提升。为中俄海上联合系列演习、西太平洋海军论坛及多国海军海上联合演习等绘制了专用图；为上海世博会、广州亚运会等重大活动水下安保进行水域全覆盖扫测，制作障碍物分布图、研发水下安保三维信息系统；组织"钱三强"号综合测量船赴摩纳哥参加国际海道测量组织大会；组织"竺可桢"号综合测量船赴澳大利亚西南海域搜救马航失联客机。

六是维护海洋权益能力不断增强。研究、量算了我国主张管辖海域面积和我国与周边国家海洋权益争议面积，为总部和国家机关决策提供了权威数据支撑；完成了我国领海基点标志建设，强化和宣传了我国海洋权益主张；提出了钓鱼岛及其附属岛屿领海基点基线选划技术方案，编制的钓鱼岛及其附属岛屿领海基点图由外交部报送联合国备案，有力地配合了国家政治外交工作。

七是海道测量人才培养已实现国际接轨。作为海洋测绘人才的培养基地，海军大连舰艇学院建立了自本科到博士研究生层次的完整人才培养体系，建立了博士后工作站，培养了大批海图制图等专业技术人才；通过了国际制图协会、国际测量师联合会和国际海道测量组织三大专业组织联合认证，成为目前世界唯一的国际海图制图师和国际海道测量师"双 A"级授权培训认证单位。

（二）产品与发行

我国拥有 18000 多公里的大陆海岸线，根据《联合国海洋法公约》的相关规定，我国管辖的海域面积有 300 多万平方公里，到 2002 年已完成了全部海域的基本测量工作，部分重点海域已完成了多轮复测。60 多年来，共测量海区 400 多万平方公里，测量各种图幅 14000 余幅，测深里程 500 多万公里，相当于绕地球 120 多圈。我国海图事业从无到有、从小到大、从弱到强，发展了四代海图，累计编制出版各类海图 1 万多幅、发行 3000 多万张；编制各种

海图集 150 余部、航海书表 860 余册，发行 400 多万册；刊发《航海通告》周刊 3000 余期、发行 1000 多万册。出版范围覆盖了全部中国海区和世界大部分海区，航海图书已发行到世界 100 多个国家和地区。

一是每年制作、更新、改版海图 100～150 幅，定期出版航标表、潮汐表、航海天文历和航海通告，还出版航路指南、港口引航图集、港口资料等，为遍及世界的海上用户服务。

二是已生产发行覆盖整个中国海区、符合 IHO – S57 标准的电子海图 480 余幅，与纸质海图同步更新。

三是在中国沿海 15 个主要港口城市建立了航海图书专销站，提供 24 小时服务、异地邮购服务、送图上船服务，在中国香港、日本设有代销点，通过英国海道测量局、挪威吉普森（JEPPESEN）公司等销售电子海图。我们还在中国海道测绘官方网站上开展海图及航海书表的发布销售和提供 ER 文件更新下载。

（三）国际交往

我国自加入国际水文组织（IHO）以来，积极参加有关活动：参加 IHO 大会和技术委员会的各类会议，参加地区性的海道测量委员会，接待 IHO 领导访华，接待各国海道测量界代表团访华，2012 年派测量船参加了第 18 届 IHO 大会。1997 年以来，多次与英国海道测量局进行互访与技术交流，目前，与多个国家建立了海图资料交换关系。这些活动加强了海道测量技术的交流，促进了我国和地区海道测量工作的开展。

三 需求与差距

"新常态"本身是一个新的经济术语，发端于美国，后被引入中国。中国经济新常态实质上是经济发展告别粗放的高速增长阶段，进入高效率、低成本、可持续的中高速增长阶段，主要有以下四个特征：一是中高速，二是优结构，三是新动力，四是多挑战。何谓海洋测绘的新常态？海洋测绘新常态是中国经济新常态的组成部分，其局部总体态势必然与中国经济宏观态势趋同，其发展演变必然受中国经济宏观态势的制约与影响，但海洋测绘作为基础性行业，在当前国家海洋强国战略和"一带一路"发展战略的强劲需求牵引下，又有其自身独特的局部特征。在现阶段，我们认为新常态下的海洋测绘具有如下四个鲜明的新特征。

一是力量多元化。由以海军为海洋测绘的主体力量和实施者向军民融合加速推进，国家涉海部门、沿海省市以及相关科研院所广泛参与海洋测绘，力量多元化带来了投资增长迅猛，技术、装备、人才需求旺盛。

二是区域全球化。覆盖区域范围由内陆水域、沿岸、近海及海上航线、特定海区扩展至全球海域，由重点关注中国近海转向与关注全球海域并重。

三是技术装备立体化、国产化。由船载装备为主向空、天、地、水面和水下五位一体发展，由绝大部分依赖国外进口转向引进与国产自主研制相结合，技术与装备国产创新需求驱动强劲。

四是挑战多重化、复杂化。随着海洋强国战略和海上丝绸之路建设以及海军战略转型的深入推进，海洋测绘的基础性、战略性地位进一步加强，海洋测绘已成为军地相关部门重点关注和发展的领域，从而对海洋测绘政策法规体系、管理运行体制机制、基础设施、技术标准、高新技术、平台与装备、资源共享和军民融合等各个方面提出了多重挑战，海洋测绘已进入技术创新与制度创新并重的新的历史阶段。

（一）法规标准与新技术

一是法规标准建设挑战。随着各方面对海洋的关注加强，涉海部门对海洋测绘的投入不断加大，海洋测绘事业进入迅猛发展阶段。由于海洋测绘法规尚不够完备等，出现了海洋测绘活动各自为政、无人监管、质量无法控制、资源无法整合和成果无法共享等问题。海军目前主管国家海洋基础测绘的法律地位已面临新形势、新情况的挑战，因此，要求我们必须加快推进海洋测绘法规建设，形成与国家现行测绘法规配套衔接的海洋测绘法规体系，从国家层面强化海洋测绘的归口管理，使海军主管国家海洋基础测绘的法律地位真正落到实处，确保国家安全，推动海洋测绘军民融合深度发展。

二是新作业技术体系标准建设挑战。随着高新技术在海洋测绘领域应用的不断深入，形成了基于星载、机载和船载平台的立体式多要素信息同步观测与获取，以及基于数据库的一体化海图制图等多种新型海洋测绘作业技术体系。

新型海洋测绘作业技术体系的运用，加快了海洋测绘事业的发展，但也暴露出相关技术标准明显滞后的问题，并已在一定程度上制约了新型海洋测绘作业技术体系的普及，迫切需要研究制定与之配套的海洋测绘标准。

三是信息化技术体系标准建设挑战。我国海洋测绘的技术方法和手段发生了深刻的变化，已全面实现了由模拟作业方式到数字作业方式的革命性转变，建立了包括各种配套海洋测绘标准在内的数字化海洋测绘技术体系。但如何在这一基础上进一步构建以海洋基础地理信息获取空间化、实时化，处理自动化、智能化，服务网络化、社会化为特征的信息化海洋测绘技术体系，实现海洋测绘的跨越式发展，对基于信息化技术体系的海洋测绘标准建设提出了十分迫切的要求。

（二）基础设施

一是海洋测绘基准设施建设挑战。构建和维持与陆地一致的海洋测绘基准体系是海洋地理信息获取、处理和开发利用的基础条件和基本保障，也是提高海洋测绘生产效率，确保成果质量的前提和保证。它既是不同部门实现多源海洋测绘成果有效融合共享的基础，也是不同部门生产多元海洋地理信息产品和提供服务保障必须共同遵循的技术基准。海洋测绘基准主要包括平面、高程/深度、重力和地磁基准，其观测和维持所需的基础设施分别由连续运行 GNSS 站网、验潮站（含 GNSS 潮汐观测浮标）、高等级 GNSS 大地控制网、水准控制网、重力控制点（含重力基点）、地磁观测控制点和相应的数据处理中心构成。60 多年来，海洋测绘基准设施建设基本满足了海洋测绘生产与产品制作的需求，但随着海洋测绘技术的进步，以及海洋经济建设、海洋权益维护需求的不断拓展，海洋测绘基准设施体系构成不完善问题日益显现，主要表现在：①缺乏与陆地协调一致的 GNSS 连续运行 CORS 站网及其数据处理中心，以及合理覆盖全国沿岸陆地和海岛礁的高精度 GNSS 大地控制网，尚不具备陆海一致的四维大地基准框架设施的同步持续观测与维持能力；②不同部门管理的长期验潮站独立运行管理，尚未实现联合组网业务运行，缺乏与长期验潮站同步运行的海洋 GNSS 验潮浮标设施，尚不具备沿岸陆地站与管辖海域垂直基准设施的同步持续观测与维持能力；③缺乏高精度、高分辨率的海洋大地水准面模型，无缝垂直深度基准模型构建仍处于理论研究阶段，未形成工程化应用的高精度、高分辨率高程与深度基准转换模型；④重力基准尚未实现全国沿岸陆地和海岛礁的合理覆盖。现有地磁台站无法满足新拓展的海岛礁地磁要素观测及其未来数据应用的控制需求。

二是海洋测绘网络基础设施建设挑战。与陆地测绘相比，海洋测绘网络基础设施建设差距较大。互联互通的全国性海洋测绘网络基础设施建设仍停留在概念阶段，满足海洋测绘需求的专用数据传输网络通信设施建设规划尚未启动论证。满足实时、准实时大容量数据传输的网络通信设施是海洋测绘网络基础设施的核心部分，也是信息化海洋测绘技术体系构建的必备核心基础。在现有条件下，依靠技术进步，统筹国家、军队涉海部门开展全国性的海洋测绘专网建设是最现实的选择。

三是海洋测绘数据处理与质量评估能力建设挑战。经过多年的发展，海洋测绘作业力量格局已由单一的海军测绘部队占绝对优势逐渐发展成为海军测绘部队与地方涉海部门融合共进的局面，全球化的海洋测绘保障必须凝聚各方面的力量协同展开。最近 20 多年，海军与地方涉海部门联合实施了多个海洋勘测国家专项，地方涉海部门向海军汇交了大量的成果资料，但由于各部门的需求与标准不一，汇交资料的质量与服务经济建设各项工作和军事应用的要求存在较大差距，这些资料在应用前必须重新进行质量检验评估与多种应用标准化处理，采用一事一办的做法，已严重制约了大批宝贵资料及时发挥应有的价值，亟须建立常态化的海洋测量数据质量检验评估与处理中心和海图数据质量检验评估与处理中心，形成对各部门、多种技术手段获取的资料进行检验评估与标准化处理能力。

（三）海区测量与产品保障

一是成果现势性差。因港口航道建设、沿海经济开发，相应地区的海岸线、港口、航道都发生了很大的变化，原有勘测量资料无法保障海上航行安全、海洋开发和海洋工程建设的现实需求，亟须重新勘测。这就要求制定切实可行的海洋基础测绘工作计划，统筹组织上述区域的勘测与复测工作。

二是产品保障范围覆盖全球海域的挑战。我国已经成为世界航运第一大国，远洋运输船舶遍布全球海域；海军面向全球遂行多样化任务的使命要求舰船的活动范围扩展到全球海域，以及北冰洋航线的开通，上述各领域的发展变化都要求我国的海洋测绘产品保障必须紧跟发展要求，保障范围尽快覆盖全球海域。与此相适应，必然是对全球海洋地理信息获取与保障的自主性要求，只有具备自主的海洋测绘产品保障体系，才能在全球海洋测绘领域拥有主导权和话语权。

三是海军面向全球遂行多样化任务的远程快速保障挑战。近年来，海军舰船执行护航、出访、维和、撤侨、军演等面向全球的多样化任务逐年增多，这些任务机动性强，航行区域不固定，传统的舰船自给式保障模式已经远远不能支撑任务的执行需求。海洋测绘产品生产周期长、更新速度慢、现势性不强，制约产品自动化生产的若干关键技术尚未解决。数字海图技术起步较晚，受生产软件、数据模型、质量评价机制、自动综合技术、基础数据库建设等因素的制约，其生产自动化水平还不高。利用航空航天遥感手段生产海洋测绘保障产品能力弱，亟须构建海洋航空航天遥感影像业务化生产体系。

四　应对措施

前已述及，新常态下海洋测绘面临的挑战多重而复杂，必须凝聚力量，形成共识，努力破解存在问题，为海洋测绘大发展创造良好的法规制度环境、技术创新支撑、能力建设机制，最终形成全面满足国民经济建设和国防建设各项需求的海洋测绘力量体系。

一是强化法规标准建设，完善领导机制。加强海洋基础测绘法规和标准建设，推动《海洋基础测绘条例》的立法工作，确保海洋测绘各个环节有法可依，有章可循。建立健全海洋测绘法规和标准体系，增强法规和标准的现实性，及时引进和采用国际上先进的海洋测绘规范与标准，加快与国际接轨的进程。根据《测绘法》和《中国人民解放军测绘条例》以及国务院、中央军委有关规定，统筹协调开展，充分发挥各部门的优势，加速推进海洋测绘事业发展。

二是强化技术创新，推进基础设施建设。强化海洋测绘信息获取、处理、生产、应用各环节关键技术创新研究，逐步破解海洋测绘高精尖技术装备依赖进口的被动局面，全面提升海洋测绘信息快速获取、综合处理和产品制作能力，形成星载、机载、车载、船载、水下潜器五位一体的海洋测绘信息立体获取技术体系；充分利用军地已有基础设施资源，加快海洋测绘网络基础设施、海洋测绘基准设施、实验室、数据处理中心等共性基础设施的建设步伐；构建智能化的海洋测绘产品生产、信息化测绘数据管理分发和远程化服务保障于一体的海洋测绘产品保障技术体系，形成海洋测绘信息产品网络化、全球化和实时化服务保障能力。

三是强化军地协同，深化军民融合。强化海洋测绘顶层规划设计与组织实施，统筹开展海洋测绘政策法规体系建设、管理运行体制机制设计、经费投入、海洋测绘基础设施建设、技术标准编制与颁布、技术研发、平台与装备建设、作业能力建设、重大测绘工程、产品开发与服务保障、质量监管等系统性工作，构建军地海洋测绘标准统一、能力协同互补、基础设施互联互通、成果资源共享的技术体系，深化海洋测绘军民融合发展，为海洋强国战略提供强有力的支撑。

参考文献

［1］陈建国：《做好新常态下的测绘与地理信息工作》，《中国测绘》2014年第6期。

［2］库热西：《新常态下测绘地理信息事业改革发展的思考》，《中国测绘报》2014年2月27日。

［3］欧阳永忠、郑义东、周兴华等：《近年来海洋测绘专业进展与展望》，《第27届海洋测绘综合性学术研讨会论文集》，福建泉州：中国测绘地理信息学会海洋测绘专业委员会，2015。

［4］苏炜、陆秀平、徐广袖等：《海道测量历史资料分析统计报告》，海军出版社，2013。

［5］翟国君、黄谟涛：《我国海洋测绘发展历程》，《海洋测绘》2009年第4期。

［6］《中国海洋测绘年鉴》编纂委员会：《中国海洋测绘年鉴》（2009年卷）。

［7］《中国海洋测绘年鉴》编纂委员会：《中国海洋测绘年鉴》（2010年卷）。

［8］《中国海洋测绘年鉴》编纂委员会：《中国海洋测绘年鉴》（2011年卷）。

［9］《中国海洋测绘年鉴》编纂委员会：《中国海洋测绘年鉴》（2012年卷）。

［10］《中国海洋测绘年鉴》编纂委员会：《中国海洋测绘年鉴》（2013年卷）。

［11］《中国海洋测绘年鉴》编纂委员会：《中国海洋测绘年鉴》（2014年卷）。

B.6
地理国情常态化监测工作的思考

李维森[*]

摘　要：　地理国情监测是一项带有开创性、方向性和全局性的工作，是推动测绘地理信息事业转型升级的重大机遇。当前，地理国情普查进展顺利并接近完成，2016年将正式转入常态化监测。党的十八大以来，国家出台了一系列重大发展战略，为地理国情监测的发展带来了重大机遇和挑战。做好地理国情工作，必须紧密结合国家重大发展战略和国民经济社会发展的需要，完善地理国情监测体系建设，不断拓展地理国情监测服务领域、创新服务内容、提高服务水平，才能永葆活力。

关键词：　地理国情监测　创新驱动　测绘

　＊　李维森，国家测绘地理信息局党组成员、副局长，博士，高级工程师。

一 引言

地理国情是从地理的角度反映地球表层自然地理要素和人文要素的空间分布、特征形态和它们之间的相互关系，进而反映一个国家或区域人地关系的协调程度，为国家和地区科学发展、可持续发展、和谐发展提供重要决策依据。自地理国情监测被确立为测绘地理信息重大发展战略以来，经历了从理解认识、理论研究、试点探索，到第一次全国地理国情普查全面实施，再到列入国务院批复同意的《全国基础测绘中长期规划纲要（2015～2030年)》中，明确基础测绘的中长期任务是基本形成以新型基础测绘、地理国情监测、应急测绘为核心的完整测绘地理信息服务链条。其间，李克强总理、张高丽副总理多次对做好地理国情普查和监测工作作出重要批示，表明地理国情监测工作得到党中央、国务院的高度重视和充分肯定，同时也标志着地理国情监测已经迈入制度化、常态化、业务化。

二 "十二五"期间地理国情监测工作综述

按照国务院总体部署，2015年底完成第一次全国地理国情普查工作，为地理国情监测奠定前提和基础，从2016年开始，地理国情监测转入常态化、业务化。"十二五"期间，地理国情监测以第一次全国地理国情普查为主线，按照"边普查、边监测、边应用"的工作思路，在地理国情普查、监测试点、技术创新等方面取得了显著成绩。

（一）地理国情普查

1. 普查内容和任务

地理国情普查对象为普查范围内地表基本的自然和人文地理要素，包括地形地貌、植被覆盖、水域、荒漠与裸露地、交通网络、居民地与设施和地理单元等。概括地讲，地理国情对象主要包括地表形态、地表覆盖和重要地理国情要素三个方面。

地表形态数据反映地表的地形及地势特征，也间接反映了地形地貌。它主要反映地球地表三维状况，比较真实地展现高山、峡谷、平原、丘陵等地表的高低起伏状态。有了地表形态数据，就能够根据地表坡度、坡向等，进行更加准确的面积统计，从而增强统计结果的准确性。

地表覆盖主要反映自然营造物和人工建筑物的自然属性和空间分布状况。通俗讲是根据自然属性划分的面状地块，地块之间无缝隙，可以根据自然属性统计某一类或几类地表覆盖要素的面积。根据自然属性划分，地表覆盖内容主要包括耕地、园地、林地、草地、房屋建筑（区）、道路、构筑物、人工堆掘地、荒漠与裸露地表、水域等10大类。

重要地理国情要素反映与社会生活密切相关、具有较为稳定的空间范围或边界、具有或可以明确标识、有独立监测和统计分析意义的重要地物及其属性。与地表覆盖相比，在空间特征上，可以有点、线、面、体四种基本对象；在属性上，除了自然属性外，还有与经济社会生活密切相关的一些属性，如道路还可以有道路编号、名称、车道数、路宽等属性；在统计上，不单可以统计面积，还可以统计长度和个数，还可以根据丰富的属性信息开展各种专题统计。重要地理国情要素内容主要包括道路、构筑物、人工堆掘地、水域、地理单元等5大类。

普查的主要任务包括以下四个方面：一是调查自然地理要素的基本情况，包括与自然资源环境相关的地形地貌、植被覆盖、水域、荒漠与裸露地等地理要素的类别、位置、范围、面积等，掌握其空间分布状况；二是调查人文地理要素的基本情况，包括与人类活动相关的交通网络、居民地与设施、地理单元等地理要素的类别、位置、范围、面积等，掌握其空间分布现状；三是建立地理国情信息数据库，形成一系列地理国情普查图集和普查报告，形成系统、规范的地理国情普查技术和标准体系，建立科学、高效的地理国情普查工作机制；四是开展地理国情信息统计分析，包括对自然和人文地理要素等重要地理国情信息的统计分析，以及将地理信息与经济社会数据进行整合，对经济社会发展指标进行空间化、综合性统计分析评价。

2. 普查组织实施情况

地理国情普查自2013年全面启动以来，在4万余名普查员的倾力付出下，普查组织实施进展顺利。

2013 年 6 月，地理国情普查试点工作全面结束。通过普查试点，对普查进行了全过程模拟，对试点工作经验和存在的问题进行了系统总结，为全面开展普查工作积累了实战经验。

2015 年 3 月，普查数据生产全面完成，如期实现了地理国情普查数据全国覆盖。截至 6 月底，全面完成了地理国情普查成果预验收工作，普查成果质量达到了预期目标。

2015 年 8 月，普查标准时点核准工作顺利结束，数据现势性能够反映 2015 年 6 月 30 日前后的状态。标准时点统一核准工作的完成，标志着地理国情普查信息采集全面结束。

2015 年下半年，主要开展普查数据库建设和基本统计准备工作。数据库建设包括三个方面，一是对已采集的数据按照建库技术方案，实现数据无损入库；二是数据库支撑环境建设，保证数据库能够高效、安全运行；三是数据库管理平台开发。

3. 普查成果

地理国情普查包括数据库成果、信息系统成果、报告成果和图件成果等四个方面的成果。

数据库成果是地理国情普查的核心成果，它将数据采集阶段获取的地理国情信息数据整合、加工，建成全国统一的、权威的数据库。这个数据库是今后开展各类应用的原材料，更是今后开展地理国情监测的基础。地理国情数据库成果内容众多，包括地形地貌、遥感影像、地表覆盖、地理国情要素以及各类统计分析成果等数据库，数据之间相互紧密关联。

信息系统成果是地理国情数据库管理、应用和发布的平台。主要包括两个部分，一是地理国情数据库管理系统，用于普查数据日常维护管理，保证数据更新及时，数据与数据之间不产生矛盾；二是地理国情发布与服务系统，地理国情信息要发挥辅助政府科学管理和决策功能，必须实现地理国情信息共享，地理国情发布与服务系统是实现数据共享和应用的平台，它能够将地理国情信息送往各级政府部门和社会公众，按需及时提供服务。

报告成果是基于地理国情数据，通过数据挖掘、变化监测和统计分析等手段，得到的多样化地理国情分析报告。比如，资源分布地理国情报告能够全面系统地反映我国的耕地资源、林地资源、草地资源、地表水体资源等的分布、

变化和发展趋势。本次地理国情普查将形成自然地理要素空间分布报告、人文地理要素空间分布报告、资源分布地理国情报告、生态环境地理国情报告等。

图件成果是为国家和各省（自治区、直辖市）从宏观层面快速掌握地理国情信息，而编制的各类专题图和系列地图集，是各级政府和部门工作人员查阅和使用地理国情信息的"新华词典"。图件成果主要包括第一次全国地理国情普查成果系列图、中华人民共和国地理国情图集以及各省（自治区、直辖市）地理国情图集。

（二）地理国情监测试点探索

在开展地理国情普查的同时，充分利用普查成果开展地理国情监测试点示范，既是对地理国情普查成果应用的探索，同时也为常态化地理国情监测探索和拓展了服务领域。

2012 年以来，地理国情监测试点示范取得了丰硕的成果。围绕生态环境保护、城镇化发展和区域总体发展规划等开展了 8 项地理国情监测试验示范，形成了京津冀地区 7 年重点大气颗粒物污染源空间分布、首都经济圈地区 20 年城市空间格局等 16 项监测成果，公开发布了陕北地区植被覆盖变化、松潘县自然生态遥感、抚顺市矿山环境沉降、呼伦贝尔地表环境监测等成果。京津冀大气颗粒污染物污染源监测、地表沉降监测、城市空间扩展监测等成果得到了国家发展改革委的高度评价，为区域协调发展总体战略实施提供了数据支撑。各省（区、市）也积极开展了 81 个地理国情监测示范应用项目，其中 10 个项目成果已提供给省级政府或相关部门使用。地理国情监测试点示范的积极成效，扩大了地理国情监测影响，彰显了地理国情监测的价值。

（三）普查和监测中的技术创新

地理国情普查和监测时间紧、任务重，参与单位多、服务要求高，只有坚持走创新驱动之路，依靠科技创新，提高组织管理信息化水平，突破地理国情数据生产和服务的瓶颈，才能推动地理国情普查和监测又好又快发展。

1. 管理方面的技术创新

组织研发了基于互联网的地理国情监测项目管理信息系统，系统兼顾普查管理机构和生产机构的需要，对全国 400 多家生产单位实现了普查生产全流程管理。通过管理信息系统，宏观角度可看到全国普查总体进度，微观角度可了解到某一个具体作业单位的某一项生产工序，有利于各级管理人员随时掌握情况、科学作出决策，使管理工作由静态走向动态，提高了组织管理效率。组织研发了技术支持与知识分享系统，全国各层级近 2000 名普查技术负责人可以通过系统提问题、找答案，确保了技术统筹的实时化，从而做到全国统一认识、统一标准。

2. 数据生产的技术创新

地理国情与传统测绘数据生产相比，在分类分层标准、指标精度、作业流程、组织管理模式、质量控制要求上都有很大不同，加之时间非常短，传统的生产工艺流程和相关软件满足不了普查和监测生产需求，必须通过技术研发，再造数据生产线。在影像处理方面，建立了全国地理国情普查影像控制点数据库，形成了基于控制点数据库自动匹配的集群式正射影像生产技术路线。利用该技术路线，在影像源充足的情况下，只需 1 个月就能完成全国普查正射影像生产。在数据采集编辑方面，组织研发了地理国情信息要素提取与解译软件系统 FeatureStation_GeoEX，初步实现了遥感影像智能分类和典型要素的自动提取。该软件在全国装配近万套，在生产中发挥了重要作用。在外业核查中，为解决外业核查常常受地形、装备等客观条件的限制而无法深入现场的难题，专门研发了智能化程度高、操作简便、环境适应性强的无人机外业巡检系统。该系统能够快速获取航空影像，既可作为遥感解译样本，辅助开展外业调查与核查，提高数据质量，也能够作为质量检查的现场影像。在数据建库方面，研发了数据建库预处理软件，实现了数据快速整合。在质量控制方面，研发了普查成果质量检查软件和数据入库质量检查软件，解决了人工检查工作量大、检查不全、抽取比例不足等问题，对大部分质量控制要素实现了检查比例 100%。

3. 大数据管理的技术创新

地理国情毫无疑问是大数据，地理国情普查成果数据超 600TB。随着地理国情监测的常态化，数据每年将以 PB 级增长，传统模式难以支撑巨大的存储量和计算量的快速服务需求。为提高统计分析效率，充分发挥地理国情大数据的价值，在中国测绘创新基地采用云计算技术和互联网技术，搭建了地理国情大数据中心。大数据中心实现了存储和软硬件资源的一体化，并通过对海量数据存储与计算关键技术的突破创新，实现了地理国情数据流、信息流的互联互

通。基于此，地理国情统计分析软件实现了对大数据中心的访问零等待，并能够借助大数据中心的强大计算能力，将统计分析的大部分计算环节转移到大数据中心，大大减轻统计分析软件的计算荷载量，从而提升了统计分析效率。

三 地理国情监测面临的机遇和主要任务

（一）面临的机遇

当前，我国经济发展进入新常态。2015 年中央经济工作会议对经济发展进入新常态作了明确部署，提出要"更加注重建设生态文明"，要"处理好人与自然的关系，处理好新常态下环境与发展的关系"。2015 年 4 月 25 日，《中共中央、国务院关于加快推进生态文明建设的意见》印发，要求"利用卫星遥感等技术手段，对自然资源和生态环境保护状况开展全天候监测，健全覆盖所有资源环境要素的监测网络体系"。2015 年 7 月 1 日，习近平总书记主持召开中央全面深化改革领导小组第十四次会议，审议通过了《生态环境监测网络建设方案》《关于开展领导干部自然资源资产离任审计的试点方案》等方案，强调要提高生态环境监测立体化、自动化、智能化水平，开展生态环境监测大数据分析，实现生态环境监测和监管有效联动；要开展领导干部自然资源资产离任审计试点。这些都为地理国情监测科学发展提供了重大战略机遇，同时也是重大挑战。

新常态下，地理国情监测面临新形势、新要求，必须以服务十八大以来制定的国家重大发展战略为中心工作，才能切实做到"服务大局、服务社会、服务民生"，成为政府科学决策的指南针、检验人与自然和谐发展的温度计、监督各项工作推进的度量衡。当前，国家测绘地理信息局正在组织编制《2016～2018年国家地理国情监测总体方案》，地理国情监测任务更加清晰，监测内容划分体系更加科学，主要包括基础性地理国情监测和专题性地理国情监测两大方向。

（二）主要任务

1. 基础性地理国情监测

基础性地理国情监测是每年对全国进行一次普遍性监测，目的是对地理国情普查成果进行持续更新，保持地理国情普查成果的现势性。基础性地理国情监测主要有以下内容和特征。

工作内容分为地表覆盖监测和地理国情要素监测。基础性地理国情监测对象和内容与第一次全国地理国情普查的对象和内容相同，主要包括地表覆盖和地理国情要素监测，其监测所采集的内容和指标遵循《地理国情普查内容与指标》。

遵循"全域监测、突出重点"的监测策略。由于基础性地理国情监测时间周期短，加上地理国情信息变化主要与人类活动相关，同时考虑监测成本因素，基础性地理国情监测采用"全域监测、突出重点"策略。具体对国土面积15%～20%的变化频繁地区采用0.5～1米分辨率影像，对其他区域采用2～5米分辨率的遥感影像，依据《地理国情普查内容与指标》，开展变化监测，对地理国情普查成果进行增量更新。每年确定国土面积15%～20%的变化频繁地区范围，依据上年度监测的结果进行动态调整，确保每一年对变化较大区域的覆盖率，从而保证整体监测成果的现势性。

监测区域划分为两类。根据人口密度、城镇分布情况、经济发达程度、开发投资强度等因素，每年基于国家统计局上年度的固定资产投资、国内生产总值和人口统计数据，结合上年度普查或基础性监测成果的分析结果，以及《全国主体功能区规划》、各省主体功能区规划、划定的优化开发区与重点开发区界定的城市群、开发区等范围，以及根据政府确定的生态红线范围等，把全国除港澳台之外的陆地区域分为两类地区。一类区包括全国各省会城市的城区，主要地级市市辖区，以及京津冀、黄河下游、淮河流域、长江三角洲、珠江三角洲、成都平原和浙江、福建、广东沿海等地区。一类区面积占国土面积比例控制在15%～20%，其他区域为二类区。

2. 专题性地理国情监测

围绕国土空间开发、自然生态、国家重大战略实施等专题，充分利用第一次全国地理国情普查成果，结合基础地理信息成果和最新的航空航天遥感影像数据，在基础性地理国情监测基础上，按需开展如下专题性地理国情监测。

（1）国土空间开发监测。根据《中共中央、国务院关于加快推进生态文明建设的意见》和《国家新型城镇化规划（2014～2020年）》对优化国土空间开发格局和优化城镇化布局的要求，选择全国地级以上城市、国家级新区、

沿海滩涂等热点对象和热点区域进行监测，为国土空间开发格局优化、城市可持续发展提供可靠的地理国情信息支撑。

（a）全国地级以上城市空间格局变化监测。在全国 31 个省（市、区）的 331 个地级以上城市辖区范围开展城市边界（城区范围）提取和城区范围内各类城市用地的变化信息提取，反映城区范围和空间布局变化情况，分析变化趋势，为城镇化发展和土地集约节约利用提供数据支撑。

（b）国家级新区空间格局变化监测。结合各国家级新区的总体规划，对我国已设立的 12 个国家级新区经济建设过程中的用地变化进行监测，反映建设进程与总体规划的贴合度，为总体规划实施发挥事中事后监督监管作用。

（c）围填海和海岸线监测。对全国 40 个沿海城市的围填海和海岸线年度变化监测，分析海岸线结构、自然岸线比例、围填海面积及速率等，为国务院和相关部门开展围填海控制和自然岸线管理提供服务。

（2）自然生态监测。围绕《中共中央、国务院关于加快推进生态文明建设的意见》提出的加快生态安全屏障建设和实施重大生态修复工程的需求，在地理国情普查成果的基础上，开展生态安全屏障区域的生态环境保护的常态化监测，探索建立自然生态质量考核监管应用系统，为我国生态文明建设提供可靠的地理国情信息支撑。

（a）生态安全屏障区域自然生态变化监测。对全国七大生态安全屏障区域开展自然地表及其生态质量的年度变化监测，实现不同生态系统区域分类，提出生态质量评价指标体系，为国家和地方政府对生态安全屏障建设和区域内部生态质量评估提供服务。

（b）自然生态质量考核监管。开展省、市、县三级自然生态质量考核监管应用系统研发。该系统支持省、市、县三级行政单元的自然生态地表的空间位置、属性、面积等年度变化查询，支持自然生态总体状况的年度评价和年际稳定性评价。

（3）国家重大战略实施监测。围绕《京津冀协同发展规划纲要》《国务院关于依托黄金水道推动长江经济带发展的指导意见》《推动共建丝绸之路经济带和 21 世纪海上丝绸之路的愿景与行动》和习近平总书记关于总体国家安全观的重大战略论述，开展京津冀协同发展重要地理国情监测、长江经济带国家投资基础设施建设监测、丝绸之路经济带重要地理国情监测、南海诸岛重要地理国情监测，为国家重大战略实施效果评价提供有效的信息支撑。

（a）京津冀协同发展重要地理国情监测。对京津冀地区的生态环境、地面沉降、交通建设、重点大气颗粒物污染源、城市空间扩展等方面的变化过程、原因及影响开展监测，形成京津冀地区重要地理国情信息年度监测成果，为京津冀协同发展、生态文明建设和防灾减灾等提供有力保障。

（b）长江经济带国家投资基础设施建设监测。对长江经济带区域航运中心、14个全国性综合交通枢纽、沿江三大城市群的基础设施建设进行监测，分析各监测要素的变化情况，为长江经济带实施效果评价提供基础数据。

（c）丝绸之路经济带重要地理国情监测。对丝绸之路经济带国家投资的重要基础设施开展监测，分析各监测要素的变化情况，为丝绸之路经济带国家投资项目实施效果评价提供数据支撑。

（d）南海诸岛重要地理国情监测。对南海诸岛的地表覆盖变化监测，重点实现南海诸岛各岛屿范围内的房屋建筑区、基础设施、交通网络和围填海等精准监测，分析各监测要素的变化情况，为维护南海诸岛国家主权和海洋权益提供地理国情信息支撑。

（4）其他监测。开展南水北调水源地生态环境、板块运动与地壳稳定性监测、区域地质环境监测等。各省（区、市）可根据实际情况和需要，开展常态化地理国情、省情、市情、县情信息监测。

四 推动地理国情监测快速健康发展

各级测绘地理信息部门应主动适应新常态、服务新常态，牢牢抓住战略机遇，按照《全国基础测绘中长期规划纲要（2015～2030年）》提出的"完善地理国情监测标准体系，优化部门协作机制，形成成熟的监测业务工作体系"要求，加快推动地理国情监测健康发展。

（一）推进法规制度建设

建立健全地理国情监测法规制度体系，将地理国情监测相关条款纳入《测绘法》，陆续出台《地理国情监测管理办法》《地理国情监测条例》等规章制度，初步实现地理国情监测法制化。围绕地理国情监测成果发布、地理国情

信息共享与开发利用、信息安全等重点领域，适时制定和完善相关法规制度，保障地理国情监测健康安全发展。

（二）完善技术标准体系

在已开展的地理国情普查工作基础上，对已出台的地理国情普查和监测相关技术规程规定进行评估，推动已经成熟的技术规定规程转为国家标准或行业标准。适应新形势需要，进一步健全地理国情监测技术体系，完善基础性监测和专题性监测的系列技术规定，构建地理国情监测产品体系和质量控制体系。

（三）构建成熟的业务体系

健全地理国情监测生产组织管理体系，完善组织管理、生产管理、技术管理、质量管理、财务管理等相关制度，为地理国情监测提供保障。组建部门间高层协调机构，争取资金、装备、专题数据的稳定支持。建立国家、省、市、县监测成果直报和共享机制，形成地理国情信息监测成果的会商、审核、报批机制，建立分别服务于政府、部门和公众的地理国情监测成果发布机制。

（四）构筑人才集聚高地

以《测绘地理信息"十三五"人才发展规划》编制为契机，做好地理国情监测人才发展规划。完善地理国情监测人才教育和培养体系，加强高等院校地理国情监测专业与学科建设。优化人才结构体系，加大统计、国土、规划、环保等跨学科领域高级人才引进力度，着力打造综合性的地理国情监测统计分析团队。

（五）加强重大课题研究

建立跨领域专家组成的地理国情监测专家咨询委员会，为重大课题研究提供咨询支撑。鼓励和引导地理国情监测相关科研机构和高校，顺应地理国情监测发展需要并结合国家重大发展战略，认真开展地理国情监测基础性、前瞻性重大问题研究，深入探索地理国情监测融入经济社会各领域的示范应用，促进地理国情监测健康发展。

北京"城市体检"的实践与探索*

温宗勇

摘　要：　基于北京突出的城市病表现和地理国情普查的推动等大背景，本文提出了"城市体检"体系。在"城市体检"体系内阐述了"城市体检"的理念、内涵、总体思路等，并重点介绍了"城市体检"的核心内容指标体系。在"城市体检"理论体系基础上，介绍了"城市体检"已实现的丰台区实践，对实践的部分成果以及实践的最终目标加以论述。最终，笔者阐明了自己的终极思考："城市是一个有机体，城市的健康发展对于城市中人的影响很大，只有城市健康了，城市中的人才能健康。"

关键词：　城市病　地理国情普查　"城市体检"　有机体

一　"城市体检"的背景

（一）城市病的突出

作为特大城市，北京在昂首迈向国际2000万人口大都市行列的同时，快速的膨胀也在加剧这座千年古都自身的消化不良和运行不畅。社会进步回避不了城镇化，中国的城市病是社会发展的必然产物。在交通拥堵、住房紧张、能

* 项目团队组长：温宗勇，北京市测绘设计研究院院长，高级规划师；成员：冯学兵、关丽（执笔）、陈思、白晓辉、李扬、王红、周庆。感谢北京市规划委员会黄艳主任、王玮副主任对该项目的重视和支持！

源供给问题、环境污染、噪音、大气污染、蔬菜粮食供应问题、公共安全问题等不同方面都较为突出。

2014年2月，习总书记在北京考察工作时提出"努力把北京建设成为国际一流的和谐宜居之都"的要求。即一是要明确城市战略定位，二是要调整疏解非首都核心功能，三是要提升城市建设特别是基础设施建设质量，四是要健全城市管理体制，提高城市管理水平，五是要加大大气污染治理力度。对于首都城市病问题，郭金龙书记也表示，必须痛下决心治理北京城市病。

所谓"城市病"（urban disease），是常常与人口在大城市过度聚集相伴随的若干社会管理和公共服务问题的统称。如果以城市发展愿景作为参照，把聚集于发达、宜居与文明作为衡量标准，可以将城市病的具体表现形式总结为人口拥挤、交通拥堵、环境污染、住房困难、资源供应紧张、安全风险增加、城市秩序恶化、贫富差距过大、存在低收入人群成片聚集区及城市缺少文化特征等。现阶段我国城市病较为突出的表现是人口拥挤、交通拥堵、环境污染、住房困难等。北京的城市病主要表现在以下四个方面：人口无序快速增加使城市过于拥挤、堵车成为北京交通的"常态"、城市环境质量差引发大范围民怨、住房和基础设施供应与居民需求相去甚远。针对一系列"城市病"问题，我们提出"城市体检"的工作方法，对城市进行全方位的"体检"，找到"城市病"的根源。

（二）地理国情普查与监测的推动

为全面掌握我国地理国情现状，满足经济社会发展和生态文明建设的需要，国务院于2013年2月28日下发了《国务院关于开展第一次全国地理国情普查的通知》（国发〔2013〕9号），决定于2013~2015年开展第一次全国地理国情普查工作。2013年7月27日，国务院第一次全国地理国情普查领导小组下发了《第一次全国地理国情普查总体方案》（国地普发〔2013〕1号），明确了普查的任务和内容。2013年9月17日，国务院第一次全国地理国情普查领导小组办公室下发了《第一次全国地理国情普查实施方案》（国地普办〔2013〕12号），进一步明确了普查的内容和指标。国务院副总理、第一次全国地理国情普查领导小组组长张高丽指出，"开展地理国情普查，摸清地理国情家底，科学揭示资源、生态、环境、人口、经济、社会等要素在地理空间上相互作用、相互影响的内在关系，准确掌握、科学分析资源环境的承载能力和发展潜力,有效应对各种风险挑战"。地理国情普查与监测及未来几年开展的地名、地下管线普查为"城市体检"作了充足的数据准备和城市素材储备。

地理国情普查与监测工作的开展,使数据源获取途径具有持续性,由此使对城市病的监测成为可能。在此基础上,北京市测绘设计研究院"城市体检"的概念应运而生并进入实践,这是符合行业发展态势的。

二 "城市体检"的体系

在城市发展中,"城市病"是大家对城市发展中的一些不足和缺陷的统称,针对城市中的"病态"问题,本次评估创立"城市体检"新概念,采用为城市"诊断"的方式研究城市发展现状中存在的问题和不足,建立相应的"体检指标",加强对城市发展现状的把控,为城市发展提供新的评价方式。

(一)理念

城市是一个有机体,就像人体一样,经历着出生、生长、发育、生病、死亡的生命过程。为了使城市在有限的时间内向着良性方向发展,需要对其内在状态进行定期监测和分析,就像人类体检一样,及时发现问题,找到病因,并祛除病痛,实现健康发展。正是出于这样的理念,研究小组适时提出"城市体检"的概念。针对"城市体检",也存在中医诊脉还是西医体检的区别,中医重在通过调理根源,实现根治的目的;西医重在检查指标高低,快速用药,实现药到病除的效果。如果按照中西医的说法,"城市体检"更像是中西医结合疗法,通过西医的"城市体检"指标体系发现问题,通过中医的"城市现状研究"发现根源,实现标本兼治的最终目的。

(二)内涵

"城市体检",是指针对城市发展过程中出现的一系列社会管理和公共服务问题而进行的分析和评价。根据"城市病"的表现形式以及城市发展内容,确立"城市体检"指标以及参考值,对城市进行全方位的"体检",找到"城市病"根源。

习总书记就推进京津冀协同发展提出7点要求。一是要着力加强顶层设计,二是要着力加大对协同发展的推动,三是要着力加快推进产业对接协作,

四是要着力调整优化城市布局和空间结构，五是要着力扩大环境容量生态空间，六是要着力构建现代化交通网络系统；七是要着力加快推进市场一体化进程。其中，强调了城市的精细化管理，这为我们定义了城市体检要检什么。北京的着重点在于解决城市病问题。城市体检要定量、持续，通过公众参与检出城市病。"城市体检"通过科学手段检测出的体检报告可以为政府决策提供参考。

（三）总体思路——四部曲

"城市体检"的总体思路可以概括为四部曲：①确定体检指标；②制定健康指数；③测出体检报告；④诊出城市病因。

1. 确定体检指标

根据城市发展阶段与实际情况，有效对接城市发展目标，建立科学、动态的评价城市的体检指标体系。

2. 制定健康指数

在世界范围内，一些与北京地理纬度和气候相当的发达国家的首都城市，在城市健康发展方面，为我们提供了有效的经验，像东京、伦敦，一些城市，像新加坡堪为世界的范本。以这些城市为样板，根据体检指标制定出合理的可参照的健康指数。

3. 测出体检报告

参考历史数据和现状数据，北京市测绘设计研究院开发出针对性的数学模型，进行指标测定，将城市分析的数值与评价指标所参照的指标数值进行比对，找出差异，形成年度体检报告，实现定期体检。

4. 诊出城市病因

将"城市体检"现状指标与体检指标进行对比，分析城市发展的问题和弊端，实现北京市不同时期及与其他城市的对比数据，并对城市发展提出相应的意见和建议。

（四）指标参数

"城市体检"指标的确立是一个不断摸索和研究的过程，根据每个城市的发展特点，"城市体检"指标也有所不同。借鉴世界卫生组织（WHO）要求及宜居城市建设经验，总结城市发展中人口等八个专项的不同"城市体检"指标体系，作为本文研究的参考。"城市体检"的指标体系包括人口、资源、环境、住房、公共设施、道路交通、经济发展及城市安全等8个专项，每个专项具体细分为若干体检指标，以人口为例，说明"城市体检"的指标体系构成（见表1）。

表1　人口专项的体检指标

主题	指标	单位	模型方法	指标类型
人口	人口总数	万人		定量
	人口密度	%	万人/平方公里	定量
	年龄金字塔结构	%	不同年龄段人口数/总人口数	定量
	性别结构	%	男（女）/总人口数	定性
	职业结构	%	不同教育程度人口数/总人口数	定性
	教育结构	%	不同行业人口数/总人口数	定性
	高中阶段毛入学率	%	［某学年本市生源高中在学人数÷某年本省籍（15～18）岁人口数］×100%	定量
	高等教育毛入学率	%	［高等教育在学人数÷（18～22）岁人口数］×100%	定量
	户籍人口小学入学数	人		定量
	户籍人口高中入学数	人		定量
	外地人口小学入学数	人		定量
	外地人口中学入学数	人		定量
	外地人口高中入学数	人		定量
	就业密度	人	（居民＋就业）/总面积	定量
	登记就业率	%	指城镇登记从业人数与城镇从业人数和城镇登记失业人数之和的比例	定量
	登记失业率	%		定量

三　实践

（一）行动方案

只有明确了城市病在哪里、根源是什么，才能最终为解决城市病提供有效的帮助。"城市体检"正是通过定期的数据监测评估，解决如何发现城市病的问题。"城市体检"通过试点先行、以点带面、持续推进、保障发展的有序推

进，最终将形成数据定期采集、更新和发布机制，形成相对合理的评估体系，并形成一支有效的队伍。

1. 试点先行

为推动"城市体检"工作的全面落地，实现以点带面、以块为单位为区县服务，特别选择了北京市丰台区 3 个镇街作为研究区域，于 2015 年 2 月完成了"城市体检"的试点工作。

试点区总面积约为 64 平方公里，涉及一乡两街道——卢沟桥乡、卢沟桥街道、宛平城地区，其中卢沟桥乡与卢沟桥街道、宛平城地区的行政辖区范围彼此交叠。之所以选择该区域作为研究单元，理由是：①该区域用地规模较为适度，取样用地相当于北京旧城范围，因为选取作为试点的用地具有一定的规模，其检测结果才能更加接近真实情况；②该区域用地构成要素较为综合，用地类别较为全面；③该区域管理体制较为多元，包含了城、乡、城乡结合部等多种特征。

2. 以点带面

"城市体检"试点工作的成功，有助于未来逐步向北京市各区县、全市域以及其他城市推广。通过定期数据采集与更新，形成一支有效的数据采集队伍；通过联合北京市城市规划设计研究院、北京大学、中央美院、北京工业大学、北京联合大学、北京市社科院、各区县城市规划分局、犹他大学等共同对"城市体检"评估指标进行研究，形成一支有效的研究队伍；通过在相关研究区域推进评估实践，形成一支有效的评估队伍。通过"城市体检"的工作实践，必定会形成一支集数据、研究、评估为一体的多方位立体式队伍。

3. 持续推进

"城市体检"强调周期性，要求对研究区域进行多源数据采集与整理，依据体检指标，完成对比分析，并定期发布研究区域的"城市体检"报告。只有长期观测、多方比较，才能找到"城市病"的根源。因此，形成数据定期采集、更新和发布机制非常重要。

4. 保障发展

通过"城市体检"指标体系对指定体检对象、研究区域进行现状数据采集，标准化加工与整理，分专项、主题对其城市病状进行分析及评价评估。最后，针对体检对象、研究区域的特点，结合国内外成功发展案例给出相应的评估结果与发展建议，并最终形成文字报告。评估报告主要包括"城市体检"

现状数据报告、"城市体检"数据对比分析、"城市体检"结果评价评估以及城市综合发展建议四部分。

（二）关于试点

为开展试点研究工作，研究小组梳理了《北京市第一次全国地理国情普查》的采集数据成果、数字平台数据成果、现状调研以及问卷调查成果，针对研究区域城市发展特色及现状发展情况，对研究区域的城市数据进行研究。同时，本次试点还加入了公众参与部分，公众满意度调查每个社区（村）发放 50 份调查问卷，其中，卢沟桥乡 20 个村，卢沟桥街道 37 个社区，宛平城地区 8 个社区，共发放 3250 份调查问卷，收回调查问卷 3001 份，无效问卷121 份，有效问卷 2880 份，占发放问卷的 88.6%，符合统计标准。

针对该试点区域，研究小组完成了人口、住房、公共设施、道路交通、经济发展及城市安全等 6 个核心专项，取得了初步的"城市体检"成果，部分成果见图 1 ~ 4。

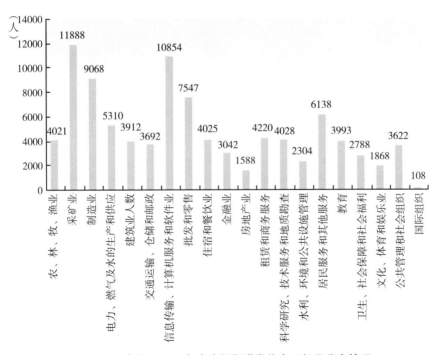

图1 人口专项—2014 年卢沟桥街道常住人口行业分布情况

棚户区空间分布图

图2 住房专项—研究区域棚户区空间分布

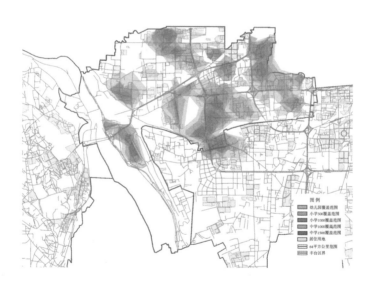

图3 公共设施专项—研究区域公共服务设施覆盖范围

"城市体检"是一项工作模式和研究内容都需要创新的工作，充分利用现有数据优势，挖掘数据内涵，研究城市发展，为城市的治理和发展提供了真实数据分析。在研究过程中我们发现，不同范围、层级的"城市体检"所涵盖

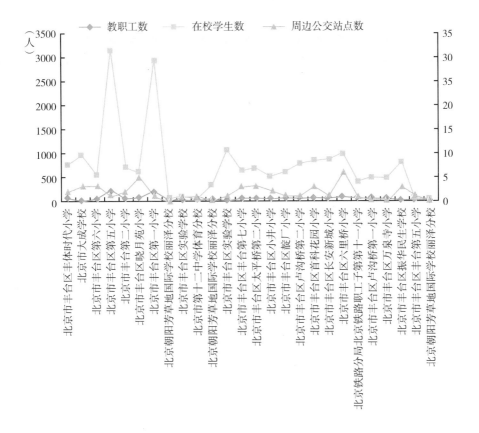

图4　交通专项—研究区内小学周边公交情况

和设计的研究方法与数据内容也有不同之处，如何更好地将此项目推广到整个
丰台区乃至全北京市，也是项目组今后工作的研究重点。

四　结语

　　城市是一个有机体，城市的健康发展对于城市居民的影响很大。城市健
康了，城市的居民才能获得健康保障。因此，关心城市的健康状态就是关心
人类自身的生存状态。当前，北京的大城市病病情已经十分严重，以至于引
起了中央领导的重视，市委书记郭金龙同志多次强调，治理北京城市病迫在
眉睫。然而，治疗城市病并不是一件简单的事，先要能够定量描述病情，进

而研究分析查找病因。因此，如何发现病情就显得非常重要，要有权威机构去发现，实施常态化监测、发布，从而形成整个社会的监督氛围，敦促有关部门有所作为，逐步去除城市病。"城市体检"小组通过试点工作推广"城市体检"区域，使之变成一项常态化工作，从而变成全社会关注、百姓认同的行动方案。

探索测绘地理信息部门在生态
文明建设中的新定位

徐开明 *

摘　要：近年来，加强生态文明建设已提升至国家战略高度，测绘地理信息作为开展生态文明建设的有效手段，也逐渐受到重视。本文以近期党中央、国务院印发的关于生态文明建设的相关指示精神为基础，分析生态文明建设与测绘地理信息之间的关系，阐述测绘地理信息在自然生态空间监测过程中所起的关键作用及背景条件，明确自然生态空间监测过程中测绘地理信息部门的具体任务，探索测绘地理信息在生态文明建设中的新布局与定位，实现测绘地理信息的转型升级。

关键词：生态文明建设　自然生态空间监测　测绘地理信息　转型升级

一　引言

自党的十八大将生态文明建设提升到"五位一体"总体布局战略高度以来，2013 年，十八届三中全会提出了建立完整生态文明制度体系的目标和重要任务。2015 年，先后印发了《中共中央、国务院关于加快推进生态文明建设的意见》和《生态文明体制改革总体方案》，进一步细化了生态文明体制改

＊　徐开明，博士，教授级高工，国家百千万人才工程人选，全国先进工作者，享受国务院政府特殊津贴，黑龙江测绘地理信息局党组副书记，副局长。

革的目标和任务，确立了改革的路线图和时间表。2015 年 10 月，十八届五中全会将生态文明建设列为"十三五"规划的重点内容。习近平总书记曾多次就生态文明建设发表重要讲话，他指出："科学布局生产空间、生活空间、生态空间，扎实推进生态环境保护，让良好生态环境成为人民生活质量的增长点，成为展现我国良好形象的发力点。"

党中央、国务院对于生态文明建设一系列重大决策和部署表明了今后一个时期我国生态环境治理的重要性和紧迫性。生态文明建设的核心任务是实现人与自然的和谐发展，测绘地理信息部门作为国土空间地理信息的采集和提供者、自然和人文景观布局的客观记录者、地理国情变化的监测者，理应在生态文明制度改革中发挥自己独特的作用，并以此为契机，面向国家战略发展要求，密切跟踪科技进步、适应社会公众对改善生活质量的新要求，实现测绘地理信息部门的转型升级。

二 自然生态空间调查与监测是生态文明建设的基础

综观几个指导性文件，在生态文明制度建设各项任务中，对自然资源，特别是对"水流、森林、山岭、草原、荒地、滩涂等所有自然生态空间"实施保护与监管是贯穿整个制度建设的主线。

《中共中央、国务院关于加快推进生态文明建设的意见》明确提出，"到2020 年前，森林覆盖率达到 23% 以上，草原综合植被覆盖度达到 56%，湿地面积不低于 8 亿亩，50% 以上可治理沙化土地得到治理，自然岸线保有率不低于 35%"。要实现这些具体目标，首先要知道这些自然生态要素分布在哪里、现状如何、变化趋势怎样。尽管有关部门掌握了一些调查数据，但考虑其调查手段和各个部门的不同标准，其精度和客观性还有待研究。要实施对自然生态空间的有效监管，前提是查清现状和监测变化，即摸清"家底"和管好"家产"。具体来说首先要对资源的数量、类别、性质、空间分布情况进行调查，厘清"有什么，在哪里"；在此基础上进行资产评估，算清"有多少，值多少"；通过确权登记，分清"归谁管，谁负责"；随后需要对"资产"变化情况进行定期或动态监测，查清"变化否，变多少"。可以说，对自然生态空间现状的调查和变化监测是《生态文明体制改革总体方案》所确定的构建"自然资源资产产权制度、国土空间开发保护制度、空间规划体系、资源总量管理和全面节约制度、资源有偿使用和生态补偿制度、环境治理体系、环境治理和生态保护市场体系、生态文明绩效评价考核和责任追究等"八项制度的基础和科学依据。

传统意义上的资源管理分散在不同专业部门，并存在交叉。从 20 世纪 90 年代开始，国土资源、林业和水利等部门陆续对各自分管的资源进行了全国范围的调查，对各类资源的分布、数量有了一定的调查结果。但由于缺乏整体规划，调查目标和内容有部门局限性，采用的技术标准多为行业标准，调查工作缺少部门间的合作和共享机制，致使各部门调查的数据经常存在相互矛盾。因此，无论在全国范围、各级行政管辖区域或自然生态区域，对于自然资源的整体情况特别是构建自然生态空间的主要资源都没有确切的数据，难以用于自然资源资产的评估、确权和变化监测，也无法支撑各种空间规划的制订与实施。另外，对各类自然资源的监管同样分散在资源管理和使用部门，既缺乏整体性，也缺少独立性和客观性。

生态文明制度体系建设是全面深化改革的一项战略性工程，为解决社会经济发展与生态环境保护的矛盾问题，必须打破现存的部门利益格局，突破体制束缚，划定各部门在新制度体系中的分工和定位，特别是其中的自然生态空间资源调查与监管工作，既需要专业部门提供客观、详细、精准的资源调查数据支撑，也需要建立有效的变化监测体系。

三　测绘地理信息部门具备承担自然生态 空间调查与监测的条件

2013 年 2 月，国务院启动了第一次全国地理国情普查工作，同时开展地理国情监测工作，由国家测绘地理信息局组织实施。这是一项利用现代测绘地理信息技术，调查和掌握地表自然、生态以及人类活动基本情况的基础性工作。其工作目标是成为"制定和实施国家发展战略与规划、优化国土空间开发格局和各类资源配置的重要依据，是推进生态环境保护、建设资源节约型和环境友好型社会的重要支撑，是做好防灾减灾工作和应急保障服务的重要保障，也是相关行业开展调查统计工作的重要数据基础"。相比其他部门开展的各类资源调查和监测，此次地理国情普查和监测工作具有如下特点。

（一）成果更具普适性和综合性

地理国情普查和监测的目的是查清我国自然和人文地理要素的现状和空间分布情况，为各种规划提供基本的、客观的决策和评估依据，提高地理国情信息对政府、企业和公众的服务能力，促进政府在相关领域治理能力的现代化。

由各资源管理部门开展的专项类资源调查有其局限性，内容主要是针对本部门所管理的资源，调查目的多用于部门信息化建设、管理和保障服务。

（二）专业化、规范化程度更高

各级测绘地理信息部门拥有专业的人才队伍、完备的技术标准体系、成熟的生产作业组织机构和先进的仪器装备，积累了丰富的测绘地理信息成果，成为开展地理国情普查的基础。与各部门组织的专项调查相比，在数据源获取、数据处理、质量检查、提供地理信息服务方面专业化、规范化程度高。

（三）技术指标更具通用性

地理国情普查着重立足于基础地理信息要素分类，全国范围内采用高分辨率卫星遥感判读结合野外核查方法，涵盖所有自然和人文地理要素的覆盖类型，结合了国内外土地利用分类、地表覆盖分类、基础地理信息要素分类等指标体系；国土、林业、水利等专项调查采用部门标准，其技术指标只考虑各自的资源管理需求。

相比之下，地理国情普查的分类体系具有更好的通用性。与专项调查相比，专业化、规范化程度高，服务对象更为广泛。地理国情普查为经济社会发展和生态文明建设，特别是为自然资源监管、生态环境保护和国土空间开发综合调控部门提供从宏观至微观、动态、基础和客观的自然资源分布和数量现状，是决策和评估的依据，服务对象是各级政府和相关部门。而其他专项调查服务对象相对单一，具有较强的针对性。

本次地理国情普查成果经过相应的改造，可以用于构建自然生态空间各类要素的数量和空间分布的本底数据。

针对自然生态空间调查与监测，测绘地理信息部门还具备如下优势：拥有适应大规模生产的健全的常设组织机构，拥有一支训练有素的专业人才队伍；

已经建立起空、天、地一体化的地理信息获取和处理技术体系，拥有先进的仪器装备；积累了丰富的地理信息资源成果，已建立起较为完备的面向各级政府部门、社会公众的服务体系；作为非资源使用和管理部门，测绘地理信息部门提供的成果更具客观性。

以测绘地理信息部门现有的条件，经过针对自然生态空间的监测，形成常态化、业务化的监测体系，是十分必要也是切实可行的。

四　自然生态空间监测工作中测绘地理信息部门可承担的任务

根据生态文明建设的目标，测绘地理信息部门利用地理国情普查成果和监测技术能够在自然生态空间监测中发挥如下作用。

（一）构建自然生态空间本底数据

地理国情普查基本完成了国土空间内自然和人工地表覆盖物的数量和空间分布情况调查，连同测绘地理信息部门多年积累的基础地理信息成果，构成掌握自然生态空间现状的主要数据源。在此基础上，整合各类专业调查数据，能够快速掌握构成自然生态空间各类资源的分布和存量现状，为实施有效监管提供本底数据。

（二）主体功能区规划"落地"的基础

坚定不移地实施主体功能区制度，建立资源环境承载能力监测预警机制，对限制开发区域和生态脆弱区实施保护，可以综合运用地理国情普查数据和基础地理信息成果，结合遥感解译和外业核查手段在市县一级细化主体功能分区，精确划定各类主体功能区的空间边界，让界线"落地"，使之成为政府各类空间规划的依据，为实现"多规合一""多规融合"奠定基础。定期对各级政府主体功能区制度实施情况进行监测，是地理国情监测业务的重要服务方向。

（三）协助划定生态保护红线并实施监测

生态保护红线分为生态功能保障基线、环境质量安全底线、自然资源利用上线。其中生态功能保障基线包括禁止开发区生态红线、重要生态功能区生态红线和生态环境敏感区、脆弱区生态红线三条。精确划定各类红线的实地边界，使管控监督工作有据可依，是实施生态保护红线制度的基础性工作，也是主体功能区划定的依据。

地理国情普查成果中的地表覆盖数据和高分辨率遥感资料是生态红线划定工作可靠的数据基础。利用普查成果结合基础地理信息成果与专业部门提供的各类专题资料判读和修正各类保护区实地的边界，并通过外业调查、实地核查可明确划定生态功能红线空间界线。对于生态红线保护情况实施周期性监测也可成为地理国情监测业务重要内容之一。

（四）制作空间规划底图，为"一张蓝图"提供支撑

建立空间规划体系的前提是采用统一的空间基准和建立标准的空间规划底图，这需要基础地理信息数据和地理国情普查成果提供支撑。通过协调处理各类规划矛盾，科学布局生产空间、生活空间、生态空间，形成一张蓝图，约束和指导各项空间规划，使各部门的规划有据可依，有章可循，避免各自为政。

（五）为国家公园体制建设提供划界依据

为促进对重要生态系统的保护和永续利用，《生态文明体制改革总体方案》明确了建立国家公园体制的思路，要求改革各部门分头设置自然保护区、风景名胜区、文化自然遗产、地质公园、森林公园等的体制，对上述保护地进行功能重组，合理界定国家公园范围。要实现这一目标，其中一项重要工作是协调各部门数据的矛盾，客观、精确地划定各类国家公园的空间界线。

（六）为自然资源资产负债表编制与自然资源资产离任审计提供科学数据

自然资源资产负债表是用国家资产负债表的方法，反映一定时间内自然资源资产存量的变化，是对领导干部实行自然资源资产离任审计、建立生态环境损害责任终身追究制的基础。基于地理国情普查成果和监测技术，结合有关专题数据，在自然资源确认、评估、确权基础上，编制自然资源负债表，为干部离任审计、确认变化量提供空间信息支持和客观的评估依据。

（七）健全资源有偿使用和生态补偿制度的依据

利用地理国情普查数据统计"资源"的数量、类别、性质、空间分布情况，在此基础上实施监测，科学测定变化量，是建立资源有偿使用和生态补偿制度的基础。"编制耕地、草原、河湖休养生息规划，调整严重污染和地下水严重超采地区的耕地用途，逐步将25度以上不适宜耕种且有损生态的陡坡地退出基本农田，建立巩固退耕还林还草、退牧还草成果长效机制，开展退田还湖还湿试点"更需要测绘地理信息的保障。

（八）提供社会公众监督平台（"天地图"）

构建社会公众监督的公共平台，是社会公众参与自然资源监督的重要基础。"天地图"是国家测绘地理信息局主导建设的国家地理信息公共服务平台，以门户网站和服务接口两种形式向公众、企业、专业部门、政府部门提供24小时不间断的"一站式"地理信息服务，以此为基础，搭建自然生态环境公众监督平台，为各资源管理部门向社会发布资源变化情况，以及社会公众参与监督自然生态环境变化提供统一的平台。

上述工作涵盖了自然资源监管中的资源现状调查、空间规划、各类界线划定、变化监测、考评依据等内容，贯穿了生态文明体制改革的全过程，可概括为自然生态空间监测体系的建立。以国家测绘地理信息部门现有的组织机构、人才队伍、技术装备、各类地理空间数据成果为基础，整合分散在各部委的调查数据和监测力量，统一技术规范和标准，建立跨部门、覆盖全国、统一的自然生态空间动态监测体系，将有利于彻底解决自然资源监管工作中存在的政出多门、职能分散、责任不清、相互矛盾问题，也有利于形成测绘地理信息部门新型生产服务业态。

五　构建自然生态空间监测体系是测绘地理
信息部门实现转型升级的重要契机

2014年9月，国家测绘地理信息局印发了《国家测绘地理信息局全面深化改革的实施意见》，提出以促进转型升级、跨越发展，不断拓宽服务领域，提高服务效益为改革目标，坚持为国家全面深化改革工作提供保障服务，加快转变职能，健全机制，创新模式，完善制度。计划到 2020 年，实现"符合全国统一监管要求的职责定位和组织机构基本完善，信息化、服务型测绘地理信息服务模式基本形成"的目标。

针对社会发展对现代测绘地理信息成果和技术的新需求，测绘地理信息部门有必要抢抓机遇，充分利用现有工作基础，结合新技术发展，逐步推进形成测绘地理信息部门在生态文明体制改革中的新定位。特别是分析总结近年来政府各部门陆续开展的各类资源调查和监测业务的共性和个性问题，创新思维，突破现有部门分工设置框架，系统性地研究生态文明建设中自然资源监管各个环节对于测绘地理信息成果和技术的要求，确立测绘地理信息部门在实施自然资源监管，特别是自然生态空间监测中的独特地位，将重大工程成果适时转化为新的生产服务业态。

（一）将构建自然生态空间监测体系作为测绘地理信息部门深化改革的重要方向之一

积极参与国家生态文明制度体系建设，未雨绸缪，抢抓机遇，将构建自然生态空间监测体系作为测绘地理信息部门深化改革的重要方向，利用在组织机构、人才队伍、技术装备和地理信息成果方面的独特优势，充分发挥地理国情普查（监测）在支撑生态文明全过程建设中的保障服务作用，在自然资源监管工作中形成自然生态空间监测体系，从建立新制度、形成新机制角度确立测绘地理信息部门的新职能、新定位。

（二）将开展地理国情监测的工作重点适时调整为针对生态文明建设各项任务的支撑保障

加大力度，有针对性、系统性地设计开展全国地理国情普查成果和监测技术在自然资源本地数据库构建、主体功能区规划的实施与监测、生态红线划定与监测、空间规划、自然资源资产评估与确权、自然资源资产负债表编制等生态文明建设重点工作中的应用研究，以常态化的业务和标准化产品提供相应服务，逐步建立与发展改革部门、规划部门、生态环境保护部门，以及各类资源管理和综合监管部门的合作机制。

（三）打造新形象，确立新定位

一直以来，测绘地理信息部门由于专业性强、业务单一，不为外界所认知，很多政府部门和社会公众对于测绘地理信息部门的认识停留在"艰苦行业""保密单位""专业部门"的层面。尽管测绘地理信息技术已经与卫星遥感、卫星导航、互联网＋、大数据应用等高新技术密切结合，地理空间信息的应用也越来越广泛，但在与政府各部门的合作过程中总有"曲高和寡"的感觉。因此，在推进测绘地理信息部门融入生态文明建设这一国家战略行动过程中，更有必要增强主动服务、勇于担当的意识，顺应新常态下的社会需求，坚持服务大局、服务社会、服务民生宗旨，在成果形式、服务理念、对外宣传方面，打造"技术先进、信息开放、服务面广、适应性强"的测绘地理信息部门新形象。

综上，测绘地理信息部门承担自然生态空间监测职责有利于快速打破现有部门利益格局，解决自然资源"监、管、用"不分所造成的"家底不清、变化不知、责任不明"的突出矛盾，有利于快速摸清自然资源"家底"，对自然生态空间实施客观、公正、独立的监测，为推动生态文明体制改革八项制度的建立奠定基础。实现这一目标既是国家生态文明建设的需要，也是测绘地理信息部门发挥自身优势，不断深化改革，实现转型升级和跨越发展的内在需求。

B.9

新常态下的地理矿情监测方法与增值服务机制探索

卢小平 武永斌 郝成元 程 钢*

摘　要：　地理矿情是指与资源开采密切相关的地质环境与自然环境、地表覆盖、人工设施、土地退化、水资源污染等具有矿情特征的重要地理信息。本文以服务保障矿区/矿业城市科学规划与可持续发展为目标，提出对地理矿情信息进行空间化、定量化、常态化等天空地一体化监测技术方法体系，构建煤矿区典型地质灾害预警系统，并探索地理矿情监测增值服务机制，揭示经济社会发展与矿产资源环境的空间分布规律。在经济发展新常态下，加强地理矿情信息公益性保障服务和增值服务建设，可为资源型城市的转型与发展、矿区土地复垦与综合利用、地质灾害预警、环境修复与生态重建、科学规划等提供技术支撑。

关键词：　新常态　地理矿情监测　环境修复　生态重建　增值服务

一　引言

认识和把握经济发展新常态，是做好地理矿情监测工作并将地理矿情监测

---

* 卢小平，河南理工大学教授，河南理工大学矿山空间信息技术国家测绘地理信息局重点实验室副主任；郝成元、程钢，河南理工大学矿山空间信息技术国家测绘地理信息局重点实验室；武永斌，河南省遥感测绘院院长，高级工程师。

成果服务于社会需求的前提和基础。地理矿情监测常态化，是实现常态服务与应急保障服务并举，增值服务与社会化服务并举，从满足经济社会发展和生态文明建设需要出发，提高地理矿情监测成果对政府、企业和公众的服务能力。

近年来，煤炭资源的大规模开采引发了一系列地质灾害和生态环境问题，导致了矿区及周边生态环境日益恶化，严重制约了矿山企业、矿业城市和国民经济的可持续发展，引起了国家相关部门的高度重视。"重大自然灾害监测与防御"被列为《国家中长期科学和技术发展规划纲要》（2006～2020年）重点领域的优先主题，加强生态保护和防灾减灾体系建设是《国民经济和社会发展第十二个五年规划》的重要内容。加快建立煤矿区地质灾害易发区调查评价体系、监测预警体系、防治体系、应急体系建设，加大重点区域地质灾害治理力度，是推行自然灾害风险评估、科学安排危险区域生产和生活设施合理避让的重要基础。因此，天空地一体化矿区数据获取技术、地理矿情多源监测信息协同处理理论与方法、地理矿情时空信息云平台构建及增值应用服务成为研究热点。

在经济新常态发展背景下，推行地理矿情监测业务化运行建设，形成新常态下的地理矿情信息监测机制，实施定期常规性监测，构建地理矿情动态监测与综合信息分析发布系统，提供地理矿情信息业务化、常态化服务，可为煤矿区土地复垦与生态重建提供数据保障，对协调规划煤炭资源开发和开采塌陷区土地集约利用起到积极作用，进而实现地理矿情监测的服务增值。

二 地理矿情监测方法与关键技术

矿区空间三维信息、地质灾害与生态环境要素信息的高精度获取方法及装备研制，是实现地理矿情监测的技术保障。开发无人机/小飞机等低空遥感平台，实现矿区地表类型、DEM及其变化信息的高精度获取，借助InSAR技术获取微小的地表形变信息，利用地基、空基LiDAR技术实现矿区/矿业城市三维信息的精准获取，从而实现天空地一体化地理数据的高精度获取。

在常态化监测下，利用主被动卫星遥感在宏观上获取采矿扰动区大空间范围形变场的位置、分布和特征及地表覆被变化数据，以航空遥感在中、小尺度上提取地表空间格局数据，以无人机在中空间尺度上对矿区地表突发灾害进行实时监测、灾情评估，以三维激光扫描技术在精细尺度上精准监测矿区重要监测目标动态变化信息，从而形成大、中、小多尺度天空地一体化的矿情专题要素监测方法体系。

（一）空天地信息获取装备的集成

针对矿区复杂背景下的地表覆盖类型及时空变化特征，依靠单一手段获取地理矿情信息已经不能满足现实需求，多类型、多时相矿情信息的获取依赖于天空地一体化信息获取装备的高效集成。

研究数字航空影像获取装备的搭载方式及数据采集策略，实现地理矿情信息的快速、高精度获取。研究空基/地基激光雷达的搭载方式及多传感器集成平台，实现矿区地表三维信息的高效、高频次、高分辨率及高精度获取。在矿区地表信息采集的基础上，利用激光雷达技术实现矿区地上、地下三维场景快速构建。利用无人飞行器机动、灵活、成本低等优势，研究搭载 SAR、LiDAR、高光谱等传感器的无人机遥感系统、多传感器集成技术及多数据并行处理方法，为数字矿山建设、矿业城市科学规划与管理、公共安全与灾害应急指挥、矿区资源与生态环境调查等工作提供现势性强、高空间分辨率的地理空间数据。

基于卫星、航空、地面三类典型异构传感器，研究天空地多传感器协同观测方法和策略，建立事件驱动的天空地传感网协同监测机制，实现天空地矿情观测数据的综合集成，形成大、中、小多尺度天空地一体化的矿情专题要素监测方法体系。

（二）地理矿情监测指标体系及本底数据库构建

围绕监测地理矿情、服务能源经济、保护矿区生态环境、支持矿区及矿业城市规划辅助决策这一总目标，开展以地理国情普查数据为基础的矿情监测研究，结合政府、行业和公众需求确立煤矿区地质灾害、植被退化、土地压占、景观格局变化等地理矿情专题要素监测内容，建立一套地理矿情天空地一体化监测的指标体系，优化各类指标体系的科学计算方法和表现形式，形成行业技术规程。

矿产资源是社会经济发展的重要物质基础，遥感影像、基础测绘数据、矿情普查专题要素等是矿区空间信息的载体。"本底"是指一个地域最基本的状况，建设地理矿情监测要素本底数据库，可将多分辨率、多数据源的海量影像数据及各类普查、监测专题要素进行有效的组织和管理，通过与其他应用专题系统集成，可以从更宏观的角度了解地理矿情，为科学合理地开发、保护与管理矿产资源、矿区可持续发展提供有力的技术支撑，提高矿区空间规划与决策水平。

（三）地理矿情多源监测信息协同处理理论与方法

目前地质灾害要素提取主要依赖单一遥感数据源，提取的信息彼此孤立且错误现象时有发生，难以准确全面地表达矿区地表形变状况。在地质环境要素提取方面，目前主要采用基于遥感图像的识别与分类方法，但由于遥感影像灰度与光谱的不确定性，仅依靠图像和少量辅助信息提取要素的结果可靠性较低，难以适应大区域地物要素精准提取的需求。因此，研究全新有效的矿区地质灾害与环境要素提取机制是必须解决的科学问题。

多源信息协同处理是将多种或能够得到的全部信息纳入一个统一的协同处理模型中，利用协同处理的超加和性能，充分发挥各种信息的优势及信息间的互补性、相互约束性和强大的协同纠错能力，构建带参数的自学习协同推理模型，实现矿区地质灾害与环境演变信息的有效提取。对不同方法获取的监测数据进行协同处理可得到精准、任意尺度、多时相的地表形变信息，从而全面表达矿区地质灾害与环境演变状况；对主被动遥感、GIS基础数据、实地调查等多源信息进行协同处理，可实现矿区地质环境要素的高效准确提取，进而为构建地质灾害预警系统提供基础数据。

三 基于地理矿情监测成果的增值服务机制

（一）地理矿情时空信息服务理论与技术

构建面向矿情的地理信息服务云平台，实现基于云结构的数据更新、交换和服务发布；构建矿情专题要素动态变化发布系统，实现与天地图和数字城市地理信息公共服务平台的有效对接，可提高由采矿引起的灾变信息发布的及时性和准确性，增加信息的透明度。研究建设的地理矿情时空信息云平台，是一个开放的资源共享和应用集成的公用服务平台，既可浏览矿区资源的分布，也可为矿区不同部门开发的应用系统提供数据共享和交换服务，并可在此基础上开发其他应用服务系统，是地理矿情监测的重要支撑。

本文构建的地理矿情时空信息云平台是整合区域矿产信息资源的基础公共平台（见图1），其中电子地图包括了多尺度数字线划图、影像图及多个矿区的矿产资源分布图等；数字线划图、影像图等是采取调用数字地理信息公共平台上发布的地图服务，矿区资源分布图是利用全国第一次地理国情普查结果和矿区现有的图件资料制作，为矿区科学管理和辅助决策提供数据支撑。系统设计了矿区服务资源模块，主要包括网络服务和成果数据两类信息，将各种服务或数据进行分类和统计，方便用户快捷、方便地查询所需资源，具有为用户提供资源订阅、资源申请等功能。共享交换模块是为各个矿区提供资源共享与协作的平台，可以调用其他用户发布的资源信息，并且其他部门也可调用和操作本部门的信息，从而实现互操作。

图1　平台主界面

（二）煤矿区典型地质灾害预警机制

充分利用地理矿情监测成果，基于 AHP—可拓理论构建地质灾害预警模型，建立煤矿区开采沉陷等典型地质灾害引发建（构）筑物损坏及地表形变的预警指标体系，确定预警等级及相应的阈值，从而实现矿区典型地质灾害综合监测及预警。在分析地质灾害预警基础上，利用地理矿情时空信息云平台具有的数据鲜活、服务按需、信息共享、应用智能等优势，第一时间发布灾害预警信息，并不断完善矿情信息资源共享平台与风险联合预警机制，使矿山企业准确掌握第一手灾情信息，确保人民群众的生命财产安全，为煤矿区防灾减灾提供技术支撑。

1. 矿区地质灾害预警的物元模型

在研究煤矿区地质灾害预警的管理对象、目标体系和预警内容及灾害预警机制与系统目标的基础上，建立矿区地质灾害预警的预测机制、报警机制、矫正机制和免疫机制。分析煤矿区地质灾害预警系统的四个主要目标，建立煤矿区地质灾害预警管理体系（预警监测系统、预警管理系统和预警信息系统）。

2. 地质灾害预警的可拓综合模型

建立基于 AHP – 可拓理论的煤矿区地质灾害动态预警模型，即利用 AHP（层次分析法）确定预警指标的权重，利用物元模型进行综合评定给出预警等级。根据日常安全管理中积累的数据资料，把预警对象的警度划分为若干等级，综合各专家的意见确定各等级的数据范围，再将预警对象的指标输入各等级的集合中进行多指标评定，评定结果按其与各等级集合的综合关联度大小进行比较，综合关联度越大，说明评价对象与该等级集合的符合程度越佳，预警对象的警度即为该等级。本文开发的信息系统，预警数据处理界面如图 2 所示，预警结果输出如图 3 所示。

图 2　预警数据处理

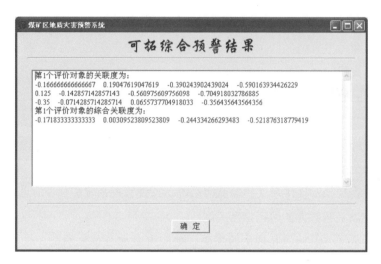

图3 预警结果输出

（三）矿区环境修复与生态重建模式

本文选择潞安煤业集团山西矿区地理矿情监测结果进行修复与生态重建模式构建实证研究。基于地理矿情监测结果，构建了以土地复垦、环境修复与生态重建、景观重现、废弃物再利用为主的矿区环境整治模式体系，用于指导矿区资源综合利用，同时也为其他矿区的环境治理提供经验和借鉴。研究区内煤矸石对大气和水环境的污染问题、地表沉陷地景观受损及土壤质量退化问题，都比较严重，而且呈加速趋势。因此，在地理矿情监测基础上进行环境修复与生态重建模式体系研究，为矿区产业进一步可持续发展和矿区生态治理提供理论依据和服务保障。

矿区环境分区方法一般分为定性分区和定量分区两大类。定性分区以专家集成为主，包括叠置法、主导因素法、景观制图法；定量分区包括多变量聚类法、多元线性判别法、模糊判别法和数字成像法。依据矿区土地评价单元的环境因子压力的分异性，将矿区的土地系统按照其生态环境压力的特点分为环境基质良好、生态保护区土地系统（Ⅰ）、稀疏林地潜在生产区土地系统（Ⅱ）、丘陵灌丛煤炭生产区土地系统（Ⅲ）和潮土农耕煤炭主生产区土地系统（Ⅳ）等4种土地生态功能类型（见图4）。

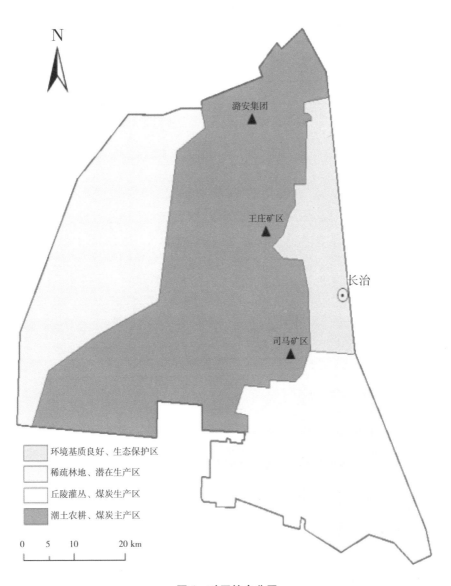

图4　矿区综合分区

　　在对潞安矿区土地利用现状、沉陷盆地、自然和生态功能分区进行深度调查与分析基础上，对适宜矿区生态恢复模式进行了优化与集成，并对每种生态恢复模式所适用的具体区域或地理范围进行了界定。结合研究区存在的主要生态环境问题与特点及空间分布状况、各种生态恢复模式的功

117

能特点及矿区生态分区和自然概况，制作出矿区生态恢复模式空间格局图（见图5）。通过对潞安矿区近几年不同区域采用的生态恢复模式的实际生态效益调查发现，本文提出建立的生态恢复模式空间分布格局科学合理，符合矿区实际情况，取得了良好的经济效益和生态效益；构建的"矿区环境破坏与生态污染—超积累植物与适生植物优选—适生群落培育—生态修复与环境重建"的反应机制，完成矿区土地复垦超过26000亩，社会效益和生态效益显著。

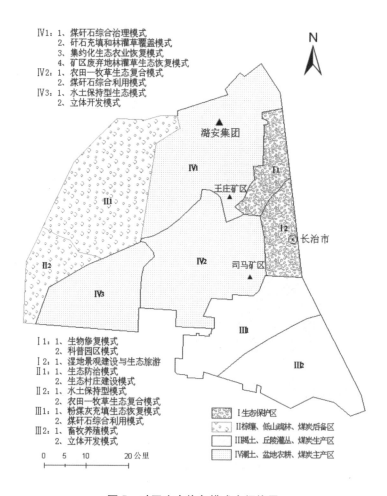

图5　矿区生态恢复模式空间格局

四 结语

在煤炭形势持续下行的新常态下，应坚持以"控制产量、稳定价格、优化结构、转型升级、清洁高效、安全生产"为目标，主动适应新常态，夯实煤矿安全生产基础，进一步优化煤炭产业结构，更加注重保护生态环境，强化民生保障。为保障煤炭经济的可持续发展，揭示矿区/矿业城市的自然地理与人文地理的空间变化与内在联系，需要继续加强地理矿情监测时空云平台建设，构建多因素诱导下矿区时空演变规律分析模型，实现矿业城市动态模拟及发展趋势预测，进一步完善新常态下的地理矿情监测增值服务机制，为制定区域矿业发展战略与规划、优化区域矿业资源开发等提供科学依据和技术支撑。

B.10

新常态下建立湖北资源环境承载
能力监测预警机制的思考

洪 亮　余晓敏　杜 新*

摘　要：　资源环境承载力是在一定时期内，一个地区（或国家）自然资源、地理地质、生态环境等综合条件所能承载的社会经济发展总体水平。建立资源环境承载能力监测预警机制，可以对陆地、海洋资源环境容量的超载区域进行有效管理并采取限制性措施，确保维持区域内资源结构符合可持续发展需要、区域内环境功能仍能够维持其稳态效应，为不同地区经济、社会、资源、生态环境的健康协调及可持续发展提供决策依据。

关键词：　资源环境承载力　监测　预警机制

一 引言

2013年11月《中共中央关于全面深化改革若干重大问题的决定》提出建立资源环境承载力监测预警机制，对水土资源、环境容量和海洋资源超载区域实行限制性措施。建立资源环境承载力监测预警机制有利于落实主体功能区战略，建立完善科学的空间规划体系，加强生态环境的保护、恢复和监管，是建设美丽中国、推进生态文明的重要改革部署。

* 洪亮，湖北省航测遥感院，总工程师；余晓敏，湖北省基础地理信息中心；杜新，湖北省基础地理信息中心。非常感谢北京师范大学陈云浩教授和中国矿业大学（北京）蒋金豹副教授在写稿过程中给予的支持和帮助！

湖北省地处中国中部和长江中游，山地平原兼有，气候温暖湿润，水资源丰富、土地类型多样，国土空间自然禀赋优势突出。随着国家实施"促进中部地区崛起"战略和湖北省全面实施"一元多层次战略体系"，湖北省已经进入一个全新的发展时期。然而在经济快速发展的同时，资源环境容量不足成为湖北省经济社会进一步发展的限制短板。从全省来看，经济增长方式较为粗放，结构性矛盾较为突出，对资源环境压力较大。因而，做好湖北省资源环境承载能力的监测预警，协调好经济发展与资源环境的关系，将国家战略与全省经济社会发展战略有机结合，打造高效、协调和可持续的发展格局，是实现全省经济布局、人口分布和资源环境三位一体空间平衡的必要前提和有力保障。

二　资源环境承载力监测预警的总体构想

资源环境承载力评价总体来说是在对资源承载能力、环境容量、生态功能等单要素进行动态监测评价的基础上，形成科学合理的评价指标体系和技术防范措施，建立综合主要资源环境承载能力影响要素、分级分区分类评价的监测预警机制，以及相互配合的政策引导机制和空间开发风险防控制度，对水土资源、环境容量资源超载区域，研究提出有针对性的限制性措施，将经济社会活动限定在资源环境承载能力范围内。

首先，收集湖北省及各个县市的社会经济统计数据、地理信息数据、环境保护数据、生态因子观测数据等，并对地理信息数据进行处理，得到土地、水、森林、草原等类型的地理空间数据结果图，将以上数据作为原始输入数据。其次，根据压力和承载力之间的关系，构建资源环境压力—承载力模型，如果资源环境压力低于资源环境承载力，则系统自我调节能力良好，处于安全水平。生态承载力愈强，生态压力愈小，生态安全水平愈高，反之，则生态安全水平较低，生态风险较大。本文构建了三级压力和承载力指标体系，分别针对社会、资源、环境、生态四个方面开展压力与承载力比较，并根据模糊隶属度函数和资源饱和度逐级进行指标评价量化和分级。再次，确定资源环境承载力阈值，通过比较目标区域承载力与阈值的大小，计算资源承载力处于正常范围或超载范围。最后，根据分析结果，制定资源超载地区的限制性措施，保障资源环境的可持续发展。具体的技术流程见图1。

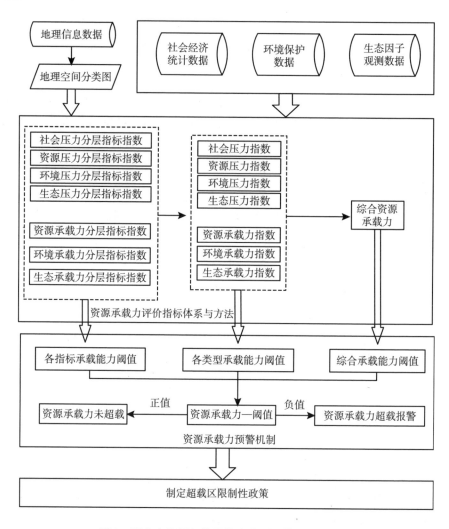

图1 湖北省资源环境承载力监测预警技术路线图

三 资源环境承载力监测预警指标体系

（一）指标体系构建的思路

所谓资源环境承载状态综合测度指标体系是指由反映资源环境支撑能力和

人口与社会经济发展压力的评价指标按隶属关系和层次组成的，具备现状描述功能、结果评价功能和未来发展预警导向功能的有序集合。指标体系的确定是影响研究地区资源环境承载状态分析及评价的主要因素之一，指标选择恰当与否直接影响综合测度结果的准确性、科学性和客观性。

从对湖北省地区资源环境承载状态进行综合测度的目的出发，要求所选择的指标具有代表性、目标导向性、高度收敛性、综合性、数量性及可测度性等特征。选择的指标必须满足对湖北省地区资源环境承载状态进行定量分析的需要。评价指标在湖北省地区资源环境承载状态综合测度中都必须同时具备现状描述、比较分析、结果评价、未来发展预警导向等功能。指标所代表的系统特征不可能是一成不变的，在不同的发展情境下，指标体系所代表的系统具有不同的目标发展导向，因而指标也必须能反映系统的这种未来发展变化和预警导向功能。

（二）指标体系构建的原则

为了使构建的指标体系能全面客观地反映湖北省地区资源环境承载状态，同时不给研究工作造成不必要的负担和麻烦，指标体系的设置应遵循以下原则。①简明科学性原则。综合测度指标体系必须立足客观现实，建立在准确与科学的基础上，所选指标集合能反映湖北省地区资源环境承载状态的真实情况。科学的测度指标体系层次通常包含 4 个层级，具体指标以 30 ~ 60 个为宜。②系统综合性原则。指标的选择力求具备典型性、导向性、完备性、广泛涵盖性和高度概括性等特征。③层次性原则。湖北省地区资源环境承载状态综合测度指标体系从上到下可分为系统层、指标层、子指标层和次级指标层四个层次，以全面反映系统指标之间的层次结构关系。④目标导向性原则。必须按照研究目标的导向性原则对指标集进行科学取舍，以便构建一个适合湖北省地区资源环境承载状态研究目的的合理指标体系。⑤可比性、可量化、可操作性原则。综合测度指标体系对于不同区域各项指标的含义、统计口径和适用范围应当保持一致，并具有可比性。根据相关标准所选择的指标应能够得到有效度量。指标体系数据在应用中必须易于获取。⑥动态预测性原则。综合测度指标体系既能反映以往湖北省地区资源环境承载力的发展状况，又能对资源环境承载力的现状作出客观描述和评价，还能对未来的发展变化情况进行预测。

（三）指标的内容及分类

构建资源环境承载状态综合测度指标体系是定性分析和定量研究资源环境承载状态的基础。对湖北省地区资源环境承载状态进行系统分析评价，需要从研究地区资源环境承载力和压力两个方面分别构建测度指标体系，针对湖北省水资源丰富的特点，设计了人均水资源、人均供水量、供水模数、地下水供水比例、水资源开发利用程度、耕地灌溉率、地下水开采率、水土协调度、污染比等多个指标，指标体系构建结果见图2和图3。

湖北省地区资源环境承载状态综合测度指标体系由承载力综合测度指标体系和压力指标体系两部分组成。两个指标体系既相互独立，又相互联系，是从

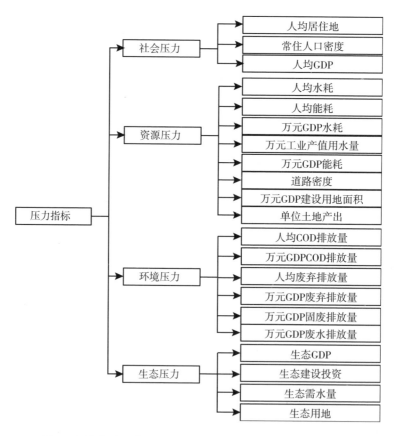

图2　湖北省地区资源环境承载力状态综合测度压力指标体系

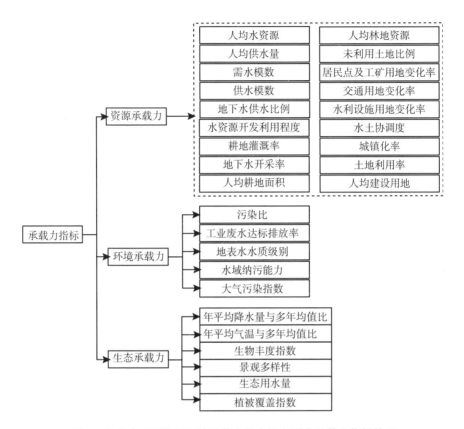

图 3　湖北省地区资源环境承载力状态综合测度承载力指标体系

属于同一研究目标下的两个不同指标体系。其中，承载力指标体系由资源承载力、环境承载力和生态承载力 3 个子指标层和 29 个次级指标层组成，主要目标是测度湖北省地区资源环境系统的承载能力；压力综合测度指标体系由社会压力、资源压力、环境压力和生态压力 4 个子指标层和 21 个次级指标层组成，主要目标是测度研究地区的资源环境系统的压力。

四　资源环境承载力监测预警评价模型

　　针对湖北省资源环境承载力监测预警的各类需求，建立相应的指标体系，根据指标体系制定资源承载力监测预警的评价模型（见图 4），对湖北省各地区资源环境承载力进行综合评价。模型建立过程分为三个部分，一是对次级指标数据的预处理，包括指标数据标准化、指标筛选、指标分级和指标权重赋值等环节；二是在预处理后的次级指标数据基础上，利用模糊隶属度函数进行次级指标评价，可得出社会、资源、环境和生态承载力和压力指标分值；三是在一级指标数据基础上，通过计算资源、环境和生态承载饱和度，并对其进行等级划分，实现对资源、环境和生态承载力评价，最后可利用 GIS 空间叠加分析实现对各区域资源环境承载力的综合评价。

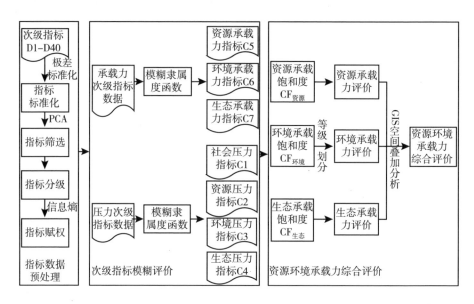

图4　资源环境承载力监测预警的评价模型框架

五　对资源环境承载能力监测预警工作的建议

（一）单要素评价监测

资源环境承载能力构成要素复杂，涉及资源、环境、生态承载能力等诸多方面。资源环境压力中的居住地总面积、道路密度、建设用地面积、生态用地类型，资源环境承载力中的灌溉面积、耕地面积、林地面积、未利用地面积、居民及工矿用地面积、交通用地面积、水利设施用地面积、建设用地面积、草地面积、水域面积等指标的计算、监测和评价均可基于地理国情普查和地理国情监测工作完成。

（二）动态监测与定期评价

资源环境承载力监测是一项长期的、连续的工作，湖北省通过开展地理国情普查和监测工作已经组建了扎实的技术队伍、形成了科学的技术体系、制定了完善的工作保障机制，目前已确定地理国情监测将每两年进行一次。因此，资源环境承载力动态监测和定期评价工作可基于地理国情监测工作长期开展，还可根据资源环境承载力监测工作的具体要求增加地理国情监测的频次和内容。

（三）建立资源环境监测预警数据库和信息技术平台

湖北省在数字城市基础地理信息数据库建设、地理信息公共平台建设、时空信息数据中心建设、时空信息云平台建设过程中积累了丰富的经验，并且已完成了大量基础设施建设。因此，湖北省测绘地理信息相关部门可以结合各部门信息化成果，承担建立资源环境监测预警数据库和信息技术平台的工作，完善部门间数据资源、文献资料的共享机制，为政府部门政策制定提供科学的辅助信息。

B.11
近期地理世情监测发展的若干思考

桂德竹　乔朝飞　张月　徐坤　贾宗仁*

摘　要：　本文分析了地理世情监测的内涵、意义、国内外发展现状，以及我国开展地理世情监测的已有基础和存在问题，提出开展常态化地理世情监测的若干建议。

关键词：　地理世情　监测　常态化

地理世情是指沿边、周边以及全球重要地区地表自然和人文地理要素的空间分布、特征及其相互关系。当前，国际环境复杂多变，世界经济处于金融危机后的深度调整期，世情、国情、党情步入新常态，迫切需要开展地理世情监测，服务经济发展、国防安全、外交商贸、资源开发、能源保障等"走出去"战略实施。

一　地理世情监测的内涵

地理世情从地理国情衍生而来。国务院 2013 年 2 月 28 日印发的《国务院关于开展第一次全国地理国情普查的通知》（国发〔2013〕9 号）对地理国情进行了定义：地理国情主要是指地表自然和人文地理要素的空间分布、特征及其相互关系①。地理世情是制定和实施全球化战略、对外开放和维护睦邻友好的重要依据，是推进生态环境保护、建设资源节约型和环境友好型社会的重要

---

* 桂德竹、乔朝飞、徐坤，国家测绘地理信息局测绘发展研究中心，副研究员；张月、贾宗仁，国家测绘地理信息局测绘发展研究中心，研究实习员。
① 《国务院关于开展第一次全国地理国情普查的通知》，2013 年 2 月 28 日。

支撑。因此，地理世情监测主要是指对沿边、周边以及全球重要地区地表自然和人文地理要素的空间分布、特征及其相互关系持续进行的调查、统计、分析、评价和预测的活动。

根据上述对地理世情监测的认识和理解，建立地理世情监测工作体系原型（见图1）。其中，行业内、部门间以及与国际相关组织间顺畅的工作机制是地理世情监测的重要基础；信息资源丰富、技术装备优良、标准规范健全的业务能力，是地理世情监测的有效支撑；完善的法律法规、积极的政策措施是地理世情监测业务开展的重要保障。

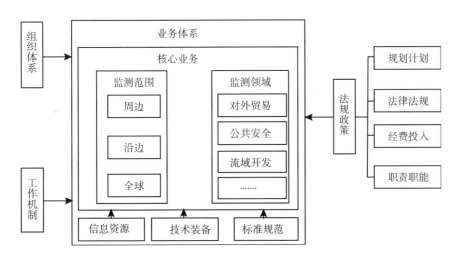

图1 地理世情监测工作体系

二 地理世情监测的意义

（一）地理世情监测是维护国家利益的需要

当前，国际环境复杂多变，世界经济处于金融危机后的深度调整期。开展地理世情监测，填补边境地区高精度地理信息覆盖空白，合理获取边境沿线高精度遥感影像，为应对各类非传统威胁提供测绘地理信息资源和技术支持，维护边境地区社会稳定和国家长治久安；有利于掌握边境地区以及边境以外重点

区域基本情况，有效扩大我国的战略纵深，大幅提高国防力量管边、控边、建边能力。

（二）地理世情监测为"一带一路"建设提供支撑

地理信息作为"一带一路"等国家"走出去"战略实施的空间基底，在经济带战略推进，尤其是基础设施互联互通规划和建设中需要先行落实；同时，迫切需要深入研究地理世情，为国际经济、边境安全、外交商贸、资源供应、能源保障等提供支撑。

（三）地理世情监测能更好地把握自身地理国情和外部地理世情

当前，基础测绘工作重点主要向以全球覆盖、海陆兼顾、联动更新、按需服务、开放共享等为主要特征的新型基础测绘转型发展[1]，并着力建设由新型基础测绘、地理国情监测、应急测绘在内的完整地理信息服务链条。在新的发展形势下，维护国家安全、拓展国家利益、服务国家政治外交大局，特别是"一带一路"战略实施以及在总体国家安全观下应对地缘政治形势，需要及时掌握自身地理国情和外部地理世情，统筹做好地理世情（国情）监测。

三 地理世情监测国内外现状

地理世情监测作为一项新型工作，业务能力、组织体系、工作机制、法规政策建设等方面仍较薄弱，需借鉴国内外相关资源生态环境监测工作基础以及有效经验，为明确当前及今后一个时期地理世情监测工作内容、发展思路提供参考。

（一）国内

1. 规划计划制定方面

随着国家"一带一路"战略的推进，相关部门制定并实施了境外调查与监测计划、谋划重大项目与工程。国家发展改革委、外交部、商务部2015年3

---

① 库热西·买合苏提：《为科学决策绘制"地情图"》，《人民日报》2014年9月26日。

月 28 日联合发布了《推动共建丝绸之路经济带和 21 世纪海上丝绸之路的愿景与行动》，中国地质调查局 2015 年推出了"一带一路"基础地质调查与信息服务计划，国家海洋局计划实施"我国近海海洋综合调查与评价专项"，国家测绘地理信息局参与完成了"全球测图中国境内地表覆盖制图"等。

2. 数据资源建设方面

①国家测绘地理信息局于 2012 年立项实施了"全球地表覆盖遥感制图工程"，研制了全球 30 米高分辨率地表覆盖遥感数据产品（Globe Land30，30 米），该成果包括水体、耕地和林地等十大类地表覆盖信息[1]。②科技部于 2012 年起实施了"全球生态环境遥感监测年报"项目，在全球和区域尺度上对生态环境因子进行年度动态监测，编制全球及区域生态环境综合报告和科学技术报告（含数据集），并建立年度报告发布制度[2]。③中国地质调查局开展了"全球地质一张图工程"，开展了全球七大洲 207 个国家地质矿产与资源环境遥感调查；完成了 1:500 万调查工作，面积 1.49 亿平方公里；完成了部分资源型国家 1:100 万调查工作，面积超过 1350 万平方公里；完成了重要成矿带 1:25 万和 1:5 万调查工作[3]。

3. 技术装备方面

①数据获取方面。鉴于遥感卫星具有效率高、精度好等优势，已成为获取境外地理信息资源的主要手段。近年来，我国大力发展遥感卫星装备，先后建立了资源、气象、海洋、环境与减灾卫星系列，初步形成了卫星对地观测体系，广泛应用于地图测绘、国土、资源环境、减灾、海洋等多个领域。根据我国对地观测重大专项计划安排，我国将在 2020 年前发射 100 多颗卫星，服务于国土资源、测绘、水利、森林、农业和城市建设等经济社会发展领域，并将和其他国家的对地观测平台一起，组成全球对地观测系统。②在数据处理方面。随着信息化测绘体系的逐步建立，不断推动地理信息处理与管理向自动

① 陈军、陈晋、宫鹏等：《全球地表覆盖高分辨率遥感制图》，《地理信息世界》2011 年第 2 期，第 12～14 页。
② 徐冠华、葛全胜、宫鹏等：《全球变化和人类可持续发展：挑战与对策》，《科学通报》2013 年第 58 期，第 2100～2106 页。
③ 罗宗俊、刘闯、王正兴：《美国全球变化研究的法律基础》，《地球科学进展》2003 年第 18（3）期，第 464～470 页。

化、智能化方向发展，使地理信息的处理和应用由静态向动态、由地表向空间、由单维向多维转变。

4. 标准规范方面

多年来，我国资源、生态、环境等部门在地理国情普查/监测、海洋调查、环境监测等领域的监测和分析方面都做了较为深入和广泛的研究，在综合国外相关工作基础上，也制定了相应的技术标准，规范了各领域监测工作流程、内容指标、技术方法等，指导监测工作的开展。

（二）国外

1. 规划计划制定方面

美洲、欧洲、亚洲等发达国家普遍重视境外资源生态环境监测，通过制定综合或专业的中长期规划和计划，促进监测工作持续开展。主要包括美国的"地理分析和动态监测计划（GAM）"、欧洲的"欧洲全球环境与安全监测计划"、亚洲的"亚太地区环境革新战略项目（APEIS）"以及国际非政府组织的"国际全球环境变化人文因素计划（IHDP）"等①。

2. 数据资源方面

美国、英国、法国、德国、日本等国早已实现对包括边境地区在内的国土范围地理信息的合理覆盖，并建立了常态化的更新机制。鉴于地理信息对于维护国家安全，保护海外权益，应对资源枯竭、能源紧张、环境恶化、粮食安全、气候变化、灾害救援等全球性问题具有独特作用，发达国家地理信息资源开发建设不是局限于本国以内，而是布局到全球重要地区。目前，国外先后研制了1套30米、4套1000米、1套300米分辨率的全球地表覆盖数据产品：美国马里兰大学的全球土地覆盖数据（UMD数据集，1000米）；国际地圈—生物圈计划的全球地表覆盖数据（IGBP－DISCOVER数据集，1000米）；美国波士顿大学的全球地表覆盖数据（MODIS数据集，1000米）；欧盟联合研究中心的全球地表覆盖数据（GLC2000数据集，1000米）；欧洲空间局通过全球合

---

① 刘闯、王正兴：《美国全球变化数据共享的经历对我国数据共享决策的启示》，《地球科学进展》2002年第17（1）期，第151～157页。

作生产的全球地表覆盖数据产品数据集（GLOBCOVER 数据集，300 米）①。这些全球数据产品已经在全球或区域尺度的生态学和地理学、气候变化评价和环境模拟等研究中发挥了重要作用。

3. 技术装备方面

国外多个国家已构建对地监测网络，开展全球资源环境、气候气象、地表覆盖监测研究与应用，及时提供多样化的监测成果。同时，鉴于地理世情监测无法在境外开展实地监测，卫星遥感成为境外地区监测最主要的数据获取方式。国外积极发展测绘卫星，卫星遥感数据已成为中小比例尺测图的主要数据源，并广泛应用于大比例尺测图。

4. 标准规范方面

国外资源、生态、环境监测开展较早、发展迅速，出台了比较完善的标准规范。目前使用较为广泛的五套全球地表覆盖数据产品都形成了较为完整的标准规范体系，主要包括内容指标、处理方法、精度评价等。国外相关监测标准建设发展迅速，对监测标准化工作的重视程度高，对我国地理世情监测有很好的借鉴作用。

四 我国开展地理世情监测工作存在的问题

近几年来，我国有关部门进行了全球地理信息获取与应用的有关前期研究与实践。2014 年 12 月，我国在国际上率先完成了全球 30 米分辨率地表覆盖制图，为后续地理世情监测奠定了坚实基础。2014 年、2015 年，国家测绘地理信息局将地理世情监测战略研究纳入年度工作要点。2014 年，中国工程院启动了重点咨询项目"地理世情监测的战略研究"等。但是，由于地理世情监测是一项全新工作，常态化的监测体制机制尚未建立，距离规范化、业务化开展的目标在以下方面还存在较大差距。

（一）地理世情监测工作基础薄弱

受历史、技术、装备等条件限制，以往我国偏重于境内资源环境、经济社

---

① 《关于从外层空间遥感地球的原则》，http://www.cnsa.gov.cn/n1081/n85401/101383.html。

会等情况的调查与研究，"一带一路"沿线的空间信息尤其是境外的空间信息严重不足，空间信息的统计分析、增值利用率低，空间信息在服务政府、服务民众方面的显示度不强。

（二）地理世情监测工作尚未开展

地理世情监测作为地理国情监测的重要组成部分，虽已通过测绘地理信息公益性科研专项等形式开展了一些试点示范，但多属于探索性质，尚未引起各级政府和有关部门的普遍重视。该项工作未被提到战略高度加以推进，缺乏全国层面的统筹规划和组织实施，监测领域、内容指标、技术方法、成果服务等存在较大差异，没有形成统一标准。

（三）地理世情监测保障机制尚未建立

地理世情监测工作实现常态化的主要标志是该项工作"进规划、进法律、进预算、进职责"。当前，地理世情监测工作尚未纳入有关法律法规，需要尽快确立法律地位，实现监测工作有法可依。地理世情监测属于公益性事业，经费来源应主要依靠财政投入。目前，中央和地方的地理世情监测工作缺乏稳定持续的经费投入，影响到地理世情监测相关项目的开展，以及监测所需技术装备水平的提升。测绘地理信息部门在职能定位、数据资源、技术装备等方面具有开展地理世情监测的有利条件，但职责需要进一步明确和强化，以充分发挥其主导作用。地理世情监测尚未纳入政府经济社会发展规划和相关专项规划中，不利于地理世情监测及时服务于各地经济社会发展需要。

五 开展地理世情监测的几点建议

目前，国家发展改革委、商务部和沿线各省（市、区）政府明确将加强区域基础设施互联互通作为推进经济带建设的先行和重点工作，国外相关国家也已开展了资源环境生态调查与监测工作。满足跨国境基础设施互联互通规划、建设和管理对经济带重要地理要素信息服务的需求，按照"因地制宜开展监测、构建监测基础能力、扩大监测成果影响、强化监测法治效力"思路，加快构建信息资源、技术装备、标准规范等方面的基础能力，围绕"对外经济贸易、地缘政治外交、公共安全维稳、跨境流域开发、国际能源保障、国际湿地保护"等领域，形成有分量、有影响的监测成果，促进地理世情监测"进规划""进预算""进法律""进职责"，着力实现地理世情监测工作常态化、业务化、规范化开展。

（一）尽快组织开展地理世情监测试点示范

为积累经验，促进建立常态化地理世情监测体制机制，采取优先沿边、经略周边、面向全球的地理世情监测发展策略，选择典型地区和重点领域开展示范试点，具体如表1所示。其中，沿边地区，开展跨境流域（河流）、边境口岸和重点边境城镇发展等重要资源世情监测示范；周边地区，面向区域能源合作、经济贸易、文化交流、基础设施互联互通等领域发展需求，选择新疆及周边、云南及周边区域进行重要地理要素监测关键技术的应用示范[1]；面向全球，开展资源开发与对外投资区、冲突频发区（中东、中亚、台湾海峡、朝鲜半岛等当今世界四大潜在热点冲突地区）、海上通道（经济通道以及煤、矿产等能源输送管线）等"三区一道"的重要地理要素监测示范，并及时将监测成果公开发布或提供给政府部门决策使用[2]。

表1　地理世情监测试点示范的重点地区和内容

监测范围	本底调查（内容）	动态监测（内容）
全球（资源开发区、对外投资区、冲突频发区、海上通道等"三区一道"）	地表形态、自然资源（粮食、水、能源、矿产等）、生态环境	地表形态、自然资源（粮食、水、能源、矿产等）、生态环境
周边（陆地边境向外200公里纵深地域，东亚、东南亚、中亚等重点区域）	地表形态、自然资源（粮食、水、能源、矿产等）、生态环境、国土空间开发、交通设施	地表形态、自然资源（粮食、水、能源、矿产等）、生态环境、国土空间开发、交通设施
沿边（沿边及重点城镇）	地表形态、地理界线、自然资源（粮食、水、能源、矿产等）、生态环境、国土空间开发、人口经济、交通设施	地表形态、地理界线、自然资源（粮食、水、能源、矿产等）、生态环境、国土空间开发、人口经济、交通

---

① 王倩、姜晓虹：《从美国测绘部门的转型发展看地理国情监测》，《中国测绘报》2011年5月10日，第2版。

② 张辉峰、桂德竹：《地理国情监测支撑生态文明全过程建设的若干思考》，《遥感信息》2014年第29（4）期，第3~5页。

（二）争取有关部门支持地理世情监测工作

一要做好常态化地理世情监测工作的统筹，编制地理世情监测长期（2025～2030年）、中期（2020～2025年）、近期（2015～2020年）规划，明确地理世情监测的主要任务、阶段性目标和组织方式等，为开展常态化监测提供指导。同时，积极针对"一带一路"等国家"走出去"战略实施各领域的急需，设立地理世情监测重大项目，并加强与其他重大工程的衔接，协同推进，引导和带动国家与沿边省市的地理世情（国情）监测工作扎实推进。二要结合《国家中长期科学和技术发展规划纲要（2006～2020年）》确定的与地理世情监测科技创新相关的"全球环境变化监测与对策"等优先研究主题，积极将"地理世情监测研究"列为"十三五"期间及以后重大研究项目，共建一些实验平台，开展地理世情监测领域新技术、新方法、新装备的研发。

（三）加大地理世情监测的保障力度

1. "进规划"

将"地理世情监测"纳入"十三五"及以后更长时期的"地理国情监测"统筹，逐步推进地理世情监测列入相关规划序列。

2. "进预算"

按照国务院印发的《全国基础测绘中长期规划纲要（2015～2030）》中关于"研究探索将地理国情监测等工作纳入年度投资计划管理"的要求①，根据现有的财政投入和支持模式，在财政部的《政府收支分类科目》"测绘事务"一款，增设"地理国情（世情）监测"项，与"基础测绘"和"航空摄影"并列，建立计划管理体制，为地理国情（世情）监测工作提供长期、经常性投入保障。

3. "进法律"

2015年7月，国务院法制办公布的《测绘法》修订征求意见稿中明确指出"建立地理国情监测制度"。利用《测绘法》修订的契机，在相关法律法规

---

① 王春峰副局长就《全国基础测绘中长期规划纲要（2015～2030年）》答记者问，http：//chzt15. sbsm. gov. cn/article/zxgz/jcchzcq/zjjd/201506/20150600027771. shtml。

中对地理世情（国情）监测的法定定义、工作性质、经费来源、组织实施、成果利用等原则性内容予以明确。

4. "进职责"

争取将地理世情（国情）监测纳入测绘地理信息部门职责，形成测绘地理信息部门主导、有关部门和机构支持的地理世情获取、监测及发布的部门间长效协调工作机制。

公共服务篇

Public Service

B.12
加快时空信息创新服务
"一带一路"战略

李朋德 *

摘　要：　本文从测绘地理信息的特点和"一带一路"战略需求出发，
全面论述了测绘地理信息行业如何聚焦"一带一路"建设需
求，为国家重大战略提供强有力的测绘科技保障服务，对关
键技术研发、开展国际合作与"走出去"、加强体制机制建
设等方面进行了探讨，并就测绘地理信息如何落实创新驱动
战略提出了构想。

关键词：　测绘地理信息　　"一带一路"　　国际合作　科技创新

---

* 李朋德，博士，成绩优异高级工程师，十五届中国农工民主党中央常委，十二届全国政协常
委，联合国全球地理信息管理亚太区委员会主席，国家测绘地理信息局副局长。

"一带一路"是我国提出的世界共同发展的伟大倡议，借鉴古老丝绸之路概念以形成"互联互通"的新桥梁，实现各国之间的政策沟通、道路联通、贸易畅通、货币流通和民心相通，这一战略的实施需要测绘先行。世界各国国情各异，掌握地理信息是加强互相了解、开展基础设施"互联互通"建设的最基础工作，而各国测绘地理信息的水平相差很大，大部分发展中国家测绘能力还比较落后，不能适应"互联互通"的需要。改革开放以来，我国的测绘地理信息能力建设得到了极大提升，科技水平和人才保障能力不仅满足了国内需要，而且具备了开展国际援助和合作的条件，同时也为我国地理信息企业全面"走出去"创造了重要机遇。为此，我们要认真分析国内国际需求，找准测绘地理信息结合点，加大创新驱动战略实施力度，提高全面国际合作能力，加强改革创新，建立适应"一带一路"建设需要的测绘体制和地理信息合作机制，促进全球地理信息管理能力提升。

一 紧扣"一带一路"建设，提高地理信息在全球治理中的作用

"一带一路"是党中央、国务院统筹国内国际两个大局作出的重大决策，对开创我国全方位对外开放新格局、促进地区及世界和平发展具有重大意义。习近平总书记提出"一带一路"战略构想并要求高举和平、发展、合作、共赢旗帜，秉持亲、诚、惠、容的外交理念，以"五通"为主要内容，与沿线各国共同打造政治互信、经济融合、文化包容的利益共同体、责任共同体和命运共同体，造福沿线国家人民，促进人类文明进步事业。"一带一路"战略不仅明确了对外开放的新路径，同时将成为中国经济新的增长点，对于推进我国经济建设、社会发展、生态环境保护、民生保障以及构建国际合作新格局，具有重大意义。

"一带一路"建设是一项世界性的宏大系统工程，必然要促进双边和多边紧密合作，从而优化全球治理结构，提升全球治理能力，促进世界和谐。我国提出的这一愿景得到了众多国家的积极响应，并牵头筹建亚洲基础设施投资银行，丝路基金等专题的金融工具也在构建之中，中巴经济走廊和东盟紧密合作关系构建起着试点作用。改革开放以来我国经济建设快速发展，社会深刻变

化，人民生活极大提高，国际影响力日益提升，在多边和双边合作上积极作为。如果"一带一路"沿线国家能积极合作，就一定能够实现政府搭台、企业唱戏、百姓受益的双赢和多赢局面，得到各国人民的拥护。我国已成为"世界工厂"，但原创技术和品牌不足，出口波动、环境压力和贸易平衡压力巨大，只有借助于"一带一路"大合作，我国的工业化才能真正走向国际化。

我国测绘地理信息行业在改革开放后得到了美国、日本、德国、荷兰、澳大利亚、瑞典等国家的援助，也开展了对越南、老挝、蒙古国的援助，最近正在积极推进与巴基斯坦的深入合作，提高对中巴经济走廊的测绘保障能力。随着我国测绘地理信息科技的快速发展和能力提升，国际地位不断提高，越来越多的发展中国家希望与我国深入合作。测绘地理信息领域工作者应该积极探讨，优化对外培训，鼓励地理信息企业"走出去"。2014年9月，我国研发的全球30米分辨率地表覆盖数据由张高丽副总理代表中国政府捐赠给联合国和各成员国，为中国技术和地理信息数据服务世界做出了表率。我国在全球地理信息管理方面一直处于引领地位，起推动作用，随着"一带一路"合作的发展，将会更多地与沿线国家合作，提高全球地理信息管理能力。

二 聚焦"一带一路"需求，提高测绘地理信息保障能力

"一带一路"建设的切入点首先是互联互通的基础设施、农业技术和节水技术合作、"绿色"能源合作、人文教育合作、联合反恐等。这些合作项目都需要以地理信息为支撑，实现各类信息在同一时间空间中集成，为各类决策与应用提供授时定位与导航。根据联合国2013年进行的全球地理信息基础设施建设现状调查，虽然大多数国家拥有基础地形图或基础地理数据库，但数据零乱、发展不均衡，且彼此隔离难以集成共享与互访。虽有部分国家尝试建设网络地理信息服务平台，但均存在范围小、数据量少的问题，无法满足本国范围的应用，更无法支撑"一带一路"区域发展需求。而我国尚无全球高精度地理空间数据产品，亦无法提供覆盖全球的自主位置服务，这严重制约了我国对全球地表形态和综合世情的认识、大范围生态环境变迁的全球宏观监测与评估、区域突发事态行动决策等，限制了我国参与国际事务、实施全球战略的进

度和深度，也影响我国在国际社会中地位和话语权的提升。

我国测绘地理信息技术水平和实力基本能够支持"一带一路"建设，可以基于我国自主研发的国家地理信息公共服务平台、北斗卫星导航定位系统以及系列测绘卫星，以技术交流、产品展示、人员培训、产品输出等方式，为"一带一路"沿线国家提供技术援助，支持其进行地理信息的规范化整合、在线发布和网络服务，推进"一带一路"区域位置服务平台的联网与协同，进而实现"一带一路"区域信息共享与战略协同。然而，受制于协调乏力和投入不足等因素，还不能满足当前"一带一路"建设急需，为此，要重视卫星资源统筹、开展更多的双边测绘合作，共建数字地球平台。

（一）建立跨区域的大地基准与位置服务网络

基础设施要实现跨国、跨地区无缝"互联互通"，就需要基于同一坐标系和一张地图，否则只有"混乱"！人类目前尚未建立起权威、严谨并可支持各类规划设计、施工以及高精度导航和位置服务的全球大地测量基准。2015 年 2 月联合国大会通过了"支持可持续发展的全球大地测量基准框架"决议，为开展此项工作带来了契机，我国应该在现有全国大地基准的基础上，联合"一带一路"沿线国家，共同建立覆盖亚、太、欧的大地测量基准，并逐步扩展到全球，推进联大决议的落实。随着全球卫星导航定位系统（GNSS）和移动互联网的快速发展，移动导航、定位以及位置服务已成为人类生产生活的必需。但要实现跨区域、高精度、快速室内外一体化位置服务，依然需要建立统一的全球大地基准以及维持该基准的全球卫星定位连续参考站网，而"一带一路"建设同样需要覆盖全部区域的新一代大地基准和位置服务网络。

（二）丰富基础测绘成果与地理信息资源

我国目前已实现 1∶50000 基础测绘全覆盖，60% 以上陆地区域实现了 1∶10000基础测绘覆盖，城市区域实现了更大比例尺的基础测绘覆盖，数字城市地理空间框架覆盖了大部分城市，地理国情普查也实现了全覆盖。但大部分"一带一路"沿线国家的测绘成果陈旧，数字化成果严重不足，不能满足本国规划和建设的需要。为此，要积极通过联合国全球地理信息管理专家委员会和

区域委员会，组织开展基础测绘的技术多边和双边合作，加紧进行测绘能力建设，获取适应"一带一路"建设急需的地理信息资源。

（三）共建对地观测与地理世情监测体系

全球气候变化已成为世界共同关注的问题，可持续发展成为世界各国的共识。陆、海、空、天、地一体化的对地观测技术和全天候、全球化、全时相的观测能力至关重要，"一带一路"沿线国家对遥感卫星基础设施的需求非常急迫，我国要大力发展空间信息产业，为地理世情监测业务的开展提供支撑。各国在空间基础设施、对地观测能力、数据处理能力等方面的差距很大，不仅需要实现对地观测数据的共享，也要共同参与空间信息基础设施的建设、应用和监测。各国应共同开展对地观测，统筹各类经济社会发展数据以及大数据，形成全球动态监测体系，从而支持全球治理能力提升，为各类应急事件提供地理信息服务。

（四）共享地理信息服务与决策支持平台

地理信息具有自然分布性和随时间变化的特征，而且数据类型多样，这决定了其管理、共享和应用的复杂性。我国在20世纪末全面建成了数字化测绘体系，各地都建立了基础地理信息数据库。信息化测绘体系正在全面建设，所有设区市运用地理信息系统技术建成了公共服务地理信息平台，一批县市也建立了地理信息平台。政府主导的"天地图"地理信息公共服务平台覆盖全国，形成了中央与省、市、县联动的机制，开发了上千个应用，而且国际合作也已开展，基本具备全球服务的能力。要统筹开展"一带一路"沿线基础测绘和勘察工作，要以该权威平台为主，发挥其他商业化互联网地理信息平台的作用，开展双边合作、丰富数据内容，建立"一带一路"战略决策支持信息系统。

（五）衔接测绘技术标准与质量管理体系

各个国家都有其官方语言，而且作为技术与产品的语言——标准也各有特色。翻译可以解决语言不通的问题，但无法解决标准不兼容的问题。计量和测绘标准差异将导致工程建设无所适从。测绘成果质量关系到工程建设的质量和效率，因此要建立相兼容的标准和质量控制体系。要加强对计量、测量、地图表示方法以及信息系统的标准化和质量控制体系建设的协调、培训和推广，采用直接采标、修改或新制定等手段建立"一带一路"测绘标准体系，促进质量控制体系的互认和遵从。

三　全面落实创新驱动战略，提升测绘地理信息科技水平

测绘地理信息是高技术行业，科技水平和创新能力决定着行业的未来。全面落实创新驱动战略，提升测绘地理信息科技水平，将是测绘地理信息为"一带一路"战略提供坚实保障服务的基础。当前，党中央、国务院高度重视科技体制改革工作，党的十八大提出实施创新驱动发展战略，并指出推进创新驱动发展最紧迫的任务在于深化改革。中央多次召开会议、出台文件，鼓励"双创"有新政策，科技计划管理有新体系，科技成果转化有新法律，科技与金融结合有新举措，科技资源开发共享有新要求，科技体制改革正在系统推进，国家科技体制改革顶层设计基本完成，创新氛围营造、科技计划管理、科技成果转化、科技与金融结合、科技资源开放共享等方面的改革正在各领域如火如荼地全面开展。

在 2015 年 10 月召开的国家测绘地理信息局科技创新工作会议上，库热西局长对我国测绘地理信息的科技创新工作进行了动员和部署，进一步明确了建设测绘强国的目标。国务院 2015 年 6 月批复同意《全国基础测绘中长期规划纲要（2015～2030 年)》，明确了 2015～2030 年全国基础测绘的发展目标和重点任务。国家发布的有关云计算、物联网、大数据、信息经济、智慧城市、城市地下管线和管廊建设、生态文明体制改革等都需要测绘地理信息的创新支撑。今后一个时期，测绘地理信息创新驱动的任务更重、范围更广、压力更大、机会更多。

（一）转变思想认识，探索管理创新

创新驱动作为国家战略，科技创新是重要抓手，但科技创新不只是科研，还包括科学决策的依据、科学方法的支撑条件和科学管理的体制机制。测绘地

理信息行业没有哪项工作离得开科技的支撑，没有哪件成果不是科技的体现，对测绘地理信息行业来说，科技无处不在，创新才能引领发展。实现测绘地理信息的创新驱动，要积极推进管理创新，深化体制改革，明确科技创新的管理职责，优化事业单位布局，完善产学研用相结合的机制，促进产业园健康发展。要加大创新投入，大胆引进新技术、新装备，促进人才的成长和新成果的涌现，也要重视管理信息化，支持科学决策，加大对科技创新业绩的考核。

（二）聚焦国家战略，开展服务创新

我国正处于且将长期处于经济发展新常态，要通过深化改革促进经济保持中高速增长并向中高端水平迈进，这正是对创新驱动发展战略的期待。一系列新的国家战略开始实施，各个领域开展的精准化改革，都对测绘地理信息提出了新的服务要求。我们要深入探索发现结合点，牢固树立主动服务的理念，加强测绘科技领域的军民合作，开展共性技术研发，统筹卫星资源，丰富地理数据，搭建支撑平台，通过创新把数据变为服务、支撑和评价监督，为国家重大战略的规划、实施和评价提供更加及时、准确和权威的测绘地理信息科技支撑。

（三）面向社会需求，推进产品创新

针对"一带一路"建设涉及的工业化、城镇化、信息化和新型农业现代化建设等要求，要积极发挥测绘地理信息科技支撑作用，建立地理信息数据平台与各行业的融合机制，发挥时空信息的支撑作用。在工程领域要针对高铁和城市轨道研发超高精度准的实时形变监测国产化技术解决方案。研发智慧城市时空信息云平台标准化产品，支撑现代城镇的规划、建设、管理和服务。着力发展精细地图和位置跟踪技术，推进智能化的农业机械化和自动化。在车联网和智能交通领域创新研究，形成可以广泛应用的新型地理信息产品，发挥测绘地理信息的科技支撑作用。

（四）关注信息消费，搞活创意创新

在网络互联和信息经济时代，测绘无处不在，地理信息无处不用。尤其是随着"互联网＋"和"双创"的推进，地理信息将成为创业和创新的热土。

智能手机让动态位置成为重要的大数据，各类传感器也成为地理信息的重要来源，"位置"可以承载的信息服务无法穷尽，为"开源软件"提供了空间，为"开源数据"提供了市场。要积极开展地理信息开放和开发安全监管技术，搭建地理信息资源的交易平台，支持地理信息消费。

（五）夯实基础设施，力推品牌创新

测绘地理信息以科技为支撑，数据是生命线。要通过加快信息化测绘体系建设，为地理数据的获取、处理、管理、服务和应用提供支撑。深入研究开发地理信息云和大数据处理中心的成套技术。加快大地基准现代化建设，为各类数据提供时空标签和位置基因。积极开展核心仪器装备和软件的自主创新和集成创新，创造世界知名的中国测绘地理信息品牌。加快我国北斗导航卫星的产业化应用技术研发，开发遥感影像的网络化服务系统，支持地理信息的快速更新和分析服务。

（六）加强产权管理，促进原始创新

每一张地图都有著作权，每个研发产品也都有知识产权。但由于测绘产品的公益性和公共性，著作权被淡化，大部分地图是再加工的集成产品，产权难以界定。地理信息软件和硬件产品的知识产权虽容易保护，但只有与数据结合才能发挥效益。因此，要积极研究并逐步制定测绘地理信息知识产权政策，保护测绘地理信息软件和系统的再创新成果，促进地理信息数据的深加工。要坚决贯彻落实《促进科技成果转化法》，支持测绘地理信息科研成果的二次创新和产品化、商品化，保护创新者的利益，激励更多的科技创新活动。

四　大力推进测绘地理信息"双创"，进一步落实"走出去"战略

"大众创业、万众创新"已成为当前科技体制改革的重要内容，国务院在 2015 年发布了《国务院办公厅关于发展众创空间　推进大众创新创业的指导意见》和《国务院关于加快构建大众创业、万众创新支撑平台的指导意见》，对大力推进大众创业、万众创新和推动实施"互联网＋"行动进行了

具体部署，对加快推动以众创、众包、众扶、众筹为内容的"四众"等新模式、新业态发展进行系统性指导。"双创"的核心是企业，要切实发挥好企业技术创新主体的作用，鼓励开展基于开源软件的技术创新和产品创新，加快建设小微企业孵化器、创新投资渠道，吸引民间资本投资优秀企业，建立信息开放平台，实现成果信息开放共享，支持科研人员带着项目和成果到企业开展研发或转化，只有把"双创"落到实处，让企业和研发人员都迸发出创新的活力，才能够提升企业的技术实力，增强国际竞争力，为"走出去"做好准备。

在为"一带一路"战略提供测绘地理信息服务保障的同时，也将极大地促进我国本土测绘地理信息企业、民族品牌和自主知识产权技术产品与国际市场、需求的衔接，有力推动测绘地理信息企业"走出去"，使我国测绘地理信息行业在国际舞台上发挥更大的作用，提升中国国际话语权和民族品牌产品的国际竞争力。企业是"走出去"的主体。从全局高度统筹布局测绘地理信息企业"走出去"，要做好以下几方面的工作。

（一）整体布局地理信息产业园建设，发展龙头企业

地理信息产业园可以吸引更多的企业及工程技术研发中心集聚，开展技术合作，形成优势互补，达到合作共赢的目的，从而有效提升地理信息企业的科技研发能力和水平，提高竞争力。促进大型龙头企业发展。产业要发展，必须要有领头羊，要有能在国际上立得住脚的大型地理信息企业。要鼓励和扶持大型地理信息高新技术企业参与海外市场和国际竞争，帮助企业寻找发展方向，提升企业的综合实力和竞争力，扩大在国际市场的份额。

（二）加快我国测绘卫星建设，为"一带一路"战略提供强有力的地理信息服务保障

全球化的数据获取能力是基础，目前我国的民用立体测绘卫星只有资源三号一颗在轨，必须加紧开展下一代高分辨率测绘卫星的研制、立项工作，早日实现系列化，避免我国国产测绘卫星出现断档。还要积极开展军民合作、寓军于民，这不仅可以大幅提升我国的全球测绘能力，并借此参与国际卫星数据市场竞争，打破国外产品的市场垄断。

（三）注重人才培养，尤其是国际化人才培养

测绘地理信息是高技术行业，开展测绘地理信息"走出去"工作，主动服务"一带一路"建设离不开人才，要以人的全面发展为根本，加快实施人才强测战略。不仅培养管理、科技和技能人才，还要加强国际化人才培养，满足我国测绘地理信息"走出去"的需要。

（四）积极开展国际合作，实现技术输出

在"一带一路"战略实施过程中，我国的测绘地理信息自主技术要通过合作形式实现"走出去"。要通过开展全球测绘重大国际科技工程等方式，开展双边和多边测绘地理信息科技合作，促进合作方提高测绘地理信息科技水平，把我国成熟的卫星遥感、北斗卫星导航、测绘装备等测绘地理信息技术推广出去，提高我国测绘地理信息行业在国际上的地位和话语权。在"走出去"的过程中，充分利用我国对外援助经费，开展务实的测绘地理信息双边合作，共建测绘基础设施，联合开展人才培养，提高合作方的测绘地理信息能力，服务"一带一路"沿线国家的发展规划、工程建设和社会服务。

五　支撑联合国《2030年可持续发展议程》，全面开展国际合作

与"一带一路"战略类似，联合国在2015年9月召开的峰会上正式批准了《2030年可持续发展议程》，这标志着人类社会第一次就发展的概念达成了共识，具有划时代的意义。该议程涵盖了17个可持续发展目标以及169个子目标，其内容可以归结为五大类，即人、地球、繁荣、和平和合作伙伴，是一张旨在结束全球贫困、为所有人构建有尊严的生活且不让一个人落下的路线图。

我国积极参与测绘地理信息领域的国际合作，积极组织科技交流与合作，在国际学术组织和联合国及亚太区发挥了重要作用，尤其是在联合国全球地理信息管理专家委员会中扮演着非常重要的角色。尽管我国在全球和亚太地区地理信息管理方面起着重要的引领作用，但依然存在参与国际市场的产品档次不

高、服务范围偏小、对全球变化关注不足、地理信息平台数据覆盖偏窄，数据内容有待丰富等问题。所以，要想更好地支撑"一带一路"建设和联合国《2030年可持续发展议程》目标的实现，就需要更多的企业积极作为，抱团"走出去"，科技人员也要更多地关注全球测绘和地理信息的基础科学问题。在国际合作机制方面，要建立起多边与双边合作机制和信息交换共享机制，要联合有关国家，共同建立全球地理信息公共服务平台，使各方数据得到充分共享和利用，以支持"一带一路"建设和《2030年可持续发展议程》的各阶段目标实现。

无论"一带一路"战略的推动还是联合国《2030年可持续发展议程》的实现，都对测绘地理信息科技和服务提出了巨大的需求，这就需要全国测绘地理信息同行们共同用行动来全面落实创新驱动发展战略，把科技摆在发展的首位，以坚定的信心、超前的视野、踏实的态度和艰苦奋斗、无私奉献的测绘精神，把我国的测绘地理信息科技水平提升到一个全新的高度，使测绘地理信息的服务理念、方式和水平实现革命性的提升和跨越式的发展，让中国测绘地理信息为"一带一路"战略的推进提供坚实的服务保障。

"互联网 +"时代的地理时空
大数据与智慧城市

王家耀　崔晓杰 *

摘　要： 大数据、智慧城市、"互联网+"，是最近人们谈论最多的热门话题。本文就如何理解大数据、智慧城市、"互联网+"及其相互关系，大数据、"互联网+"在智慧城市建设中的地位和作用，以及智慧城市建设中的若干关键技术等问题进行了讨论。

关键词： 智慧城市　地理时空大数据　"互联网+"　互联网　物联网
云计算

城市信息化经历了数字化、网络化和智能化三个阶段，或者说数字化、网络化和智能化是智慧城市发展的三个显著标志。数字化，指将城市各部门、行业信息的传统物理媒介（纸质表格等）转变成计算机存储的数字系统，从而提高城市各部门、各行业"个体"的效率；网络化，指通过互联网把分散的城市各部门、行业的数字化要素、单元和系统连接起来，形成各部门、行业互联互通的城市信息系统，从而提高"整体"效率；智能化，指对已建城市信息系统进行深入分析，找出其中的"瓶颈"或可以优化的环节，用人工智能技术加以解决，提高城市规划、建设、管理和服务的自动化和智能化程度。

1998 年在广州召开了第一次"数字城市"国际学术会议，全国许多城市开始了"数字城市"建设的尝试。2003 年，苏州市发展改革委与信息工程大

---

* 王家耀，中国工程院院士，解放军信息工程大学地理空间信息学院教授、博导；崔晓杰，解放军信息工程大学地理空间信息学院硕士研究生。

学联合，经过半年多的调查研究，编制了《数字苏州建设方案》；不少城市启动了"数字城市"建设，建立了许多业务应用系统；2009 年，中国工程院咨询项目"中国数字城市建设方案及推进战略"完成研究报告。未过多久，"智慧城市"的概念提了出来，"智慧城市"成了各种形式的学术研讨会、报告会的主题内容；有些城市还编制了"智慧城市"规划和行动计划（如苏州市、宁波市等）；2014 年，中国工程院重大咨询项目"中国智能城市建设与推进战略研究"完成研究报告；国家住建部、工信部、科技部、测绘地理信息局、发展改革委、中国工程院等都启动了"智慧城市"试点示范工程。

当今，人们都在谈论"大数据"，全球信息化已迈入"大数据时代"，地球表层的几何特征、物理特征和属性特征，城市的所有物理设施、系统、大气、水质、环境，人的行为、位置甚至身体、生理特征等等，都成了可被感知、记录、存储和分析的对象。无疑，大数据必将推动"智慧城市"建设的进程，"智慧城市"建设也必将推动大数据的应用。

"互联网＋"由李克强总理在 2015 年的政府工作报告中提出，随后的 7 月 1 日国务院发布了《"互联网＋"行动指导意见》，明确提出 11 项重点行动和 7 个方面的保障措施，中国开启了"互联网＋"时代的大门。互联网＋政务、互联网＋传统产业、互联网＋医疗、互联网＋家务、互联网＋农民专业合作社、互联网＋制造、互联网＋物流、互联网＋能源、互联网＋旅游等等，风起云涌。"互联网＋"本质上是互联网、物联网、云计算在各行各业"全工作流""全产业链""全价值链"中的深度融合集成应用，必将有力推动和加快"智慧城市"进程。

"大数据""互联网＋""智慧城市"是城市信息化深化发展的产物。大数据与地理时空数据融合生成的地理时空大数据，是智慧城市建设与运行的基石；"互联网＋"是"智慧城市"发展的新引擎。当然，"智慧城市"建设必然产生地理时空大数据，解决目前城市化面临的问题需要"互联网＋"。

一 地理时空大数据：大数据与地理时空数据的集成融合

（一）什么是地理时空大数据

地理时空大数据，是以地球为对象，基于时空统一基准，活动于时空中与位置直接或间接相关联的要素（或现象）信息的数据，具有时间维（T）、空间维（S）和属性维（D）等特征。时间维（T），指地理信息随时间变化，具有时态性，需要有一个精确的时间基准；空间维（S－XYZ），指数据具有精确的空间位置或空间分布特征，具有可量测性，需要一个精确的空间基准；属性维（D），指空间维上可加载随时间变化的要素（现象）的各种相关信息（属性）数据，具有多维特征，需要有一个科学的分类（分级）体系和标准编码体系。这种数据集由于规模（体量）大和复杂程度（多样性）高，常常超出了目前数据库管理软件和传统数据处理技术在可接受的时间内（快速性）收集、存储、管理、检索、挖掘和可视化（价值）的能力。

这样界定地理时空大数据是基于两个事实：其一，人类生活在地球上，人类的一切活动都是在一定的时空（时间和空间）中进行的，而所有数据都是人类活动（社会、生产、生活……）的产物；其二，从可视化角度讲，所有大数据只有当其与地理时空数据集成后，才能直观地为人们提供大数据的空间位置或空间分布的概念。

所以，地理时空大数据不能理解为仅仅是传统的测绘数据。

（二）地理时空大数据产生的动因

地理时空大数据产生的动因是多方面的。

（1）人类面临的问题的变化。全球气候变暖导致天气极端异常，环境变化导致生态严重破坏，灾害频发危及人类生命财产安全。这一切都需要迫切加强对地观测和监控，从而产生大量对地观测和监控数据。

（2）人类需求的变化。人类生活在地球上，人类的一切活动无不与地理时空信息相关，时间、空间、属性是地理时空信息的三要素，每个人的工作、学习和生活时时刻刻都要使用地理时空数据，同时产生地理时空数据。

（3）技术的发展变化。20 世纪 50 年代以来，电子计算机技术、通信网络特别是"互联网"技术、地球空间信息技术和智能感知技术得到了飞速发展，使"泛在测绘"即无处不在、无时不在的测绘不仅必要而且成为可能，不仅有国家主体的行为，而且有实力的高校和民营企业也参与进来。"泛在测绘"必然产生地理时空大数据。

（三）地理时空大数据的来源

地理时空大数据的来源是多方面的。

（1）政府的地理时空大数据。地理时空大数据将成为一个国家综合国力的重要组成部分，未来对数据的占有和控制甚至将成为陆权、海权和空权之外的另一种国家核心资产，所以政府是地理时空大数据的最重要来源。例如，测绘导航与地理信息时空数据，以及经过连续空间化的电网时空数据、交通时空数据、大气环保数据、公共安全数据、政务数据、经济数据、人文社会数据等等。其中，测绘导航与地理信息数据包括时空（时间、空间）基准数据、大地测量数据（几何大地测量和物理大地测量数据）、遥感数据（卫星、航空、地面遥感影像数据及海底多波束探测数据）、GNSS 数据、地图数据（数字矢量地图数据、数字栅格地图数据、数字正射影像数据、数字高程模型数据、数字地形数据等）、与位置相关的空间媒体数据等。这是智慧城市建设最基础的地理时空大数据。

（2）互联网地理时空大数据。互联网是大数据发展的前哨阵地，是地理时空大数据的重要来源之一。例如，用户地理时空位置数据、用户行为时空数据、用户消费时空数据、用户社交时空数据、互联网金融时空数据、地图网站时空数据、位置轨迹时空数据等等。据预测，到 2020 年，全球互联网地理时空大数据将达 35ZB（1ZB = 10 亿 TB）。所以，互联网地理时空大数据是智慧城市建设要使用的重要大数据。

（3）企业的地理时空大数据。来自企业经济利益的推动，是地理时空大数据时代到来的重要动因之一，IBM、谷歌、亚马逊、Facebook 等跨国巨头正是发展大数据技术的主要推动者，国内的购物网站对大数据的应用尤为积极。这类地理时空大数据包括企业位置（时空分布）数据、企业销售点及精准营销时空数据、企业物流（原料产地、生产中心、仓储中心、销售中心、配送中心、物流位置轨迹）时空数据、"互联网＋"所产生的地理时空大数据等等。鉴于前述"互联网＋"的本质及其对传统产业改造升级的作用，它必将成为地理时空大数据的重要来源之一。

（4）个人的地理时空大数据。任何人的任何活动都是在一定的地理时空中进行的，任何人所处的位置、活动轨迹及人的偏好、心理生理特征等都可以被记载。未来每个用户都可以在互联网上注册个人账户，存储个人的大数据信息，用户可以指定哪些个人数据可以被采集，通过可穿戴设备植入芯片等感知技术采集或捕捉个人大数据，并得到本人授权的第三方提供的服务。这类大数据包括个人地理位置数据（如家庭住址、工作单位等）、运动轨迹数据、购物数据、社会关系数据，以及经过连续空间化处理的个人心理生理特征数据等。这类大数据是建设以人为本的智慧城市所必需的。

（四）地理时空大数据的特征

地理时空大数据除具有一般大数据的巨量性（volume）、多样性（variety）、低值性（value）、快速性（velocity）和不确定性（veracity）等"5V"特征外，还具有以下特征。

（1）位置特征。即空间特征，通过点、线、面、体三维位置（X，Y，Z）计算复杂的拓扑、方向（方位）和度量等空间关系。

（2）时间特征。指位置、属性等特征都是随时间的变化而变化的。

（3）属性特征。即每个位置点、线、面、体上都有自己的数量、质量特征和说明性信息。

（4）尺度特征。指空间尺度，即比例尺，根据用户认知和解决问题的需求（宏观、中观、微观），空间尺度可相应变化。

（5）异构特征。指地理时空大数据来源多样化，其空间基准、时间、尺度、语义等可能不一致。

（6）多维特征。指每个位置上都有随时间变化的多种属性信息，构成地理时空大数据"立方体"，实现多维动态可视化。

（五）地理时空大数据开启"智慧城市"的思维变革

地理时空大数据开启"智慧城市"的思维变革，突出表现在科学范式的变化上。美国著名科学哲学家库恩（1962）在《科学革命的结构》一书中提出范式的概念和理论。计算机图灵奖得主吉姆·格雷（Jim Grey）提出了四个科学范式的理论。（1）第一范式。产生于公元前4000年前，以观察和实验为依据的研究，描述自然现象，是一种直观逻辑思维，可称为"经验范式"。（2）第二范式。产生于15世纪下半叶，是以建模和归纳为基础的科学假说和

153

理论分析，可称为"理论范式"。（3）第三范式。产生于20世纪初，以计算机的发明和应用为显著标志，采用模拟计算和系统综合的方法，可称为"计算范式"。（4）第四范式。产生于大数据时代到来的今天，从计算范式中分离出来，研究方式不同于传统的模型方法，可称为"数据密集型范式"。

第四范式实质上就是从以计算为中心转变到以数据处理为中心，从根本上转变思维方式，即数据思维。即在互联网、物联网、云计算支撑下，将地理时空大数据输入计算机群，通过统计分析算法，即可发现过去模型方法发现不了的新模式、新知识、新规律。在大数据时代，没有模型和假设也可以分析数据。对于"智慧城市"这样复杂的对象，大数据思维是十分重要的。

二 智慧城市：城市信息化发展的高级阶段

（一）数字城市——城市信息化的初级阶段

关于什么是数字城市、建设什么样的数字城市和怎样建设数字城市等问题，中国工程院战略咨询项目研究成果《中国数字城市建设方案及推进战略研究》（科学出版社，2009）从科学、技术和应用三个层面论述了"数字城市"的内涵。数字城市是城市信息化发展初级阶段的产物，顾名思义，是以城市数字化为核心。它是以城市信息基础设施（网络、数据）为支撑，采用GIS、RS、GNSS及计算机技术，以可视化方式再现城市"自然、社会、经济"复合系统的各类资源的空间分布状况，对城市规划、建设和管理的各种方案进行模拟、分析和研究的城市信息系统体系。

我国的数字城市建设取得了许多成绩，城市计算机网络通信基础设施已具规模，为数字城市建设铺设了"信息高速公路"；城市空间数据基础设施已有良好基础，许多城市启动了城市基础地理信息平台建设；各城市都着手抓部门业务应用系统建设，其中电子政务信息系统成效明显，应用效果好；电子商务与现代物流发展很快，为百姓生活提供了便捷的服务；数字企业有了良好的开端，为企业转型升级探了路；数字社区建设开始改变社区管理模式，社会公共服务收到了较好的效果。但是，也应该看到，数字城市建设还存在许多有待解决的问题。例如：信息获取手段单一，缺乏动态更新，现势性差，影响感知城市的真实性；未能充分利用城市网络基础设施，各部门业务信息系统未联网，信息不能共享；城市空间信息系统异构现象突出，系统之间不能互联互通互操作，无法协同运行和解决重大复杂问题；不同时期的地理空间数据空间基准不一致、不同部门或行业对同一事物（目标）的分类（分级）和解释不同（语义不一致）、数据生产时间不一致、不同比例尺（尺度）地图（数据）表示的内容及表示方法有差异，导致无法提供一致的地理空间数据服务；对城市信息化建设过程中的数字化、网络化、智能化及其相互关系认识不清，缺乏科学规划和顶层设计，数字城市在实际应用中的作用还不明显；政府大包大揽的现象严重，忽视规划的权威性和持续性，一个领导一个主意，"面子工程"、"形象工程"、建为"看"而不是建为"用"的现象依然存在。

（二）推动由"数字城市"到"智慧城市"的因素

由数字城市到智慧城市，是城市信息化发展的必然。推动由数字城市到智慧城市的因素很多。

（1）政府、企业、公众更高的信息化需求。政府在综合城市规划、管理和协同解决问题及智能应急决策支持能力方面有更高的要求；企业需要有更强的智能制造、智能商务与智慧物流方面的能力；公众期望能享受城市信息化给工作、学习和生活带来更多和更实惠的好处。而数字城市建设存在的问题与社会需求之间还存在很大落差，需要通过智慧城市建设逐步解决。

（2）"互联网 +"和"地理时空大数据"对智慧城市的"双驱动"。"互联网 +"非常大，是互联网、物联网、云计算在各行各业即城市各领域全产业链、全价值链中的深度融合集成应用，这是大势所趋，必将开启传统行业的一场数字革命，创造一个与众不同的新世界——智慧城市。"互联网 +"将进一步加快地理时空大数据的生成和应用进程，并用"大数据思维"去发掘"地理时空大数据"的潜在价值（即知识），进而对城市各种问题作出智慧的决策。

（3）"数字城市"进一步发展的需要。"数字化→网络化→智能化"是城市信息化发展的基本规律。已于前述，我国"数字城市"建设虽然取得了许多成绩，但也存在一些不容忽视的问题。实事求是地讲，目前，我国的城市信息化建设绝大部分还停留在数字化阶段，还未实现真正意义上的网络化，而一旦数字化、网络化发展成熟，积累了大量数据，特别是在"大数据时代"到来的今天，势必就会产生进一步的信息化需求，这就是在实现真正意义上的互联互通互操作的基础上，进一步实现智能化。数字化是基础，智能化是提升。

（三）什么是"智慧城市"

同对"数字城市"有各种各样的理解一样，对什么是"智慧城市"也是众说纷纭。

目前，虽然还难以有一个社会各界都公认的"智慧城市"定义，但理解"智慧城市"应该包括如下几个基本点：一是以人为本，这是根本出发点，因为城市的主体是人；二是技术推动，充分利用互联网、物联网、云计算等"互联网＋"（智能感知、大数据处理、智能服务）新兴信息技术，这是基本支撑；三是承接提升，这是城市信息化的发展规律，"智慧城市"是"数字城市"的智能化提升；四是智能服务，这是根本目的，这种服务是全方位的，不局限于某个（或某些）部门所涉及的领域；五是三种能力，即智能感知能力、大数据思维和自学习与自适应能力、行为决策能力，这是最高目标。据此，可以这样描述"智慧城市"的基本概念（见图1）。

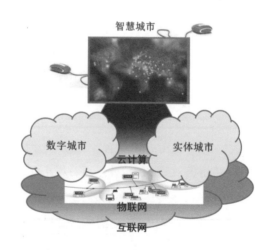

图1 "智慧城市"基本概念示意

　　"智慧城市"是以"互联网 +"为总体架构，通过互联网把无处不在的被植入城市的智能传感器（感知设备）连接起来形成的物联网，实现对实体城市的全面透彻感知，利用云计算等技术对实时感知信息进行智能处理和分析，实现网上"数字城市"与物联网的融合，并发出指令，对包括政务、民生、环境、公共安全、城市服务、工商活动和城市服务（规划、建设、管理）等在内的各种需求作出智能化响应和智能化决策支持。

　　所以，"智慧城市"应该具有如下特征。

　　（1）透彻感知。即无处不在的智能传感器，对"实体城市"实现全面、综合的感知，对城市运行的核心系统实时感测，实时智能地获取"实体城市"的各种信息。

　　（2）全面互联。指通过物联网将无所不在的智能传感器连接起来，通过互联网实现感知数据的智能传输，利用云计算技术对接收的城市大数据进行分布式存储。

　　（3）深度整合。对城市多源异构大数据进行连续空间化处理，整合为一致性的数据，作为城市核心系统的运行全图，构建"智慧城市"的数据基础设施。

　　（4）资源共享。在智慧城市云平台上，实现数据即服务（DaaS）、软件即服务（SaaS）、平台即服务（PaaS）、基础设施即服务（IaaS）、知识即服务（KaaS）。

　　（5）协同运作。基于城市智慧信息基础设施（"互联网 +"、大数据），使城市的各要素、单元和系统及其参与者得以和谐高效地运行，达到城市运行的最佳状态。

　　（6）智能服务。利用云计算这种新的服务模式和能提供服务的系统结构，对城市大数据进行并行处理、统计计算、数据挖掘与知识发现，为人们提供各种不同层次、不同要求的低成本、高效率的智能化服务。

　　（7）激励创新。支持政府、企业和个人在"智慧城市"这个大平台上进行科技和业务的创新创业应用，促进传统企业升级改造，寻求新的经济增长点，为城市经济社会发展提供源源不断的动力。

（四）怎样建设智慧城市

　　根据我国"数字城市"长期建设的实践和目前推动智慧城市建设的现实

情况，提出以下基本思路。

（1）把握方向。如同要弄清什么是"数字城市"、为什么要建设"数字城市"、建设什么样的"数字城市"、怎样建设"数字城市"一样，根据"数字城市"建设的经验教训，当前也要弄清什么是"智慧城市"、为什么要建设"智慧城市"、建设什么样的"智慧城市"、怎样建设"智慧城市"，要弄清并处理好"数字城市"与"智慧城市"的关系。这就是"把握方向"。

（2）直面现实。鉴于"数字城市"同"智慧城市"的必然联系，要实事求是地评估目前"数字城市"建设的情况，坦承和面对存在的问题，切不可忽悠。要充分认识由"数字城市"到"智慧城市"的客观性，要充分认识到"智慧城市"建设是一个长期的战略目标和任务，是21世纪提升城市核心竞争力的重要举措，急于求成、急功近利的短期行为不可取。

（3）规划先行。要在"把握方向""直面现实"特别是充分调查研究的基础上，制定符合城市发展实际、切实可行的"智慧城市"规划；在做"智慧城市"规划之前，必须进行充分的调查研究，"没有调查，就没有发言权"；"智慧城市"规划要有权威性，要立法，不能一任领导一个主意，这样会造成反反复复和严重浪费。

（4）示范引领。先行试点，以点带面，这是基本的工作方法，"智慧城市"建设尤其如此。示范（试点）城市的选择要顾及城市社会需求、经济发展与财力、技术支撑、时空（区位—辐射作用）、城市管理和城市主体——人等六大要素；示范（试点）城市要解决体制机制创新、理论与应用创新、建设运营模式创新、核心资源开发与信息共享模式创新、新兴技术应用创新（重点是物联网与云计算的应用）、人才及管理架构创新、信息安全及标准体系创新等七个方面的问题。

（5）边建边用。首先要找准切入点，任何一个城市都不可能同时全面启动"智慧城市"建设，必须从城市的实际特点和需求出发，急用先建，总结经验，逐步推进。

（6）注重实效。总结"数字城市"建设中的经验教训，坚决杜绝只要"面子"而不顾"里子"的"面子工程""形象工程"现象。注重实用，即是否符合城市的实际情况和需要，是否在实际工作、学习和生活中用上了；注重使用效果，即使用效果如何，解决了什么问题，是政府、企业、公众即用户说了算，而不是主管单位说了算。

（7）统筹协调。政府主导而非包揽，政府主要负责决策咨询、规划计划、协调监管、评估考核、开放合作、安全保密、宣传培训；多方协同而非各行其是，要解决部门间协同、企业间协同、部门企业间协同、部门企业公众间的协同问题；统筹协调的结果，是完成"智慧城市"建设的目标、任务。

三　"互联网 +"时代的地理时空大数据在 "智慧城市"建设中的地位和作用

鉴于城市的一切活动都是在一定的时空中进行，而且是网络化的，"互联网 +"时代的地理时空大数据在智慧城市建设中具有重要地位和作用。

（一）基本架构

"互联网 +"时代的地理时空大数据，即"互联网 + Geo"。"互联网 +"时代的地理时空大数据在智慧城市建设中的地位和作用，可以描述为"互联网 + Geo + City（政务、企业、民生……）"。城市各部门、各行业及广大公众共享城市地理时空数据，都在城市地理时空信息服务平台上交换数据，都聚合在城市地理时空数据框架上，生成城市地理时空大数据（见图2）。

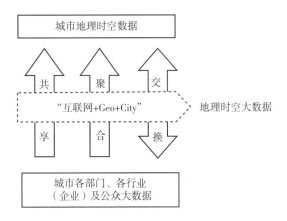

图2　"互联网 +"时代的地理时空大数据在智慧
城市建设中的地位和作用架构

（二）应用领域

"互联网＋"地理时空大数据在智慧城市的应用是多方面的。

（1）互联网＋Geo＋城市交通。在先进交通信息技术、交通时空大数据、先进交通管理模式和车路协同系统等支撑下，实现道路的"零堵塞""零伤亡"和"极限通行能力"；利用车辆轨迹和交通监控数据，为政府改善交通状况、为乘客提供实时交通信息、为驾驶员提高行车效益提供帮助；根据用户历史数据，为司机和乘客设计一种双向最优出租车招车/候车服务模型；基于出租车 GNSS 轨迹数据，并结合天气及个人驾驶习惯、技能和对道路的熟悉程度等，设计针对个人的最优导航算法；利用车联网技术和用户车辆惯导数据，汇集司机急刹、急转等驾驶行为数据，预测司机的移动行为，为司机提供主动安全预警服务；等等。

（2）互联网＋Geo＋城市电网。在先进电网信息技术（物联网）、电网时空大数据（电网六大要素数据、电网安全数据）、先进电网管理技术（集发电监控中心、调度中心、输电系统、变电系统、配电系统、用电系统等于一体）的支持下，实现智慧电表数据的有效应用及智慧电网规划、设计、建设和高效安全运行。

（3）互联网＋Geo＋城市物流。在先进物流信息技术、物流时空大数据、先进物流管理模式（集生产中心、仓储中心、商务中心、配送中心、监控中心等于一体）的支撑下，实现对物流车辆进行远程监控和指挥调度、对油气管道物流状况的监控、对物流安全事故的预防和事故处理。

（4）互联网＋Geo＋医疗与健康服务。针对当前医疗资源配置失衡、医疗信息共享难、贵重及特殊医疗设备共享程度低、管理水平不够高等问题，在先进医疗与健康服务信息技术、医疗与健康服务时空大数据、先进医疗与健康服务管理模式支撑下，通过多方协同，打造互联网＋医疗与健康服务开放共享平台，进行医疗与健康大数据分析，重构医疗与健康新模式，实现流行病传播预测和防控、疾病风险评估、远程诊疗及健康服务。

（5）互联网＋Geo＋城市管理。针对目前城镇化进程中存在的"城市病"问题，在先进城市管理信息技术、城市社会化时空大数据、先进城市管理模式支撑下，通过物联网实现探头与探头之间、探头与人、探头与报警系统之间的联动，从而构造和谐安全的城市生活环境。从城市人群流动大数据揭示区域功能和区域人流的关系，对城市区域的社会学功能进行分类和优化；利用有限监测站的空气质量数据，结合交通流道路结构、兴趣点分布、气象条件和人群流动规律等大数据，推断城市细粒度空气质量；通过对各类企业销售状况的监管和分析，发现不缴或少缴增值税的问题，确保国家和地方财政收入。

当然，"互联网 +"时代的地理时空大数据在"智慧城市"建设中的应用远不止以上所述，诸如"互联网 + Geo + 旅游""互联网 + Geo + 农业""互联网 + Geo + 家居""互联网 + Geo + 传统制造业"等等。

四 "互联网 +"时代的地理时空大数据与智慧城市的关键技术

（一）"互联网 +"技术与"互联网安全 +"技术

"互联网 +"技术，是互联网、物联网、云计算在各部门、各行业"全工作流""全产业链""全价值链"中深度融合集成应用的技术。这是"智慧城市"的基石。但是，没有"互联网安全 +"，就没有"互联网 +"。所以，要大力提升网络与信息安全保障能力，推动完善网络安全的法律法规、标准体系建设，强化网络信息安全监管和环境的综合治理，突破核心关键技术，使"互联网 +"构建在坚实的网络信息安全基础上。

（二）城市智能感知技术

智能感知是指挥决策的基础，可以说没有智能感知就不可能有智慧决策。要关注地面、地下（如管网）、水下智能传感器技术研究，突破传感器组网及其快速传输与接入技术和各类传感网数据的综合利用技术。

（三）城市地理时空大数据的存储与智能处理技术

第一，要研究基于云计算 Hadoop 的时空大数据分布式存储技术，包括分布式存储模型、存储容量、高并发读写和访问及存储系统的高扩展性和高可靠性；第二，研究基于云计算 MapReduce 的大规模时空数据并行处理技术，包括采用分治计算并对求解后的子问题合并给出完整解的并行计算方法、移动计算而不是移动数据，将测绘与地理信息处理的线性（单调逻辑推理）工作流转换为网状（非单调逻辑推理）并行处理；第三，研究深度学习理论与技术，它是人工神经网络（ANN）的发展，其特点是增加了许多隐含层和一个非监督学习的"pretraining"，基于 MapReduce 的大规模集群技术的兴起、GPU 的应用及众多优化算法的出现，耗时数月的机器学习训练过程可缩短为数天甚至数个小时；第四，研究多源异构地理时空大数据集成、融合与同化技术，实现多时空基准（含海洋多垂直基准）的归一化、多类型时空数据的相关性（如不同语义数据的转化）、多尺度时空数据的一致性，等等。

（四）城市地理时空大数据的统计分析、挖掘与知识发现技术

目前，时空大数据挖掘与知识发现面临着算法方面、系统方面和技术方面的一系列问题，要研究相似性发现、流数据挖掘、高维数据挖掘、位置轨迹数据挖掘等时空大数据挖掘的相关技术，进一步研究基于时空统计分析、基于空间关联规则、基于求解问题不确定性、基于可视化和人工智能等的时空大数据挖掘与知识发现技术，为"智慧城市"的各种决策提供知识服务。

（五）城市地理时空大数据可视化技术

这里的可视化，超出了传统地图可视化、一般空间数据可视化范围，具有与用户的强交互性、动态多维性、最直观的可视性和最快的可视性特点。要根据需要实时确定大数据可视化的主题，解决人们关心的热点问题；要从复杂度高的大数据中快速提取与可视化主题相关的大数据；要根据可视化要求，对可视化主题相关大数据进行快速处理；要选择或设计大数据处理结果可视化方法，并与相应的地理空间数据（地图数据）集成。

（六）城市地理时空大数据获取（传感器网）、处理（生产）和应用"一体化"技术

这里的"一体化"，指"互联网＋"环境下，地理时空信息从获取到提供应用的全过程或所有环节都在网络/网格环境下运行，即实现地理时空信息在网络/网格上可控、有序、高效流动。实现这一目标的核心技术包括：

基于"互联网＋"的"全工作流""全产业链""全价值链"的自适应构建技术和各环节的软件接口技术；线性"工作流""产业链""价值链"与分布式并行处理相融合的技术；基于"互联网＋"的信息资源共享与协同工作技术。

（七）城市地理时空大数据的服务技术

高效的智能化服务是"智慧城市"建设的根本目的。从目前的研究状况来看，主要包括五个方面。一是基于 Web Service 的地理时空信息共享与时空数据互操作技术。二是基于 Grid Service 的信息资源共享与协同工作技术。三是基于云计算的时空地理信息服务技术。四是基于网格（Grid）集成与弹性云的"混合式"服务技术。五是基于位置（BD/GPS/GLONAS）的地理时空信息服务技术。

五　总结

通过十余年的建设，中国的"数字城市"建设已经取得了可喜的成就，在城市信息化道路上迈出了可喜的一步，在城市规划建设与管理及服务政府、企业与公众方面发挥了积极作用，但是仍面临许多问题和挑战。

"智慧城市"是"数字城市"功能的延伸、拓展和升华，"数字城市"是城市信息化的初级阶段，"智慧城市"是城市信息化的高级阶段，"数字城市"是基础，"智慧城市"是提升，是"数字化→网络化→智能化"的必然。

"大数据时代"的到来与"智慧城市"的兴起，都是全球信息化发展到高级阶段的产物。"互联网＋"是互联网、物联网、云计算在"全工作流""全产业链""全价值链"中的深度融合集成应用，是"智慧城市"的基石。"智慧城市"建设应充分发挥"互联网＋"时代地理时空大数据的作用，要研究智能感知技术、"互联网＋"与各行各业的深度融合集成应用技术（包括"互联网＋地理信息产业"）、大数据过滤与数据挖掘技术等，深层次解决"智慧城市"建设的问题。

从"数字城市"到"智慧城市"是 21 世纪的战略目标，"智慧城市"建设要着眼发展，立足现实，切忌忽悠，讲究实效，"千里之行，始于足下"。

参考文献

［1］王家耀：《"互联网＋"时代的地理时空大数据与智慧城市》，2015。

［2］THOMAS S. KUNH, *The Structure of Scientific Revolutions*, Fourth Anniversary Edition, the University of Chicago press, Chicago and London, 2012.

［3］潘教峰：《第四范式：大数据的科学价值》，张晓林等译，科学出版社，2012。

［4］Wing J. Computational Thinking. Comm. ACM, 2006, 49（3）, doi：10.1145/1118178.1118215.

［5］周晓英：《数据密集型科学研究范式的兴起与情报学的应用》，《情报资料工作》DOI：10.3969/J. issn. 1002－0314.2012.02.001。

［6］王家耀、宁津生、张祖勋等：《中国数字城市建设方案及推进战略研究》，科学出版社，2009。

［7］华斌主编《数字城市建设的理论与基础》，科学出版社，2004。

［8］李林：《数字城市建设指南》（上、下册），东南大学出版社，2010。

［9］朱定局：《智慧数字城市并行方法》，科学出版社，2011。

［10］毛光烈：《智慧城市建设务实研究》，中信出版社，2013。

［11］王家耀：《智慧让城市更美好》，《自然杂志》2012年第34卷。

新时期"天地图"建设

冯先光*

摘　要：　国家地理信息公共服务平台"天地图"已成为我国具有较大影响的权威地理信息服务网站，得到党和国家领导人的高度评价，在国内外引起极大反响，也获得了广泛应用。党的十八大以来，国家测绘地理信息局将"强化公共服务"作为转变测绘地理信息政府职能的重要手段。国家基础地理信息中心依据《全国基础测绘中长期规划纲要（2015～2030年）》，按照打造"国家战略性信息基础平台"的目标，瞄准"新型基础测绘""互联网＋"等新需求，进一步明确了国家地理信息公共服务平台"天地图"未来5年（2016～2020）的工作目标与计划。

关键词：　天地图　地理信息　公共服务　社会化应用

一　新时期的战略任务

国家地理信息公共服务平台"天地图"（以下简称"天地图"）是国家测绘地理信息局主导建设的网络化地理信息共享与服务门户，它依据统一的技术标准和运行维护规则，集成来自政府部门、企事业单位、社会团体等的地理信息资源，向各类用户提供权威、标准、统一的在线地理信息综合服务。

"天地图"于2011年1月正式发布，经过5年的实施，"天地图"整体建

---

* 冯先光，国家基础地理信息中心主任，高级工程师。

设与应用取得了显著实效。在"天地图"一期工程验收会和成果鉴定会上，专家们一致认为："天地图"在全国政府决策、重大工程、专业部门服务、公众服务等领域获得广泛应用，在宣示领土主权、维护国家安全方面发挥了积极作用，成果技术先进、内容丰富、产品化程度高、业务化应用广泛，产生了巨大的社会经济效益；是具有全球视野、体现大国责任、满足国家需求、匹配大国地位的代表性工程；总体技术水平处于国际前沿，在分建共享、异构系统集成等技术方面居于国际领先水平。

党的十八大以来，国家测绘地理信息局深入分析新时期的发展形势，提出"加强基础测绘，监测地理国情，强化公共服务，壮大地信产业，维护国家安全，建设测绘强国"的发展战略。其中"强化公共服务"是本位，是转变测绘地理信息政府职能的一个重要方面。

2015年6月1日，经李克强总理签批，国务院批复了《全国基础测绘中长期规划纲要（2015～2030年）》，将"天地图"建设作为2015～2030年全国基础测绘发展的重要任务之一。"天地图"实际上是"互联网＋地理信息"的具体案例，已经成为测绘地理信息服务转型的关键支撑。国家测绘地理信息局要求按照规划纲要的要求加快"天地图"建设，继续强化"天地图"的战略性地位，不断丰富信息资源，强化技术支撑，保证持续性发展。

国家基础地理信息中心按照李克强总理"政府服务的公益性平台、产业发展的基础平台、方便群众的服务平台、国家安全的保障平台、抢占国际竞争制高点突破口"的科学定位，依据《全国基础测绘中长期规划纲要（2015～2030年）》，按照打造"国家战略性信息基础平台"的目标，瞄准"新型基础测绘""互联网＋"等新需求，进一步明确了"天地图"未来5年（2016～2020）的工作目标与计划，将更加有效地统筹、指导、规范全国各级节点建设与协同服务，有效提升测绘地理信息公共服务整体能力。

二　建设目标与内容

（一）建设目标

到2020年，形成布局合理、动态协同的云节点，实现1个主数据中心、1

个灾备中心、4～5个国内区域数据中心、1～2个境外数据中心的联网运行，并与31个省级节点组成分布式云服务体系，与约260个地级市节点实现服务聚合；有效提高自主核心软件的性能和可靠性，明显提升支撑各类深度应用的能力；数据整合能力大幅提升，实现国家级、30个省级、不少于100个市级基础测绘成果的融合、发布与持续更新，实现与地理国情、测绘卫星成果的集成与发布，成为测绘地理信息部门对全社会提供高效、标准地理信息公共服务的门户；地理信息交换与共享机制有效推进，成为同层级政府部门之间和不同层级政府之间实现地理信息共享与协同服务的"一站式"平台；公益性保障服务更加有效，为政府和专业部门的决策与业务化运行、企业增值提供高效的基础地理信息服务支持；发布全球测图工程成果，与北斗导航定位系统集成，为"一带一路"和"走出去"战略以及区域可持续发展提供国际化服务。

（二）建设内容

重点建设内容包括主节点及省市级节点技术升级、母库建设、产品服务、运行维护机制等，到2020年达到以下规模。

（1）主节点：包括1个主数据中心、1个灾备中心、4～5个国内区域数据中心、1～2个境外数据中心。各数据中心联网运行，相互之间实现基于云计算技术的全局负载均衡、资源动态调度，向用户提供7×24小时不间断的高质量地理信息在线服务和相应的二次开发接口服务。

（2）省市级节点：建成31个省级节点，向本省区域提供在线服务。其中不少于20个省基于互联网或政务外网与主节点实现基于数据融合与统一云架构的负载均衡。建成不少于260个市级节点，向本市区域提供在线服务，并实现与主节点的服务聚合。主节点、省级节点、市级节点分别依托国家、省（区）、市（县）地理信息主管部门，按照"分建共享、协同服务"机制建设和运行。

节点间根据实际情况采取多种模式并存的协同模式（见图1）。

主节点与省级节点之间根据实际情况采用混合模式的协同。所有的国、省、市节点间必须基于统一的标准接口实现服务聚合。对于部分完成数据融合的节点，既可以采用服务聚合的方式，也可采用基于相同软件架构的云节点协同方式。对于市级节点，必须基于统一的标准接口与主节点、省级节点实现服

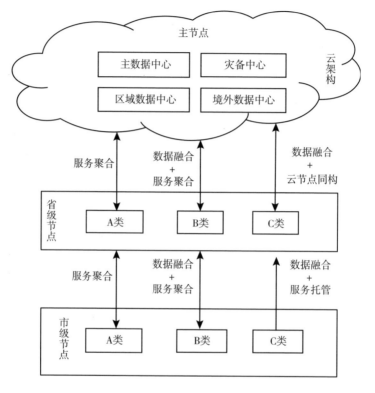

图1 节点间协同模式

务聚合。对于部分完成数据融合的节点,可以建立市级物理节点实现服务聚合,但更鼓励市级节点利用省级甚至主节点的物理环境实现服务托管。

(3)技术升级:围绕国家地理信息公共服务的规模化、产业化、国产化需求,开展自主大型地理信息公共服务平台核心软件技术研发与产品转化。自主软件初步实现网络环境下分布式、多尺度、多时相巨量地理信息在线存储、增量更新、服务发布,支持分布式资源动态调配、多数据中心联网协同、基于国产硬件及网络设备的高效运行;基本实现服务驱动的在线动态地图制图与自适应可视化、海量信息快速搜索定位,支持在线时空统计分析与推理、网络关联地理信息大数据实时聚集;集成或研发多源综合地理数据快速处理系统,实现多源多传感器海量综合信息快速集成与融合、多维空间信息一体化组织管理、一致性维护、快速渲染。自主软件除满足主节点使用外,还可用于支持省市节点建设及相关专业部门应用。

（4）母库建设与更新：母库是"天地图"的核心内容。母库建设是对来自主节点、省级节点、市级节点、相关企业、专业部门及其他众源的不同精度、不同模型数据源进行分析比对后，从中选取表达准确、现势性好、精度高、内容全的要素进行合并，并对合并后的结果进行几何拓扑、空间关系与逻辑一致性处理，使融合后的数据在现势性、准确性、丰富性等方面达到最优。至 2020 年，母库数据覆盖主节点、31 个省级节点、不少于 100 个市级节点和导航企业、不少于 10 个国家部委的数据资源，实现重要核心要素每年一次更新、部分要素根据众源信息动态更新。

（5）多样化服务产品：基于母库数据，分类加工形成满足政务、专业、产业、公众不同需求的数据产品，支持分类细化多样性在线服务。核心资源产品包括地理信息资源目录门户、在线资源共享服务功能等；核心数据产品包括涉密版、政务版、公众版电子地图、地理实体、地名地址（含 POI）等，以标准服务方式提供；核心功能产品包括地名搜索定位、地图操作、路径规划、统计分析等；核心终端产品包括 WEB 端、移动端产品等。

（6）运行维护：日常运行维护由各级节点建设单位负责，包括对数据进行持续更新、补充与完善，对服务系统进行不断升级、拓展，对网站功能、服务内容与质量、计算机与网络、安全系统等进行每日巡检、报警处理、故障分析、综合统计、日志记录与管理等例行工作，进行数据资源备份、用户交互及反馈意见回应、网站及服务接口应用技术支持等。"天地图"的运营，首先要坚持公益性原则，以地理信息资源开发利用为主线，以提高公共服务水平为目的，面向政府部门、企事业单位、社会公众，做好公益性保障服务。在此基础上，采取灵活多样的市场机制开展商业化增值服务，实现赢利，并利用赢利反哺公益性服务。

三 数据体系与在线服务软件体系

（一）数据体系

"天地图"数据体系由数据库、数据库管理系统、数据生产管理与质量控制系统、数据生产工具构成（见图 2）。

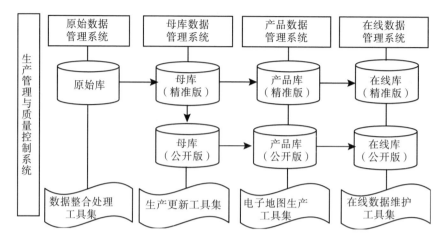

图2　数据体系构成

其中数据库包括原始库、母库、产品库和在线库，原始库存储和管理多来源数据，母库存储和管理基于原始库加工处理形成、用于产品制作且需要长期更新维护的数据，产品库是基于母库生产的可用于在线服务的数据产品，在线库是产品库最新内容在线环境下的拷贝。母库、产品库、在线库依据数据内容和精度分为精准版和公开版，精准版包含内容最全、精度最高的数据，公开版是在精准版基础上按相关要求经保密处理形成的可公开使用的数据。

围绕四个数据库，建立相应的数据库管理系统，研发生产管理与质量控制系统，以及不同数据生产环节所需的工具集。

（二）在线服务软件系统

包括在线数据管理系统、服务发布系统、服务管理与用户管理系统、服务接口与 API、门户网站系统等（见图3）。

在线数据管理系统包括瓦片数据、搜索数据、路径规划数据、矢量数据（地理实体数据）、栅格数据、模型数据的存储与管理。不同类型的数据采用不同的存储环境与管理机制。

服务发布系统基于在线数据管理，响应网络发出的调用指令，发布各类标准服务，如地理信息浏览、数据存取、数据分析等。

服务管理与用户管理系统实现对服务的发现、状态监测、质量评价、运行

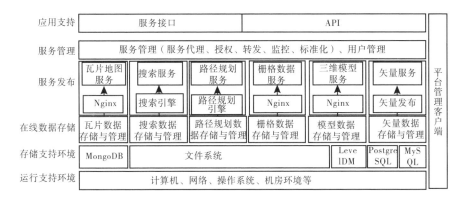

图3 在线服务核心软件构成

情况统计、服务代理等。服务管理系统需与用户管理系统进行集成。用户管理系统实现注册用户信息的存储与管理，主要包括用户注册、单点登陆、用户认证、用户授权、用户活动审计、用户活动日志，以及用户使用服务情况统计分析、使用计费等功能。

服务接口与API提供调用"天地图"各类服务的浏览器端二次开发接口与控件，实现对各类服务资源和功能的调用。

门户网站提供地理信息在线应用服务，以及服务注册、服务查询、用户注册、用户登陆等，并允许用户将符合标准接口的自定义服务或第三方服务与"天地图"服务进行叠加。

同时，重点针对Android操作系统的智能手机（专业部门及普通公众的空间搜索定位、路径规划、信息挂接等）、平板电脑（外业调查、标绘等）研发快速地图渲染、搜索、导航、热点信息关联、离线数据包切分与编译，以及基于多点触屏与体感识别的人机交互等功能。

四 协同建设与运行维护机制

（一）建设机制

"天地图"的建设与应用工作由国家测绘地理信息局领导，由国家基础地理信息中心负责组织实施，省市测绘地理信息主管部门、相关企业和科研单位

共同参与。

国家测绘地理信息局成立"天地图"建设工作领导小组，由局长担任领导小组组长，分管副局长担任副组长，负责顶层设计、项目规划、经费安排、推广应用、保障服务、管理制度等重大事项的协调和决策。领导小组下设办公室，设在地理信息与地图司，主要负责领导小组日常工作，地理信息与地图司主要负责人担任办公室主任。

国家测绘地理信息局在基础测绘项目和财政专项补助经费中对"天地图"主节点建设给予支持，确保每年一定额度的基本经费，重点支持主节点的运行维护和公益性保障服务。

各级测绘地理信息行政主管部门也成立相应的组织机构，落实"天地图"省市节点建设与应用经费渠道和保障机制，重点支持本地区省市级节点公益性保障服务。

（二）数据共享机制

为应对"天地图"深入应用需求，国家测绘地理信息局大力推进各级节点间的数据融合，将各级节点的协同服务方式逐渐由基于统一标准的服务聚合发展为基于节点间数据融合的统一服务。融合后数据在双方之间共享，用于提供本地"天地图"免费公益性服务，数据原版权保持不变。通过数据融合，实现了各级节点数据资源的优势互补，使融合后的"天地图"数据在现势性、准确性、丰富性等方面达到最优，有效提升了整体数据质量与深度应用支撑能力。

同时，推动各级政府部门和专业部门利用"天地图"共享和发布公共地理信息数据和相关社会经济数据，并基于"天地图"开发各类专题应用，使"天地图"成为聚合各类空间信息的"大数据中心"和"互联网＋测绘地理信息"的重要载体，进一步推进"天地图"成为"国家战略性信息基础平台"。

参考文献

［1］国家测绘地理信息局：《国家地理信息公共服务平台专项规划（2009～2015）》，

2009 年 1 月。

[2] 国家测绘地理信息局：《国家地理信息公共服务平台技术指南》，2009 年 3 月。

[3] 国家测绘地理信息局：《关于认真学习贯彻李克强总理在中国测绘创新基地考察调研时重要讲话精神的通知（国测办发〔2011〕1 号）》，2011 年 6 月。

[4] 国家测绘地理信息局：《关于印发天地图公益性保障服务能力建设方案的通知（国测信发〔2014〕6 号）》，2014 年 10 月。

[5] 国家测绘地理信息局：《关于印发天地图 2015 年总体工作方案的通知（国测办发〔2015〕7 号）》，2015 年 2 月。

B.15

卫星测绘应用体系建设进展

王权　高小明　朱广彬*

摘　要：　本文分析了测绘地理信息事业发展对卫星测绘应用的需求，阐述了资源三号卫星应用系统建设进展，并提出了构建光学立体测图卫星、干涉雷达测量卫星、激光测高卫星和重力卫星等多类型、全方位、协调发展的卫星测绘应用体系的建设构想。

关键词：　卫星测绘应用体系　资源三号卫星　干涉雷达测量卫星　激光测高卫星　重力卫星

一　引言

党的十八大以来，我国经济发展进入新常态。当前，正处在全面建成小康社会的决定性阶段和全面深化改革的攻坚期，经济社会各领域对测绘地理信息保障服务提出了新的更高要求。

为了更好地服务于国家经济发展新常态，满足经济社会各领域对测绘地理信息保障服务的需求，国家测绘地理信息局深入贯彻落实党的十八大和十八届三中、四中全会及中央经济工作会议精神，以习近平总书记系列重要讲话精神为指导，进一步贯彻落实了李克强总理、张高丽副总理对测绘地理信息工作的重要指示精神，按照"加强基础测绘，监测地理国情，强化公共服务，壮大地信产业，维护国家安全，建设测绘强国"的发展战略，大力加强新型基础

---

* 王权，国家测绘地理信息局卫星测绘应用中心主任；高小明、朱广彬，国家测绘地理信息局卫星测绘应用中心。

测绘能力建设，不断推进基础测绘的转型升级。

卫星测绘应用体系是基础地理信息获取立体化、实时化的重要支撑和新型基础测绘"新"技术手段。经过五年多的建设，卫星测绘应用体系已取得了长足的进步，除应用于基础测绘领域外，也在国土、地矿、水利、林业等领域得到了非常广泛的应用，并成为《全国基础测绘中长期规划纲要（2015～2030年)》的主要任务之一。

二 卫星测绘应用体系建设需求分析

传统测绘是对自然地理要素或者地表人工设施的形状、大小、空间位置（经度、纬度、高程）及其属性等进行测定、采集、表述以及对获取的数据、信息、成果进行处理和提供的活动。

回顾几十年取得的成绩，测绘已完成了包括坐标系、高程基准、重力基准等基准体系建设，形成了完善的标准体系、组织体系、技术体系和数据集，可对地表自然和人工要素的位置、大小等几何信息以及相互关系进行准确、及时的测量、处理、存储、管理和分发服务，已为国防建设、经济社会发展提供了保障服务。全行业实现了从模拟生产到数字化生产的转变，正在向信息化阶段发展。

随着国家经济的快速发展和技术的进步，经济社会各领域对测绘工作提出了更高的要求，作为新型基础测绘"新"技术手段之一的卫星测绘应用体系建设和发展恰逢其时，机遇十分难得。

一是新型基础测绘对卫星测绘的需求。国务院批复同意的《全国基础测绘中长期规划纲要（2015～2030年)》明确了2015～2030年全国基础测绘的发展目标和重点任务。卫星测绘是新型基础测绘转型业务开展全球测绘、应急测绘和地理国情监测的主要技术手段。规划要求要面向新型基础测绘体系，形成卫星、地面应用系统和测绘地理信息生产服务技术体系相互衔接的卫星测绘应用链条，建立与卫星遥感、卫星定位等多种手段互为补充的业务运行体系，提高卫星测绘应用能力，为全面建成小康社会提供测绘地理信息服务保障。

二是地理国情监测对卫星测绘的需求。地理国情监测是测绘地理信息的转型和重要方向，高分辨率遥感影像可为地理国情监测提供数据支持，有利于进行精细化、定量化、空间化的监测与信息统计分析。根据地理国情监测要求，充分利用现代测绘技术和空间数据快速获取手段，加快建立基础地理信息动态更新机制，不断提高基础地理信息的现势性，推进涵盖主要地理国情要素的基础地理信息数据库建设与更新的要求，加快推进卫星测绘应用体系建设，使多种类型的遥感卫星数据进入地理国情监测的主业务流程，促进在地理国情监测等综合应用中的规模化应用，为地理国情监测提供有力的数据支撑。

三是地理信息产业对卫星测绘的需求。《国务院办公厅关于促进地理信息产业发展的意见》（国办发〔2014〕2号）指出，"发展地理信息产业是实现科学发展的重要支撑，是维护国家安全的重要保证，是加快转变经济发展方式的重要手段，是保障和改善民生的重要内容。……需要提升遥感数据获取和处理能力，发展测绘应用卫星、高中空航摄飞机、低空无人机、地面遥感等遥感系统，加快建设航空航天对地观测数据获取设施，形成光学、雷达、激光等遥感数据获取体系，显著提高遥感数据获取水平"。国务院已经批复的《国家地理信息产业发展规划（2014~2020年）》指出，"要加快产业发展基础设施建设，按照全天候、全天时、多数据源、高分辨率的应用要求，加快我国卫星遥感基础设施建设，尤其是光学立体测图卫星、干涉雷达卫星、激光测高卫星等的建设"。"提升遥感数据获取和处理能力，发展测绘应用卫星，加强遥感数据处理技术研发，进一步提高数据处理、分析能力"是地理信息产业发展的基本支撑。

四是相关行业应用对卫星测绘的需求。党的十八届三中、四中全会提出，紧紧围绕建设美丽中国、深化生态文明体制改革，加快建立生态文明制度，健全国土空间开发、资源节约利用、生态环境保护的体制机制，推动形成人与自然和谐发展的现代化建设新格局。建设生态文明，必须建立系统完整的生态文明制度体系，用制度保护生态环境。要健全自然资源资产产权制度和用途管制制度，划定生态保护红线，实行资源有偿使用制度和生态补偿制度，改革生态环境保护管理体制。卫星测绘应用体系能够持续提供高质量、高时效性的高分辨率卫星数据，为防灾减灾、农林水利、生态环境、城市规划与建设、交通、国家重大工程等领域的应用提供服务。

五是全球地理空间信息获取和服务对卫星测绘的需求。在世界经济全球化发展趋势下，特别是十八大报告也指出，全面提高开放型经济水平，适应经济全球化新形势，实行更加积极主动的开放战略，完善互利共赢、多元平衡、安全高效的开放型经济体系。明确提出"丝绸之路经济带"和"21世纪海上丝绸之路"的战略倡议，正式将"一带一路"提升为国家发展战略。"一带一路"涉及我国周边60多个国家和地区，卫星遥感技术不受地域限制，能够连续动态观测，直接快速获得全球基础地理信息资源，能为着力推进"一带一路"重大国家战略，进一步优化经济发展空间格局，加强国际国内区域开放合作，从全球尺度进行资源战略决策提供有力的技术支持。

六是应急测绘保障对卫星测绘的需求。"承担组织提供测绘公共服务和应急保障的责任"是国家赋予测绘的重要职能，要求快速、系统获取受灾区域最新基础地理信息，为应急工作提供测绘保障服务，加强对自然灾害和公共突发事件多发地区的监测工作，深度参与孕灾环境研究、灾害损失评估和灾后恢复重建规划等测绘保障工作。应对突发自然灾害、事故灾难、公共卫生事件、社会安全事件等突发公共事件，实时提供事前地理信息服务和准实时事后测绘服务，需要利用卫星遥感实现全天时和全天候测绘能力，快速测绘制事发区域正射影像图，建立事发区域应急响应数据库。

由此可见，未来测绘范围、内容和形式需要也正在发生转变：一是测绘范围由陆地国土向海洋和全球转变，二是测绘内容由主要测定自然与人文要素的静态几何位置向地理和地球物理动态信息转变，三是测绘形式由测绘向监测转变。测绘工作正在从静态几何观测时代迈向动态地理和地球物理监测的新时代。

具体而言，与传统测绘相比，新时期测绘工作或新型基础测绘不仅是范围和更新率"量"的扩张，而且也是由静态到动态、由几何到物理的"质"的跨越。测绘要素在测定自然和人工要素几何位置的基础上，需要对其"状态"（如农作物、草地、森林的长势和蓄积量，水系的水量和水质，海平面变化，地壳形变，地表潮汐变化等）及其变化趋势进行监测。测绘信息获取对区域、尺度、周期和时相提出更为严格的要求。图1以植被分析为例，显示了新时期测绘的特点。

据此，构建具备全球覆盖、全天候获取能力，针对全球地表自然和人工要素几何、地理和地球物理信息获取能力的卫星测绘应用体系是新时期测绘地理信息工作的必然选择，也是新型基础测绘地理信息工作的重要内容之一。表1分析了测绘卫星在测绘工作中所能够发挥的作用。

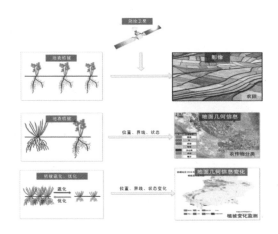

图1　新时期测绘工作"质"的变化示意（以植被为例）

表1　测绘工作内容以及测绘卫星观测对象

测绘对象	信息分类	空间对象	对象表征	成果形式	空间测量方式和手段					基础测绘	新型基础测绘
					光学卫星	激光测高卫星	干涉雷达卫星	导航卫星	重力卫星		
地球系统	几何信息	地形	形状	扁率	√	√	√	√	√	√	√
			大小	长半轴	√	√	√	√	√	√	√
			水准面差距	N	—	—	—	√	√	√	√
		地貌	高程	H	√	√	√	√	—	√	√
		地物	自然地物	位置	√	√	√	√	—	√	√
				界限	√	√	√	—	—	√	√
				属性	—	—	—	—	—	√	√
				状态	√	√	√	√	—	—	√
			人工地物	位置	√	√	√	√	—	√	√
				界限	√	√	√	—	—	√	√
				属性	—	—	—	—	—	√	√
				状态	√	√	√	√	—	—	√
	物理信息	地球物理	地壳形变				√	√		√	√
			板块运动				—	√		√	√
			潮汐变化				—	—	√	√	√
			自转变化		—	√	—	—	√	√	√
			重力变化		—	—	—	—	√	√	√

注："—"表示不适用的范围，"√"表示适用的范围。

三 资源三号卫星应用系统建设进展

（一）资源三号卫星工程组成

2008 年 3 月，资源三号卫星工程获批立项。资源三号卫星工程包括卫星系统、运载火箭系统、发射场系统、测控系统、地面系统以及应用系统六大系统建设（见图 2）。作为资源三号卫星主用户，国家测绘地理信息局负责资源三号卫星应用系统的建设，其任务是建设一个业务化运行的卫星应用系统，长期、稳定、高效地将高分辨率卫星影像转化为高质量的基础地理信息产品，形成基于资源三号卫星影像的基础地理信息生产与更新的技术应用体系。

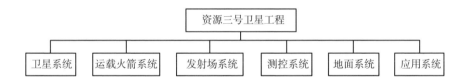

图 2　资源三号卫星工程组成

（二）资源三号卫星应用系统组成

根据卫星测绘业务发展需要，资源三号卫星应用系统建设的主要内容包括资源三号卫星业务应用系统建设、计算机业务支撑平台建设、土建及配套工程建设三大部分（见图 3）。

图 3　资源三号卫星应用系统组成

资源三号卫星业务应用系统建设包括：业务运行管理分系统、影像分析与地面检校分系统、影像处理与应用分系统、立体测图产品生产分系统、数据管理分系统、数据分发服务分系统、产品质量监督与评价分系统和国土资源应用分系统（见图 4）。

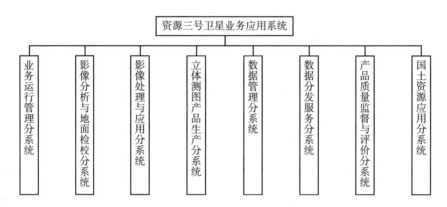

图 4　资源三号卫星业务应用系统组成

计算机业务支撑平台建设包括网络设备、计算机设备、存储设备、安全设备、系统软件等资源与运行环境（见图 5）。

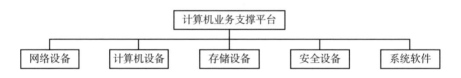

图 5　资源三号卫星计算机业务支撑平台组成

土建及配套工程建设包括购置已有办公大楼、大楼装修改造以及异地备份中心机房建设。

（三）资源三号卫星应用系统建设

资源三号应用系统建设前后历经约五年时间，卫星测绘应用中心从项目建议书开始，依次完成了项目可行性研究报告、初步设计、总集成和监理单位招标、实施方案设计、基本系统建设、业务系统研制、分项合同验收、系统集成测试、系统上线运行等 10 个主要阶段的研制和建设任务，构建了比较完整的资源三号卫星测绘应用系统。

资源三号卫星应用系统建立了业务化运行的卫星测绘应用系统，实现了与卫星能力相适应的三线阵立体影像和多光谱影像处理能力、1：5万测绘产品生产能力、1：2.5万以及更大比例尺地图修测和更新能力。同时，中心充分发挥了卫星效益，最大限度地满足了各行业和部门对卫星影像的应用需求，为我国的信息安全提供了保障，推动了地理信息产业的发展和航天遥感技术的广泛应用。

（四）资源三号卫星影像获取

截至2015年6月30日，资源三号测绘卫星已在轨稳定运行了1272日，存档卫星影像数据达79万余景，接收原始数据量达800TB。卫星影像覆盖面积超1亿平方公里，其中全球有效覆盖面积接近6000万平方公里，影像数据覆盖了全球的160多个国家和地区（见图6）。其中：中国地区有效数据覆盖面积约930万平方公里（见图7），且连续3年，中国地区数据年度覆盖率达90%以上；南美、澳大利亚、中亚、西亚等国家和地区实现了达70%的覆盖率。

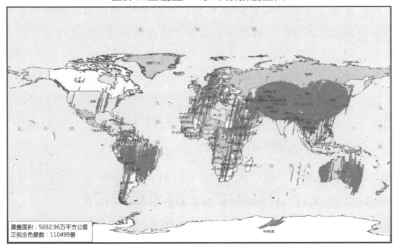

世界云量覆盖20%以下数据覆盖图

覆盖面积：5692.96万平方公里
正视全色景数：110499景

图6　覆盖全球的资源三号影像有效数据

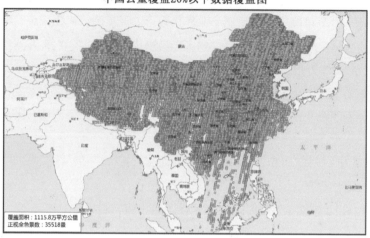

图7　覆盖我国的资源三号影像有效数据

（五）资源三号卫星影像应用

卫星测绘应用中心积极拓展应用服务领域，提升应用服务水平。在应用服务中，以服务国家重大测绘工程、省级测绘生产、重点行业应用、国际合作及应急救灾等五个方面为核心，全面推动资源三号卫星数据与应用服务工作深入开展。有效保障了地理国情普查、全国1∶5万基础地理信息数据库更新、天地图平台等国家重大测绘工程建设，实现了业务化规模化应用。三年多来，已累计向全国测绘、国土、地矿、水利、林业等1100多家单位提供了影像14万余景、总数据量达120TB，卫星影像数据产品覆盖面积累计超过13000万平方公里。此外，资源三号卫星以其高成像质量和较低的市场价格引起了国外有关国家的关注，目前卫星测绘应用中心已经与巴西、澳大利亚、委内瑞拉等国开展了应用合作，并将继续开拓国际市场。

四　卫星测绘应用体系建设构想

（一）总体思路

在国家空间基础设施中长期规划的框架下，大力发展我国测绘卫星系列，实现光学立体测图卫星、干涉雷达测量卫星、激光测高卫星和重力卫星等多类型卫星系列全方位、并行发展、协调使用的宏伟蓝图。

（1）光学立体测图卫星。高分辨率光学立体测图卫星是基础测绘最重要的数据源。高中分辨率卫星影像不仅可以直接生产数字正射影像图，还可以用于其他基础地理信息产品的生产，如测绘地形图、建立数字高程模型等。其中，多光谱卫星影像可用于地物属性信息的采集。

（2）干涉雷达测量卫星。干涉雷达卫星可以用于数字高程模型的建立和天气恶劣条件下的地理信息数据获取，还可用于监测地壳形变以及地面沉降。

（3）激光测高卫星。激光测高卫星可以获取地面高精度的高程信息，是地表高程测量的重要数据源。激光测高卫星可以用于获取地面高精度的高程控制点、我国以及全球的冰川分布，并进行冰川变化监测等。此外，还可以用于植被生长情况监测、地表沉降监测等。

（4）重力卫星。重力卫星主要用于测定高精度的全球重力场及其随时间的变化情况，利用重力卫星测量数据可以精确求定大地水准面，建立和维护高精度的高程基准。

上述四类卫星各有侧重，能够基本满足新型基础测绘和地理信息产业对全球不同分辨率地理空间环境进行全天候、全天时以及快速响应的成像要求，获取连续、稳定、全面的观测数据，实现全球测绘、专题测绘、精细测绘和快速测绘的数据获取能力。为新型基础测绘和地理信息产业发展提供全面、持续稳定、高质量的数据源。支撑测绘地理信息行业技术进步，促进地理信息产业发展，加快推进测绘地理信息事业转型升级。

（二）重点任务

1. 光学卫星测绘技术体系

开展 1∶10000、1∶2000 光学卫星天地一体化总体设计，研究高精度光学相机辐射响应建模技术，建立光学测绘卫星辐射几何一体化的仿真平台。开展卫星产品体系研究，研制从原始影像到测绘产品的全流程数据处理系统。

2. 几何辐射一体化检校技术体系

开展卫星影像几何学理论和技术研究。对卫星平台和载荷的几何关系进行分析建模，建立航天影像的严密几何模型。探讨地面几何检校场的优化设计方法，研制卫星成像系统在轨几何检校的实用技术。研究光学卫星影像辐射质量评价指标，进行辐射质量与信息容量的相关性分析，开展辐射质量与测量精度的关联性评价。

3. 干涉雷达测量卫星测绘关键技术

建立干涉雷达测量卫星指标论证及仿真系统，完成干涉雷达测量卫星的指标论证，形成干涉全链路的误差仿真分析，突破国产 SAR 卫星无法形成干涉的现状。研发干涉雷达测量数据处理平台，实现高精度高效率影像配准、模拟、解缠以及地理编码等关键技术，形成大规模高精度 InSAR 地形测绘业务能力，同步进行 DInSAR 地表形变监测技术研究，开发地表形变监测能力。

4. 激光测高卫星测绘关键技术

建立激光测高卫星指标论证及仿真系统，完成激光测高卫星的指标论证，开展激光测高卫星全链路仿真研究，重点突破国产激光测高卫星严密几何模型构建、高精度几何检校、大光斑激光与光学影像配准、激光足印内地形信息精细化反演等关键技术。

5. 重力卫星测量关键技术

针对高精度测绘、地震监测与中长期预报、资源勘探、全球变化等应用领域的高精度高分辨率地球重力场需求进行分析论证，开展星上数据处理、地面预处理、数据分析及科学应用等阶段的关键技术研究，进行卫星重力梯度重力场模型的解算。

6. 遥感大数据管理平台

面向 PB 级高分辨率立体测绘卫星影像管理的综合能力建设，开展卫星测绘产品数据的管理与应用研发，突破 PB 级影像管理的吞吐能力，构建立体影像一体化管理与快速检索技术，形成 PB 级立体影像管理平台，为卫星测绘数据产品生产与应用服务各环节提供数据服务保障。

7. 影像解译和变化发现

以国内外高分辨率遥感影像为主体，通过全要素信息遥感影像解译样本、光谱及特征信息、遥感影像信息提取规则构建技术研究，构建遥感影像解译样本及专家知识数据库。研究遥感影像多尺度多信息分割技术、遥感影像特征计算及统计分析、遥感影像信息自动解译分类信息提取等关键技术，研制遥感影像智能解译及信息提取系统。

（三）保障措施

1. 制定测绘卫星发展规划，形成相应的保障条件

研究符合卫星测绘应用的长期发展战略，制定切实可行的测绘卫星应用的发展计划，在充分论证测绘卫星发展必要性的基础上，分析测绘卫星的投入和产出效益，理清投资渠道。保障测绘卫星的前期预研、业务化发展以及科研创新能力，逐渐把测绘卫星系列建成我国高水平的空间信息基础设施，成为我国重要的战略信息资源。

2. 加强科技创新，赶超世界先进水平

及时开展卫星测绘的前瞻性研究，大力加强关键技术的预研，包括新型光学传感器、星地一体化几何检校、雷达干涉测量以及足印激光雷达测量等方面的技术创新，强化测绘卫星知识产权保护与科技成果转化，使我国测绘卫星的能力尽快赶上并在部分领域超越世界先进水平。

3. 大力开拓测绘卫星应用市场，推进测绘卫星产业化

要加强测绘卫星的应用，在深化测绘卫星在国土、生态、环境等传统领域应用的同时，拓宽测绘卫星在其他应用领域的应用。加强测绘卫星产品的应用和市场化服务，尽力满足地理信息产业发展对卫星测绘的需求，增强产品服务转化能力，发挥测绘卫星的最大效益，基本形成测绘卫星的产业化服务体系。

4. 加强国际合作，参与国际竞争

要在满足国内应用需求的基础上，大力开拓测绘卫星的国际市场，积极制定并实施灵活的营销策略，利用各种渠道宣传我国的测绘卫星，生产和销售国内外影像产品，参与国际地理信息的市场竞争。利用我国建立卫星地面接收站和应用服务系统等有利条件，推广我国的测绘卫星产品，争取在国际遥感和地理信息应用市场中占有一席之地。要加强测绘卫星的国际合作研究，积极拓展卫星星地一体化检校、立体影像的国际应用。

5. 加强卫星测绘人才队伍建设

要加强科研团队建设，形成由院士、学术带头人和固定研究人员及流动研究人员组成的卫星测绘技术科研梯队。积极引进国内外优秀人才，为他们提供相应的科研条件和后勤保障，鼓励开展卫星测绘核心技术攻关。通过加强与国内测绘类高校、各地方测绘机构的合作，建立健全多学科、高层次的测绘卫星

人才培养体系。积极开展国内外学术交流和合作，邀请国际知名专家进行项目合作、讲学、担任兼职教授等。通过大力推进卫星测绘人才队伍建设，更好地促进我国卫星测绘事业的可持续发展。

五　结束语

近年来，测绘地理信息工作快速发展，第一次全国地理国情普查工作进展顺利，基础测绘建设成果丰硕，数字城市建设全面展开，智慧城市建设试点积极推进，测绘公共服务广泛深入，地理信息产业发展环境不断向好，为发展卫星测绘应用体系提供了前所未有的机遇。卫星测绘应用体系的建立，必将逐步丰富和完善我国空间数据基础设施格局，大大增强我国独立获取地理信息的能力，提升我国测绘服务保障水平，有力推动测绘地理信息事业的转型升级。

四川省应急测绘保障体系建设与实践

马　赟*

摘　要： 应急测绘保障体系建设是突发事件应急处置和防灾减灾等测绘应急工作的基础。本文从四川省应急测绘组织体系、技术体系及指挥平台几个方面入手，系统阐述了以"一库三心一系统"为核心的四川省应急测绘保障体系。在此基础上，结合四川省重大应急测绘保障实践，总结四川省应急测绘保障主要经验，并思考进一步提升应急测绘保障能力的举措。

关键词： 测绘地理信息　应急保障　防灾减灾

20世纪90年代以来，伴随着经济发展和社会转型，我国进入突发公共事件高发期，在考验政府执政能力的同时，更考验着各级测绘地理信息部门的应急保障能力，也对测绘地理信息提出了现实而紧迫的需求。我国是世界上自然灾害十分严重的国家之一，在处置自然灾害等突发事件中，测绘地理信息已成为不可缺少、不可替代的重要资源。快速获取灾后第一时间测绘地理信息，为各级政府部门和救援机构开展应急决策、救援处置、灾情评估等工作提供及时、准确、可靠的测绘地理信息保障服务，既是国家赋予测绘地理信息部门的职责，也是测绘地理信息部门应当履行的义务。

四川地跨我国地势的第一、二级台阶，山地丘陵广布，地形起伏悬殊，地层岩性复杂，属断裂构造发育地区，气候复杂多变，地震、地质灾害等自然灾害频发。近年来特别是"5·12"汶川特大地震后，四川测绘地理信息局（以

---

* 马赟，四川测绘地理信息局局长、党组书记，高级会计师、注册会计师。

下简称"四川局")认真履行保障服务职能职责，全力开展应急测绘保障工作，构建起了以"一库三心一系统"为核心的应急测绘保障体系，实现了"天地一体、机动灵活、互联互通"的目标。

一 应急测绘保障体系研究与建设现状

应急测绘是有效应对突发事件的重要手段和基础性工作，越来越得到各国政府的高度重视。美国建立了以联邦危机管理局为中心的应急管理体系，信息分析与基础设施保护是其四个基本分支之一，其中地理信息是建立强大实时信息沟通网络和信息分析机制的关键，地区信息交换系统将各个部门和地区整合起来，支持电子地图和互动工具，在此基础上各相关地区和部门提供实时不分类基础信息的传递服务，通过信息加工分类，提供基于各种时间段、空间地区和主题的预警、处置方案和分析报告。日本是自然灾害频发的国家，地理信息在日本应急信息化建设中发挥了基础性作用，并通过应用各种先进的信息通信技术将灾后获取的地理信息进行实时传输，为应急救援和灾情评估提供空间信息支持。联邦公民保护与灾难救援署（BBK）设立的"德国共同报告和形势中心"开发了德国紧急预防信息系统，地理信息系统是该系统建设的一个重要方面，使BBK拥有了能够持续不断覆盖全国的民事安全形势图，一旦有突发重大事件，便可以迅速识别并及时应对。

我国国家测绘地理信息局构建了国家应急测绘体系和工作机制，完善了测绘应急保障相应的法律法规。2012年6月，国务院办公厅印发的《国家航空应急救援体系建设"十二五"规划》明确指出，应急测绘为我国航空应急救援体系中5支专业力量之一，按照2小时350千米的飞行半径，航空应急救援范围覆盖我国80%以上的陆地国土和沿海各重点海域。2015年6月，国务院批复了《全国基础测绘中长期规划纲要（2015~2030年)》，明确了应急测绘保障是全国基础测绘中长期规划的主要任务之一。在经历了2008年"5·12"汶川特大地震、2010年"4·14"玉树强烈地震、2010年"8·7"舟曲特大山洪泥石流、2013年四川芦山"4·20"强烈地震等重大自然灾害后，随着应急测绘工作的开展和深入，应急测绘保障体系日趋完善，应急测绘保障能力大幅提升，在突发事件应急处置和防灾减灾工作中的作用日益凸显。

应急测绘与常规测绘相比，在数据获取、处理、服务等方面存在巨大差异，特别是四川地形地貌、气候条件异常复杂，数据获取特别困难，如何快速获取灾情信息成为应急测绘的关键问题。应急测绘着重解决四个方面的突出问题：①应急测绘指挥缺乏机制、体制和信息化手段支撑，各部门应急资源和信息没有实现交换共享；②灾害使测绘基准遭到破坏时，短时间内无法恢复；③数据快速获取、处理、传输的技术无法满足应急测绘保障需求，尤其是在地形地貌复杂、多云雾区域；④基础地理信息资源储备不充分，应急海量数据整合时间长，灾情信息提取、评估、发布信息化程度不高。

由上述分析可知，突发事件的实时监测、预测预警、应急救援、灾情评估与灾后重建迫切需要进一步加强地理信息资源储备、应急指挥，提高灾情信息快速获取、高效处理、实时传输、综合集成、网络服务能力，完善各部门应急信息资源交换共享机制，构建"天—空—地"一体、"国家—省—地方—现场"协同、高适应性、高机动性、快速服务的应急测绘保障体系。由于我国突发事件管理的属地化原则，省级应急测绘保障体系在应急测绘工作中起着骨干作用，亟须加大力度开展体系研究与建设。尤其是四川省自然灾害十分严重，突发事件应急处置与防灾减灾工作形势十分严峻，政府、公众对应急测绘保障服务提出新的更高要求。

二　四川省应急测绘保障体系

四川测绘地理信息局充分发挥测绘地理信息在突发事件应急处置和防灾减灾工作中的重要作用，明确了灾情侦查、灾害调查和重建规划三大应急测绘保障核心任务，建立了以"一库三心一系统"为核心的应急测绘保障体系，着力加强组织体系、技术体系和指挥平台建设，在突发事件应急处置与防灾减灾工作中贡献突出。

（一）四川省应急测绘组织体系

应急测绘组织体系的建立和完善是一项系统工程，涵盖应急预案、应急机制、应急标准、应急队伍四个方面。四川局通过制定全国首个省级应急测绘保障预案，建立应急联动响应机制，建设专业化应急保障队伍，开展应急测绘标

准研究和建设，构建了高效的应急测绘组织体系。

1. 应急测绘预案

2008年9月，四川局在总结"5·12"汶川特大地震应急测绘保障的基础上，制定了全国首个省级应急测绘保障预案——《四川省测绘局应对重大突发事件测绘保障应急预案》。2015年，针对应急保障新要求修订了应急预案，为应急测绘工作高效、有序开展提供了制度保障。

2. 应急测绘联动响应机制

建立了应急测绘联动响应机制，实现了国家、省、市应急测绘的纵向互通，与省应急委员会和其下属的地质灾害应急指挥部、省抗震救灾指挥部、省森林草原防火指挥部，以及省委维稳领导小组、省减灾委员会、国土资源厅、公安厅、省地震局、省军区预备役高炮师等部门的横向互通，测绘工作全面融入四川省应急工作大局。

3. 应急测绘标准规范体系

四川局组织开展了全国首套应急测绘系列标准规范研究和建设，制定了应急影像快速获取与处理、应急专题地图制作、灾害信息影像解译、应急测绘数据交换和服务管理等应急测绘技术规范，推进了应急测绘工作的规范化、标准化和程式化，显著提高了应急测绘协同保障能力。

4. 应急测绘队伍建设

四川局成立了四川省应急测绘保障工作领导小组，负责组织和协调全省应急测绘保障工作。全局设7个应急测绘保障机构，分别加挂省测绘地理信息局测绘应急保障中心、地理国情监测中心、省地理信息数据交换中心等牌子，明确了在应急测绘保障中的职责。在全国率先建成省测绘应急指挥中心，负责重大突发事件应急测绘保障工作的指挥调度。依托四川局应急保障队伍，与四川省军区预备役联合成立四川省预备役高炮师地理信息保障大队，促进军地高效融合。联合中科院成都山地所、西南交大等科研院校，建立了"应急测绘与防灾减灾工程技术研究中心"，打造四川省应急测绘保障的智库。

5. 应急测绘演练

平战结合，加强演练。积极参加贴近实战的应急演练，不断锻炼应急队伍。2012年6月，四川局开展了全国首次防汛减灾应急测绘保障综合演练；2014年7月，参加省军区组织的"天府使命—2014"预备役力量实战演习；

2014 年 5 月和 2015 年 5 月连续两年参加省政府组织的省级年度防震减灾应急综合演练。通过一系列演练，有效提升了队伍协同开展应急测绘保障的能力。

（二）四川省应急测绘技术体系

围绕应急测绘"快速响应"的根本需求，四川局从应急数据储备、应急基础设施、应急关键支撑技术等方面深入开展研究和建设，形成了系统化、高度集成的应急测绘技术体系。

1. 应急数据储备

（1）基础库。实现了全省 1∶50000 基础地理信息数据全覆盖，重要要素实现年度更新；1∶10000 基础地理信息数据覆盖率达到 65%；高分辨率遥感影像每年至少覆盖一次；地理国情普查数据采集已全面完成。

（2）平台库。开通了"天地图·四川"省级节点，基本建成了 21 市（州）数字城市并向智慧城市升级，搭建了覆盖全省的四川省地理信息公共服务平台。

（3）地质灾害防治高精度数据库。在龙门山、鲜水河、安宁河三大地震断裂带等重点区域开展 1∶2000 地质灾害大比例尺测图 2000 平方公里，采集重要地质灾害点信息，并集成国土部门专题数据，建成了省级地质灾害防治高精度数据库。

2. 应急基础设施

（1）空间定位基准设施。建成了全国最大规模的省级北斗地基增强系统，建设完成全省 100 座兼容北斗/GPS/GLONASS 的连续运行基准站，建立了"四川省北斗导航高精度基础数据中心"，为应急处置及防灾减灾提供高精度的实时导航与位置服务。

（2）应急网络通信基础设施。通过建立专网，实现与国家测绘地理信息局、省政府应急指挥中心及相关省级部门的联动和协同，实现应急状态下测绘地理信息与应急专题信息的快速集成与交换共享。

3. 应急关键技术

（1）应急测绘基准快速恢复技术。特大自然灾害发生后，测绘基准往往遭到破坏或损毁，导致导航与位置服务无法正常运行。四川局深入研究了应急基准快速恢复与动态维持技术，保障了应急状态下持续开展全天候、三维、实时动态、高精度的空间定位服务，在汶川地震后，紧急开展灾区测绘基准恢复工作，12 小时快速恢复 1500 平方公里范围内的基准服务。灾后测绘基准快速恢复首次作为测绘基础设施灾损评估依据，有力支撑了汶川、芦山地震灾后重建工作。

（2）数据快速获取技术。为保障快速开展灾情侦查和灾害调查，四川局高效集成了无人机、大飞机、卫星、移动测量车等多种测绘技术手段及装备，构建了"天地一体、机动灵活"的数据快速获取体系。自主研发了无人机集群灾情信息获取系统，针对四川省高原、山地等复杂条件下普通低空无人机飞行困难的技术瓶颈，将飞行高度从海拔 3000 米提升到海拔 5500 米；通过通讯频率差异化配置，实现了同一区域无人机多架次并行航摄，大幅提升了应急状态下的空域资源利用率和成果提供使用速度。新集成建设的无人直升机获取系统具备续航时间长、载荷大、高原适应性强、数据处理传输效率高等特点，显著提升了灾后影像获取能力。

（3）遥感影像数据快速处理技术。主要包括卫星影像快速纠正、航空影像的快速纠正与拼接等技术。四川局研发了无人机影像快拼系统，通过改进影像处理工艺流程，采用自动化、并行处理、远程管理等技术，大幅度提高了影像处理效率，其中影像快速拼接出图效率提高 10 倍以上。

（4）灾情快速评估技术。主要包括多源遥感影像变化检测技术和基于震后单景影像的变化检测技术。四川局组织研究了基于无人机影像快速解译房屋、道路、桥梁损毁、土地灭失、地质灾害等灾损要素解译技术，形成了基于"基础库、专题库、应急库"的灾情快速评估能力。

（5）应急信息快速服务技术。主要包括应急地图快速制作与应急信息快速在线发布等技术。四川局采用基础地理信息数据与应急制图数据一体化建库技术，研发了面向应急专题的快速制图系统；研发了基于互联网灾情的地理信息变化发现系统，实现灾情地理信息快速更新；研发了自然灾害地理信息发布平台，实现灾区地理信息及时在线发布。

（三）四川省应急测绘指挥平台

应急测绘指挥平台是以现代信息通信技术、遥感技术、地理信息技术、虚拟现实技术为基础，软硬件相结合的应急测绘信息系统，具备应急测绘日常管理、风险分析、三维服务、监测预警、辅助决策、指挥调度、预案管理、应急联动与灾情评估等多方面功能。四川局为实现应急测绘指挥的科学化和信息化建立了省应急测绘指挥平台，包含应急测绘指挥调度和应急测绘辅助决策两个子系统，实现与国家测绘地理信息局、省政府应急指挥中心和省级相关部门互联互通。

1. 应急测绘指挥调度系统

利用北斗即时通信及导航技术、地理信息技术等，研发了应急测绘指挥调度系统，实现应急测绘资源注册、调度、监控及应急测绘任务下达、反馈和监控等功能，使应急指挥调度工作有方案、有记录、有条理，促进了应急测绘工作程序化、信息化，为实现天地一体，国家、地方、现场协同，机动高效的应急测绘保障提供支撑。

2. 应急测绘辅助决策系统

系统集成基础地理信息数据、灾害专题数据、各类统计数据，研发了基础应用、空间分析、灾害信息展示、无人机航飞设计、应急指挥方案管理以及专题统计六个模块功能，以二、三维联动的方式为领导、管理人员和专家提供辅助决策支撑。

三　四川省重大应急测绘实践

（一）2013年芦山"4·20"强烈地震应急测绘保障

2013年4月20日，四川雅安芦山发生7.0级强烈地震。四川局快速反应，启动测绘保障应急预案和Ⅰ级应急测绘响应，全程参与、全面保障了抗震救灾和灾后重建工作。震后2小时就完成第一幅抗震救灾专用图编制，震后7小时成功获取地震灾区第一批影像并制作影像图，震后17小时建成地震地理信息发布平台，为各级抗震救灾指挥部、参与抗震救灾的武警、解放军以及专业救援队伍等提供了大量的应急测绘保障成果服务和技术支撑。测绘保障工作贯穿抢险救援、过渡安置、损失评估、灾后重建各个阶段，发挥了不可替代的先行保障作用。

据统计，在抗震救灾期间，组织无人机获取地震灾区高分辨率无人机影像222.5平方公里，第一时间实现了地震核心灾区高分辨率影像全覆盖；编制各类专题图107种，印刷分发26000余份；采集三维可量测实景影像101公里；判读影像3177平方公里，解译发布地质灾害隐患1901处；提供各类纸质地图1007张，各类地理信息数据1.27TB。这些地理信息数据和资料及时提供给了各级政府、抗震救灾机构、社会公众，在抗震救灾中发挥重要作用。

四川局参与了灾后重建总体规划、防灾减灾和地质灾害防治专项规划编制，为灾区资源环境承载力评价提供测绘地理信息支撑。累计完成了1：500～1：2000规划专用地形图测绘323.6平方公里，为各级部门开展住房、基础设施、生态等重建规划提供了基础性、先行性保障。

（二）2013年"6·18"以来洪灾分析评估应急测绘保障

2013年6月18日开始，四川省多地多次遭受大范围高强度降雨袭击，引发山洪、泥石流等灾害，给人民群众生命财产造成重大损失，社会经济和生态环境遭受重创。

四川局按照省政府的要求，全力开展应急测绘保障工作，7天时间就完成2.1万平方公里影像数据获取、处理工作，并会同民政厅、国土资源厅、住房与城乡建设厅、交通运输厅、水利厅、省气象局、成都山地灾害与环境研究所、成都理工大学等部门和单位的有关专家，利用灾前灾后影像数据，对"5·12"汶川特大地震灾区和"4·20"芦山强烈地震灾区重点区域的重大地质灾害、土地灭失、房屋损毁、地形地貌变化情况等进行全面解译、对比分析和会商，编制完成《"6·18"以来洪灾对地震灾区影响情况分析报告》，魏宏省长对分析报告作出批示，高度评价测绘地理信息部门分析成果的重要作用。四川局还将分析报告送省发展改革委开展灾后重建规划工作。

（三）2013年"11·22"青岛输油管线爆炸应急测绘保障

2013年11月22日，青岛市发生输油管线爆炸。四川局驻青岛的四川省第三测绘工程院项目部迅速行动、主动服务，在爆炸现场开展地下管网扫描探测，向青岛市政府提供事故发生片区综合地下管网图、管线成果表等资料，为应急抢险救援、疏散安置、防止事故扩大提供了重要的应急测绘保障。

为配合青岛市委、市政府开展全市区地下管网安全大检查工作，参与编写城市地下管网安全大检查安全规定和地下管网排查方案，并在重点区域开展地下管线排查工作。

（四）2015年"4·25"尼泊尔地震西藏灾区应急测绘保障

2015 年 4 月 25 日，尼泊尔发生 8.1 级地震，我国西藏部分地区受灾严重。按照国家测绘地理信息局的统一部署，四川局组建了援藏应急测绘分队，经河西走廊，穿越人迹罕至的可可西里，急驰昆仑山沿线，翻越海拔 5231 米的青藏分界岭唐古拉山，行程 3600 公里开展应急测绘保障。据统计，共获取了重灾区高分辨率无人机影像 311 平方公里，现场赶制应急影像专题图 16 幅，提供给西藏抗震救灾指挥部、西藏测绘局等部门。此次跨省应急保障，四川局与西藏测绘局联动响应，千里驰援，按照国家测绘地理信息局"立足四川、辐射西南"的队伍建设目标，充分发挥了四川局作为应急测绘国家队的作用。

四　经验启示与思考

（一）经验启示

经过一系列地震、地质灾害应对工作的磨砺，四川局不断实践、探索、创新，建立的以"一库三心一系统"为核心的应急测绘保障体系更加趋于成熟，应对灾情更加沉着有序，预案更加完备，救援更加科学，水平达到了新高度，呈现出五个特点：一是常态化备战，应急测绘队伍时刻保持临战状态，保证随时拉得出、用得上、发挥骨干作用；二是一体化作战，充分发挥多技术手段立体作战的整体效能，实现天地一体化服务；三是科学化指挥，依靠测绘科技优势和地理信息应急指挥平台，实现快速部署、科学调度、保障有力；四是全程化保障，服务应急救援、过渡安置、重建规划和恢复重建全过程；五是社会化服务，努力使测绘应急服务让老百姓看得见、用得着、感觉好。

"一库"是指全省地质灾害防治高精度数据库。积极争取省政府支持，将地质灾害防治大比例尺专用图测绘工作纳入"十二五"基础测绘规划，建成了全国第一个省级地质灾害防治高精度数据库。

"三心"是指应急指挥、应急保障和理论研发三个专业化中心。一是省级应急测绘指挥中心，搭建了四川省应急测绘指挥平台，平台成果整体达到国内先进水平，2014年获中国测绘科技进步一等奖和四川省科技进步二等奖；二是测绘应急保障中心，已获省委编办同意成立并授牌，主要承担灾害和突发事件现场灾情侦查、灾害调查和测绘保障任务，包括应急地理信息数据采集、更新和处理；三是"应急测绘与防灾减灾工程技术研究中心"，获国家局和省科技厅授牌，中心依托平台聚集了一流科技创新人才，开展应急测绘战略发展研究以及灾害预警与分析评估等应急技术研究，多部门协作拓展了应急测绘保障的新领域，成为四川省应急测绘保障的智库。

"一系统"是指无人机集群灾情信息获取系统。四川局研发集成的该系统，大幅提升飞行高度，实现了同一区域无人机多架次并行航摄和现场数据处理与传输，大幅提升了应急状态下的空域资源利用率和成果提供使用速度。新完成建设的无人直升机获取系统使四川应急保障能力实现了新跨越。

同时，一系列灾害应对应急测绘实战也给我们一个重要的启示，就是重大灾害发生后，灾区第一张灾后航空高分辨率影像的快速获取与及时提供，是实现科学救灾的前提，这也是对应急测绘保障体系建设提出的基本要求。

（二）几点思考

由于四川突发事件和防灾减灾形势严峻，应急测绘保障任重道远，还需要不断完善、创新、提升，更好地满足需要。

一是加大投入。建议国家局、省政府在"十三五"应急测绘保障经费、基础设施与装备建设、数据共享与交换机制等方面加大投入力度，利用机载激光雷达（LiDAR）、倾斜摄影测量等技术，加大地震重点危险区域和地质灾害易发区域地理信息储备，加快国家应急测绘保障成都分队建设，提升应急联动响应能力。

二是不断完善机制。重点是与省应急指挥部门的工作对接机制，与国土、地震等工作部门的联动响应机制，以及部门间应急数据交换共享机制和影像统筹机制，实现测绘与各部门应急专题信息的交换共享，提升多部门应急协同保障效率。

三是加强科技创新。加强数据快速获取处理、地质灾害监测预警、城市地下管线应急数据库、应急信息大数据整合与挖掘应用等技术研究，进一步提升应急测绘在灾情侦查、灾害调查与灾情监测预警、灾情评估等方面的科技创新能力。

四是打造专业化应急队伍。重点打造全国一流的应急测绘航空影像快速获取和新型多源航空航天遥感影像快速处理应急专业队伍，全面提升应急保障队伍的专业化能力和水平。

参考文献

［1］蔡竞：《地方政府应急管理论纲》，科学出版社，2011。

［2］李德仁、陈晓玲、蔡晓斌：《空间信息技术用于汶川地震救灾》，《遥感学报》2008 年第 12（6）期。

［3］闵宜仁：《发挥优势再接再厉继续推进应急测绘保障工作》，《中国测绘》2013 年第 4 期。

［4］杨升：《汶川地震对建立测绘应急保障体系的启示》，《测绘》2009 年第 32 期。

［5］李朋德：《中国应急测绘体系建设与实践》，《卫星与网络》2013 年，第 11 期。

［6］朱庆、曹振宇、林珲等：《应急测绘保障体系若干关键问题研究》，《武汉大学学报》（信息科学版）2014 年第 39（5）期。

［7］李建成、宁津生、闫利：《应急测绘技术》，《第十三届中国科协年会第 12 分会场——测绘服务灾害与应急管理学术研讨会论文集》，2011。

［8］张继贤、刘正军、刘纪平：《汶川大地震灾情综合地理信息遥感监测与信息服务系统》，《遥感学报》2008 年第 12（6）期。

B.17

大数据时代的地理信息产业发展趋势

刘利 孙威*

摘　要：　本文首先分析了地理信息产业的发展背景，指出了当前地理
信息产业发展面临的良好机遇，并指出大数据时代已经来临
及将带来的变革；然后分析了大数据时代地理信息产业市
场、技术、产业链、企业、人才等方面的发展趋势；最后从
转变思维方式、加快数据资源融合开放共享、促进技术创
新、做好安全与隐私保障以及人才培养等方面提出了大数据
时代促进地理信息产业发展的有关建议。

关键词：　大数据时代　地理信息产业　发展趋势

　　当前，我国部署了大数据战略。今后一个时期内，大数据技术及产业会迅

---

* 刘利、孙威，国家测绘地理信息局测绘发展研究中心，副研究员。

速发展，这将对地理信息产业发展带来巨大影响。研究大数据技术和产业给地理信息产业带来的变革，研究大数据时代地理信息产业的发展趋势，对于进一步促进地理信息产业发展，具有十分重要的现实意义。

一 大数据时代地理信息产业发展背景

（一）地理信息产业发展的大数据时代已经来临

从全球大数据技术的发展来看，根据高德纳咨询公司近几年的新兴技术成熟度曲线，从2011年至2014年，大数据新兴技术从萌芽期发展到过热期和低谷期，至2015年，大数据技术已经不在新兴技术成熟度曲线中，表明大数据技术已不再是"新兴"技术，而成为主流技术。

从大数据发展的战略部署来看，世界各国都十分重视大数据发展，美国、英国、日本、法国、澳大利亚等主要发达国家都部署了大数据发展战略。我国多地、多部门也在近几年相继出台了促进大数据发展的有关举措，启动了大数据有关工作。2015年8月，我国印发了《促进大数据发展行动纲要》，正式实施大数据发展战略。纲要明确了未来5~10年我国大数据发展和应用要完成的目标和主要任务，并提出了大数据领域建设的十大工程。纲要的印发，标志着我国地理信息产业发展的大数据时代已经来临。

（二）大数据时代的地理信息产业发展支撑

大数据时代，支撑我国地理信息产业发展的政策平台、技术平台、空间基础设施平台、数据平台已初步搭建，为地理信息产业今后一个时期的快速发展奠定了基础。国家"双创"战略的实施，围绕"双创"的一系列政策和举措，为地理信息企业创新创业发展提供了政策保障。互联网、物联网、云计算、大数据等众多高新技术交织发展，为地理信息技术和产业的发展提供了强劲动力。高分辨率卫星、北斗导航系统、无人机、现代测绘基准体系等空间基础设施的建设与不断完善，为地理信息产业发展提供了重要基础与条件。天地图公共服务平台、基础地理信息数据库、数字城市、智慧城市、BAT等地图服务平台等提供的地理信息服务，为地理信息产业发展提供了重要数据资源。

（三）大数据时代的突出特征及其变革

大数据时代以数据量大为重要特征，但不仅仅是数据量大。麦肯锡咨询公司指出，大数据是指其大小超出了典型数据库软件的采集、储存、管理和分析等能力的数据集。大数据除了数据量大外，其数据类型及结构复杂，多为非结构化数据，很难采用当前的数据管理、存储、处理软件和硬件体系在可接受的时间内完成处理。而且大数据的增长十分迅速，从 2007 年至 2020 年，全球数据量将增长 44 倍①，而且多媒体和移动设备产生的数据明显增多。

大数据时代以大数据技术为核心技术，但不仅仅是大数据技术。大数据技术的快速发展，离不开强大的数据采集能力、计算机存储能力、处理能力和网络传输能力，这些能力的提升都得益于互联网、移动通信、物联网和云计算等高新技术的发展和应用。因此，大数据技术的发展离不开这些技术的发展，这些技术的应用已经成为大数据的主要来源。据麦肯锡咨询机构统计，大数据多为在计算机网络或者互联网上产生和运转的数据（全球 90% 的数据是近两年产生的）。2015 年，约有 150 亿台设备联网，未来每 18 个月产生的数据量等于有史以来的数据量之和②。在大数据时代，以大数据为主的技术与其他高新技术相互交织。

大数据为这个时代带来了重大变革，开启了一次重大的时代转型，引起了生活、工作和思维的大变革。图灵奖获得者吉姆·格雷指出，大数据促使数据密集型科学从计算科学中分离出来，成为科学研究的新范式——第四范式。大数据促使人类思维发生重大变革，使人们看待和分析事物的方式发生变化，从依靠少量的数据样本进行分析转变为分析所有相关数据，从仅仅追求数据的精确性转变为更乐于接受数据的纷繁复杂，从探求事物难以捉摸的因果关系转变到对事物相关关系的探索和研究。整个商业领域都将因大数据而重新洗牌，数据可以从最不可能的地方提取出来，文字、方位、沟通，甚至世间万物都可以数据化，实现商业价值，并带来管理的变革③。

---

① 艾玛纽尔·勒图：《大数据促发展》，赛迪译丛，联合国项目报告，2012。
② 〔英〕维克托·迈尔—舍恩伯格、肯尼思·库克耶：《大数据时代》，浙江人民出版社，2013。
③ 〔英〕维克托·迈尔—舍恩伯格、肯尼思·库克耶：《大数据时代》，浙江人民出版社，2013。

二 大数据时代的地理信息产业发展趋势

（一）地理信息市场将迎来新的蓝海

在大数据时代，地理信息的价值实现方式将发生变化。当前，随着信息技术的发展，许多大型 IT 企业涉入地理信息市场，提供网络地理信息服务，其应用模式是将互联网地图作为搜索入口，提供位置和导航服务，通过位置链接其他出行、娱乐、购物、旅游、社交等有关商务信息。其商务模式是 IT 企业免费向公众提供地理信息服务，再通过游戏、广告、音乐服务等其他业务变现，地理信息通过其他商业信息间接实现价值。由于提供位置服务免费，涉入地理信息市场的企业多为实力雄厚的大型 IT 企业，公众为潜在客户。在大数据时代，各类地理大数据的集成，以及地理大数据与其他大数据的集成会更加紧密，地理大数据的数据化将直接创造商业价值，不需要通过其他业务变现，将更多的网络潜在用户直接变成客户，市场规模将迅速扩大。不管是大数据提供商和服务商，还是地理信息及技术和服务提供商都可以通过集成地理信息和其他大数据直接实现商业价值。

在大数据时代，地理大数据的数据化将产生巨大的市场价值。地理数据与其他数据不同，不仅包含拓扑、距离、方向等空间信息，还具有空间自相关性，一旦与其他大数据集成，可以揭示许多具有价值的信息。维克托·迈尔—舍恩伯格指出，"位置信息一被数据化，新的用途就犹如雨后春笋般涌现出来，而新价值也会随之不断催生"。"实时位置信息在大数据时代将越来越多地被第三方用于提供新的服务。""收集用户地理位置数据的能力已经变得极其具有价值。""通过掌握大量的位置数据，就可以根据手机用户所居住的地点和要去的地方的预测数据，为用户提供定制广告。而且，这些信息汇集起来可能会揭示事情的发展趋势。"在大数据时代，地理大数据的商业价值将迅速提升。据麦肯锡估计，在个人位置信息方面，大数据将为服务商带来超过1000 亿美元的收入，为用户带来超过 7000 亿美元的价值①。

---

① McKinsey&Company，Big Data：The Next Frontier for Innovation，Competition and Productivity，2011.

在大数据时代，地理信息市场将迅速扩大。地理大数据将融入其他众多领域的大数据中，从事地理大数据收集、管理、分析和挖掘的企业数量将不断增多。地理信息应用领域会迅速扩展，除了与空间位置直接相关的交通出行、旅游、规划等应用，与空间位置间接相关的应用，如基于空间位置的保险收费、商业选址、客户行为分析等领域，都将得到迅速扩展。目前，基于地理大数据的商业分析在发达经济体已经非常普及，宜家家居、麦当劳、星巴克等大型企业专门成立了商业地理分析团队，指导其在中国的店铺选址。基于地理大数据的各种应用层出不穷，地理信息市场将迎来新的空间。

（二）地理大数据技术创新加速

当前，地理大数据正呈现出爆发式增长趋势，主要表现在以下三个方面。一是遥感数据、轨迹数据、地图数据等各种类型的数据量都在不断增长。街景采集车每时每刻都在积累大量的离散数据流，不同分辨率的卫星与航摄装备不停地采集影像数据，各类定位终端不停地产生各种轨迹数据，移动社交网络、微博、微信等不停地产生各类位置多媒体数据。二是随着现代测绘技术的发展，各类测绘装备性能的提升，地理信息处理效率的提高，各类数据增长的速度在逐年加快。三是随着智能手机的普及和网络地图的广泛应用，基于移动互联网位置服务的新数据来源和新数据种类在不断增加。此外，地理大数据和其他大数据的集成应用越来越多，使地理大数据的数据量迅速增长。

地理大数据的快速增长，对地理大数据的集成、存储、管理、处理、表达、分析和应用等有关技术的创新发展提出了急迫需求，促进了地理大数据地址匹配、存储、处理、空间可视化表达、空间分析与挖掘等技术的加速创新。在大数据时代，传统的主要基于关系数据库的空间数据库技术已经不能存储大量非结构化的地理大数据，如何利用大数据存储技术、创新地理大数据存储技术，存储非结构化的地理大数据，是首先需要解决的问题。其次，地理大数据和社会经济数据的集成，是地理大数据应用的重要前提，这对更加精确、更加快捷、更加自动化的空间地址匹配技术提出了更高要求。再次，与位置相关联的社交与商务碎片化文字描述数据，与位置相关的图片、视频、语音等非结构化地理大数据的处理，需要新的处理技术。再其次，可视化技术是大数据技术的关键技术之一，而地理信息技术是一种重要的可视化技术，能将许多数据按照空间位置进行表达,直接将数据形成图形。因此,地理信息技术将与三维、统计、虚拟现实等技术不断融合发展,地图制作、遥感制图与表达等空间可视化技术也将加速创新。最后,地理大数据的最终应用与空间分析和挖掘直接相关。大数据分析强调数据之间的相关关系,强调其他事物与空间的相关性分析。目前的地理信息应用主要集中在查询检索功能,对涉及空间分析的深入应用较少。地理大数据的深度应用在很大程度上依赖空间分析和挖掘技术的创新发展。

(三)地理信息产业链发生重构

在大数据时代,基于物联网、云计算、互联网技术发展的大数据技术将对地理信息产业链的各个环节产生全方位的影响,引起地理信息产业链结构的调整。

一方面,地理信息产业链有变长的趋势。目前,地理信息产业链环节主要为地理信息数据采集、处理和应用(包括服务)。在大数据时代,地理大数据分析与挖掘可以直接创造价值,可以直接为用户提供服务,而地理大数据分析和挖掘需要掌握专门的技术,有的可能还需要一定的行业背景,因此很可能发展成为一个独立增值的产业链环节。此外,地理数据与其他大数据的集成,地理信息大数据的存储、管理和运营都需要专门的设备和技术,在下游地理信息服务大量增多、小微企业迅速发展的大数据时代,也很有可能发展成为一个独立的产业链环节。

另一方面,地理信息产业链结构将会更加合理,地理信息产业链上下游较小的纺锤形产业链结构将逐步改善。上游数据采集环节将更加丰富,地理大数据采集内容不断增多,采集方式也更为多样,从传统测量、航空航天遥感、卫星导航定位等采集方式,发展到基于互联网终端的众包地理数据采集,从视频、社交文本、语音中采集地理数据等。地理信息产业链下游服务环节也将更加丰富。在大数据时代,地理信息服务的主要形式、主要内容和潜在用户都较互联网和移动互联网时代有所拓展(见表1),提供服务的主要内容包括提取地理信息、揭示空间分布规律、提取和显示事物与现象的空间相关信息等,主要潜在客户群变大,应用服务的广度和深度都将得到很大提升。

表 1　不同时代的地理信息应用

技术时代	地理信息应用主要形式	地理信息应用主要内容	主要潜在用户
单机和局域网时代	GIS 应用系统	查询检索、部分空间分析	部分政府和企业用户
互联网时代	互联网地图服务	基于互联网地图的定位、查询、导航、目标点搜索	互联网用户
移动互联网时代	手机地图服务	基于手机地图的定位、查询、导航、目标点搜索	智能手机用户
大数据时代	地理大数据服务	提取地理信息、位置相关信息、分析空间分布规律、相关关系等	更多政府和企业用户、互联网用户、智能手机用户

（四）地理信息企业向综合化和个性化方向发展

当前，地理信息市场需求有三类：一是来自政府用户的项目需求，如国土调查、水利调查、数字城市、智慧城市、地理国情普查等政府项目；二是来自企业用户基于提升管理与生产效率的资源信息化管理、业务管理和商业服务等需求；三是来自公众用户的位置搜索和导航服务。目前，地理信息企业多针对第一类政府用户提供服务，第二类基于企业用户的总体还不多，第三类市场多为免费。

在大数据时代，这三类市场需求将发生变化。政府随着 PPP 模式的发展，地理信息企业将为其提供更多的服务，政府需求会从购买地理信息硬件、软件、GIS 应用系统集成服务转向购买地理信息应用整体方案。第二类企业用户目前主要为电信、电力、石油等领域对地理信息专业应用需求较多的行业。在大数据时代，非专业地理信息应用的企业用户数量将会迅速增加，这类企业用户一般只需要轻量级的地理信息服务，并且需要提供长期的维护服务。第三类公众用户的市场需求在大数据时代将从位置搜索、导航、满足日常生活服务等需求拓展到解决生活中的各类问题，提升生活品质。

在大数据时代，以需求为导向的地理信息企业主要向两个方向发展。一是综合化，即地理信息企业提供的服务从单一内容的服务向多类型服务发展，从满足单一需求向提供整体解决方案发展，从提供某一种产业活动向提供多种产业活动发展。地理信息企业的综合化发展趋势同时也顺应和体现了地理信息技术的发展趋势。近年来，3S 技术趋于融合发展，测绘地理信息领域的内外业一体化、软硬件一体化趋势也更加明显，同时，云计算、物联网、大数据等技术的发展，也使地理信息企业提供应用整体解决方案服务成为可能。地理信息企业发展的另一个方向是个性化。在大数据时代，利用大数据发现需求、挖掘各类信息、解决各类问题的需求将迅速增长。针对公众用户的个性化服务发展空间巨大。

（五）产业人才向复合型、应用型和创意型发展

地理信息企业向综合化发展，使地理信息产业人才不可避免地向复合型发展，企业在提供整体解决方案的过程中，会涉及多方面的技术，这些技术之间相互交叉，需要全面熟悉测绘、遥感、GIS、GNSS 等地理信息技术同时掌握物联网、云计算、大数据等相关技术的综合型技术人才。比如，随着遥感技术的快速发展，原来从事传统野外测绘的技术人员，现在还需要掌握遥感数据处理技能，今后还将掌握更多基于大数据的地理信息提取技术。随着大数据时代地理信息应用的深入，各类应用型人才亟须增加，需要熟悉行业特性、了解行业应用模型、能够发掘并提供行业深度需求的人才。此外，创意型人才也将成为重要需求。在大数据时代，地理信息应用会受想象力限制，创意型人才能创造需求、开辟市场，将成为地理大数据时代的弄潮儿！

三 大数据时代促进地理信息产业发展的建议

（一）转变地理数据采集和应用思维方式

一是要转变地理信息数据采集思维方式，传统的测绘地理信息技术一直强调数据采集和信息提取的精确性，而大数据时代不仅对地理信息数据的可获取性、准确性和全面性要求更高，还强调与其他数据的混杂性。二是要转变地理信息应用思维方式，更加关注地理位置与事物或现象之间的相关关系。加强地理数据的地统计分析，盘活现有现势性较差的数据，加强历史对比分析，揭示自然和人文现象的变化规律。加强地学研究与空间分析，加强自然地理要素之间、自然与人文要素之间的关系研究，不断创新应用，挖掘地理大数据中尚未

被发现的趋势和相关性，为解决当前人、资源、环境之间的关系问题提供新思路。

（二）加强地理大数据资源的融合、开放与共享

不断加强地理大数据与其他大数据的融合，如与银行、公交、路桥 ETC 系统、在线购物、社交网站记录、搜索网站记录等社会经济数据的集成，不断丰富地理大数据内容，挖掘各种信息和知识，为商业活动、社会发展提供精准、智能的预测与判断，使地理信息产业尽快融入大数据产业中。按照《促进大数据发展行动纲要》提出的 2017 年底前形成跨部门数据资源共享共用格局、2018 年底前建成国家政府数据统一开放平台的目标，进一步加大地理信息的开放与共享，尤其是加大地理信息资源对企业的共享力度。

（三）促进地理大数据技术和应用创新

采取政产学研用相结合的协同创新模式，加强地理信息技术与大数据技术的融合创新，加强自动化大数据地址匹配、地理大数据存储、地理大数据处理、空间可视化、空间分析和挖掘等关键技术攻关，为今后一个时期的产业发展提供动力。还要重点加强地理信息安全与隐私保护技术的攻关与创新，为产业发展提供重要保障。加强地理大数据应用模型研究，加强与行业应用需求的深度融合，不断提升应用创新能力，为重点领域和行业提供地理大数据支持和解决方案。加强地理大数据产品创新，形成地理大数据产品体系。

（四）高度重视并加强安全和隐私保障工作

维护地理信息安全是大数据时代地理信息产业发展的重要内容，当前安全架构越发复杂，安全风险不断增多，种类更加繁杂，对安全监管的需求也在持续增加。同时，地理大数据中包含的移动对象不同时刻的位置信息，如果与背景知识结合，会泄露用户的健康状况、行为习惯、社会地位等敏感信息。麦肯锡指出，利用用户的匿名手机服务记录，只需知道四个时空轨迹点，用数理统计的方法，以相当粗糙的空间和时间解析度，足以确认 95% 的用户的真实身份。因此，从政策、技术、管理等方面做好地理大数据的安全和隐私保障工作尤为必要。

（五）大力加强人才培养

建议完善高校测绘和地理信息相关专业的课程设置，在突出专业特色的同时，全面开设测绘、GIS、遥感和卫星导航定位等有关课程，同时增加地统计分析、经济地理、人文地理等课程设置，提升专业技术人才的地理数据分析和挖掘能力，培养专业型技术人才。鼓励测绘与地理信息有关专业的学生选修大数据处理、挖掘技术的有关课程。鼓励大数据技术、各行业应用有关专业的学生选修测绘和地理信息专业有关的课程，不断加强学科之间、专业之间的交叉融合。促进地理信息领域与大数据领域的人才交流。鼓励测绘地理信息类重点实验室、工程技术研究中心、企业等开展有关地理信息大数据应用的项目研究和人才培养。鼓励平台型企业开展地理信息大数据应用有关的大学生比赛，促进人才成长。

B.18
中国北斗产业发展现状与前景

曹 冲*

摘 要： 本文介绍了我国北斗产业的发展现状，分析了产业发展面临的形势，对产业市场的前景进行了预测。

关键词： GNSS（全球导航卫星系统） 北斗产业 中国时空服务

一 北斗产业发展现状

（一）政府部门大力推动

20 世纪 90 年代中期以来，我国跟随国际潮流，在利用 GPS 系统的过程中，逐步发展卫星导航产业。近年来，国家发展改革委、科技部、工信部等多部门，根据产业与市场需求和部门的实际工作需要，全方位、多层次地大力推进北斗的应用与服务产业的发展。国家发展改革委在 2012~2013 年，两次在卫星应用产业化重大专项中，将北斗产业化重大示范工程作为重点推进内容，并委托中国卫星导航定位协会对示范工程项目进行中期评估，促进项目规范有序地实施。2014 年国家发展改革委又专门推进北斗产业化重大示范工程。科技部在 863 等项目中对北斗的性能提升、精度提高、广域服务大力进行支持。同时，通过"羲和计划"的推动，推动北斗走向位置服务等更加广泛深入的应用服务领域。工信部也利用电子发展基金推动北斗应用项目。中国卫星导航定位协会大力推动"百城百联百用"行动计划，得到多个部门、许多地方的积极响应，这一行动正在如火如荼地开展。

---

* 曹冲，中国电波传播研究所研究员，中国卫星导航定位协会首席专家。从事北斗/GNSS 技术和市场研究以及产业化应用推广工作。

国家发展改革委的北斗重大专项从四个方面着力推进北斗系统的应用推广与产业化工作：一是"固基础"，开展并推动芯片模块、天线、终端、测试检定系统、卫星导航地理信息系统等基础应用产品的研制工作；二是"促示范"，在交通、民航、通信、海洋、民政减灾、气象、公安、金融、电力、国土资源、农业、旅游等行业，长三角、珠三角、湖南、贵州、陕西、北京等区域进行示范应用，以示范带动应用，促进北斗的全面发展；三是"抓推广"，结合相关行业和地区示范项目，打造跨行业资源共享的北斗应用共性平台、设施和解决方案；四是"强保障"，制定有利于部门间卫星导航应用合作的国家标准和政策建议，出台北斗产品及应用相关的行业标准、国家标准、国际标准，制定北斗应用与产业化的激励、规范、扶持政策。受惠于北斗产业化专项的推动和促进，一批公司逐步发展为行业的骨干群体，在 2007 年后陆续上市，如北斗星通、合众思壮、高德软件、四维图新、华力创通、超图软件、数字政通、启明信息等。

（二）产业发展势头良好

2012 年 12 月 27 日，北斗卫星导航系统正式宣布投入区域服务，这是中国卫星导航产业发展史上值得铭记的时刻，是个重要的里程碑。这标志着我国卫星导航产业从此进入以北斗为核心推动力的时代。国际上，包括 GPS、格洛纳斯、北斗系统和伽利略系统等四大全球系统在内的全球导航系统（GNSS）不断发展壮大，呈现互补和竞争的发展态势，多系统兼容互操作成为大趋势之一，各系统间存在明显的技术水平和地缘分布的差异性。2015 年全球 GNSS 终端的应用数量接近 40 亿个，总产值约合人民币 1.75 万亿元。目前亚太地区的 GNSS 产业发展情况最为良好，从终端应用数量来看，2020 年前仍然能够保持 11% 的增长率。

我国北斗产业在 2013 年刚刚突破 1000 亿元人民币的总产值。至 2015 年，北斗产业的总产值已经升至 1714 亿元，含智能手机在内的各类导航终端的年销售量接近 2.89 亿台，与 2000 年总产值只有 4.4 亿元和 5 万余台销售终端（主要是车辆监控终端）相比，短短的 15 年间分别增长了近 390 倍和 5300 倍。

2013～2015 年是北斗产业的启动和快速发展期。在 2013 年前的十多年间，主要是以推进"北斗一号"的应用为主，北斗用户终端总数量不过二十万套左右。2013 年被称为北斗产业"元年"，在这一年，东莞泰斗、和芯星通、西安华迅、杭州中科微等几家国产北斗兼容机芯片厂商提供的数据表明，我国北斗终端的年度销售量超过了 136 万台。2014 年，上述几家国产北斗兼容机芯片厂商的销售数量为 2013 年的三倍左右，北斗终端的销售总量超过 1000 万台。2015 年，在国家发展改革委的智能北斗手机示范工程项目的推动下，联星科技、展讯通信和海思半导体三家公司推进北斗芯片国产化在智能手机中的应用，取得明显成绩，很快实现批量化进入市场。在北斗芯片和手机终端国产化取得重大进步的同时，国外北斗兼容机芯片、板子和智能终端解决方案厂商，包括高通、联发科、博通、CSR、三星等公司，以及国内利用国外系统解决方案的智能终端厂商，大批量地销售带有北斗兼容机的智能手机和其他形式的终端，仅仅智能手机终端的品种即达到上百种。估计 2015 年具有北斗兼容机功能的终端数量达到近亿套，约占智能终端销售总量的 20%。

随着北斗产业的深入广泛发展，产业呈现出三大特点。一是从以技术应用和示范推广为主发展成为与相关产业的相互渗透和密切融合。北斗产业在定位、导航、授时等功能的基础上，逐步实现了与时频应用和基础设施、应急联动和位置服务、交通出行和物流运输、信息保全和公共安全、节能减排和环保监控、电子政务和电子商务、移动健康和民生关爱、智能社区和精细化管理、农林水利和调控管护等的深度融合，推进这些产业的可持续发展。二是从专业与行业应用服务为主发展成为与区域经济结合。从"十二五"开始，北斗产业在推动地方和区域经济方面成绩明显，不仅北京、深圳、上海、广州、武汉、南京、西安等一批重点城市的北斗产业欣欣向荣，而且东部的京津冀、珠三角、长三角，中部的鄂豫湘，西部的川陕渝等区域北斗产业的集聚度正不断提高。仅上述五个区域的产业产值就占全国总产值的 80% 以上。三是从个别城市和局部地区的体验区和产业园建设为主发展成为连线连片的规模化大区域互补型发展。通过"一带一路"行动计划，串联长江经济带、沿海经济带、海上和陆上丝绸之路经济带，带动国内其他后进区域。

二 北斗产业发展面临的形势

（一）市场需求是北斗产业发展的关键

从卫星导航产业的市场需求分析来看（见图 1），目前已经逐步摆脱为推广技术而推广应用的模式，不再仅局限于导航定位授时的功能性应用，而是已经跟相关产业密切结合。北斗产业的分类方式也在不断变化，分为专业应用、大众应用和安全应用。其中，大众市场是重点，专业市场是关键，安全市场是制高点。北斗产业的绝大多数产值与份额贡献来自于大众市场，主要包括车辆应用和个人应用，具体是车辆信息系统（telematics）和位置服务（LBS）两大系统应用与服务。专业市场涉及各行各业。对许多行业而言，卫星导航技术是强大的创新推动力和改造传统产业的生力军，是带有革命性的新兴技术。安全市场主要包括国家基础设施、国家安全和国土安全、网络安全和经济安全、人民的生命财产安全等方面的应用与服务。这一市场尚未开拓，远未形成，业界应该对其加以足够的认识理解和重视关注，在适当的时候应该实施一定的强制性安全法令。

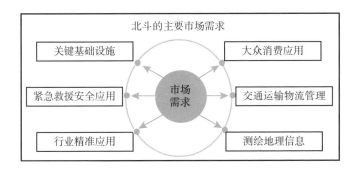

图1　北斗产业的主要市场需求示意图

（二）技术融合和产业重组是重要趋势

在导航定位授时技术上升到新的发展阶段时，技术融合包括三个方面：一是天基融合，实现北斗系统与其他 GNSS 系统的兼容互操作；二是天基地基融合，实现导航与通信的融合；三是室内室外的融合，将声光电磁和机械惯性等多种多样的传感器技术实现整合。通过上述融合，真正实现无时不在、无处不在、无所不在的时空信息和智能位置服务。

在推动形成新兴时空信息和智能位置服务产业的过程中，要充分发挥北斗系统对于传统产业的结构改造和重组创新的功能，并且与大数据、云计算、物联网、互联网、交通物流、智能城市等深度融合（见图2）。

图2 与北斗产业相关的时空信息服务的宏观领域

（三）GNSS 呈现四大特点

未来的全球导航卫星系统具有四大特点：一是多层次增强，在全球系统之外，有区域系统和局域系统对其进行增强；二是多系统兼容，通过 GNSS 兼容与互操作的合作，实现 L1 和 L5 上民用信号的互用共享；三是多模化应用，除了导航外，还用于定位、授时、测向、位置服务；四是多手段集成，除了卫星导航及其增强外，还利用非卫星导航手段，如蜂窝移动通信（UMTS）网络、Wi-Fi 网络、Internet 网络、超宽带（UWB）技术、惯性导航技术、伪卫星、无线电信标等。

三 北斗产业市场前景预测

北斗产业近期的发展目标是在五个方面实现重大突破。一是在汽车前装市场上实现重大突破。国产导航终端一直被排除在汽车前装市场之外的局面已经开始松动，江淮、一汽、东风、长安等汽车厂家已经开始大批量安装国产导航终端，国产终端将可能成为标准配置。这种趋势将有可能彻底改变我国导航前装市场远远落后于国际市场的窘态。二是实现北斗/GPS 导航标准配置应用在智能手机中的大范围推广。由于国家发展改革委等部门的推动，华为、中兴、联想等手机厂商积极跟进，这个目标的实现指日可待。三是实现高精度、宽领域、深层次、高水平的应用服务。北斗的高精度应用不再局限在大地测量等传统领域，驾驶员考试系统、精细农业和城市地下地上管网与线路普查等成为北斗高精度应用的新领域。四是实现天地一体、室内外融合的泛在定位导航授时服务。位置服务产业融入国民经济各领域和人民生活的方方面面，实现爆发式增长。五是在稳定开放政策的基础上，利用国内外一切有利于北斗产业发展的积极因素，实现北斗应用服务在亚太地区国际市场的突破。

　　未来，北斗产业将在大众消费应用、交通物流管理、测绘地理信息、关键基础设施、紧急安全救援、行业精准应用等六个领域实现较快发展。大众消费应用主要是针对个人，如个人位置服务、老人孩子关爱、移动医疗健康、人员财物工作、金融财务支付等领域，提供与平板电脑、移动手机和穿戴式智能终端有关的功能与服务。交通物流管理主要是与海陆空交通运输中的船舶、车辆、飞机等载体相关，涉及多模交通联运、运输安全管控、物流配送、流程优化、导航跟踪和位置信息服务等。测绘地理信息主要是与大地测量、地籍登记、测绘制图、数字社区、环境监测、电子地图、软件测量、数据采集、城市规划等一系列领域有关。关键基础设施主要包括能源电力设施、通信网络设施、金融服务设施、重大商业设施、关键制造业设施、大堤大坝大桥、国防工业基地、危化物品仓库、应急服务设施、水源废水系统、食品农业链条、核反应堆与材料废料、重要政府设施、健康关爱与公共健康设施、信息技术基础设施，以及交通运输基础设施等关系国计民生的基础设施。紧急安全救援主要是医疗消防救援、应急联动服务、防灾减灾抗灾、反恐维稳抢险、道路安全救援，以及紧急搜索救助等相关的调度协调管理和导航定位与位置信息服务。行业精准应用主要包括精准农业、地面和地下管线网络测量管理、地质灾害管控、地面沉降监测、地球板块形变监测、驾驶员考试系统、农林水利管护，以及车辆自动驾驶系统等领域的应用服务。

　　2015 年，上述六个领域在我国 GNSS 产业总产值中所占的比例见图 3。大众消费与交通物流领域分别占总产值的 41% 和 33%。地理信息领域约占 10%，基础设施、紧急救援和精准行业应用领域分别占总产值的 7%、5% 和 4%。

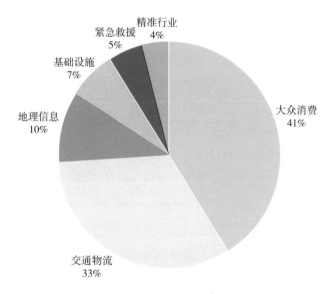

图 3　2015 年中国卫星导航产业不同领域产值占比

北斗产业目前还处在明显的上升发展期。至少在 2020 年前每年仍然会以两位数的产值增长率发展。图 4 为我国北斗产业从 2012 年至 2020 年的年产值预测。在八年间总产值将从 810 亿元飙升至 4049 亿元，增加约 4 倍。

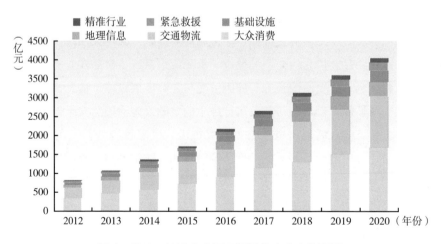

图 4　2012~2020 年中国卫星导航产业产值预测

　　图 5 是 2012～2020 年，我国 GNSS 智能终端的年销售量预测。GNSS 智能终端主要包括具有兼容北斗和 GNSS 定位导航功能的移动智能手机、平板电脑、可穿戴设备和消费电子终端、车辆信息系统和车联网终端、海陆空天不同载体应用的专用终端，以及高精度应用终端等。最大量的是移动智能手机。2015 年，具有兼容北斗功能的智能终端数量的销量估计超过一亿台。在实施北斗兼容机标配化政策后，这一数字会急剧增加。到 2020 年，估计年销售量中 95％以上的终端，均具备兼容北斗的功能。届时中国具有北斗功能的 GNSS 设备社会持有量将超过 13 亿台，几乎达到人均一台的目标。而且，这个目标还有可能提前 1～2 年实现。

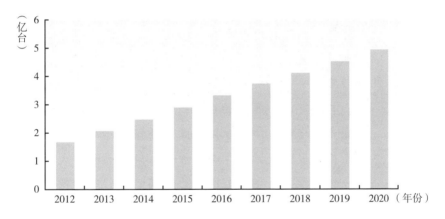

图 5　2012～2020 年中国带导航功能的智能终端年销量预测

B.19

DT 时代的智能出行

董振宁　王宇静　周琦　方兴王*

摘　要： 人类正在从 IT（Information Technology）时代走向 DT（Data Technology）时代，IT 时代的特征是以自我控制、自我管理为主，而在 DT 时代，服务大众、激发生产力的技术将成为主流。而导航软件所形成的大量出行轨迹，是一个庞大的数据集，高德利用用户出行的大数据，基于阿里云等一系列基础设施，搭建了轨迹数据仓库、数据发布平台、数据开放服务平台，研究出一系列帮助大众智能出行的应用成果。其中有三个典型的应用：第一，利用大数据评估与衡量城市拥堵现状，分析拥堵成因并提出治理建议，为缓解城市拥堵提供数据支撑与参考；第二，通过对大数据的实时分析处理，为公众提供更为精确的出行时间及未来交通路况预测服务；第三，凭借对历史数据的分析更高效地采集更新地图产品数据，让公众及时掌握地图变更信息。数据价值正在被越来越充分地发挥，我们将打造更专业的智能出行软件，为大众提供更精准、更贴心的交通信息和出行服务。

关键词： IT　DT 时代　大数据　交通预测　数据采集　交通拥堵 拥堵治理

＊ 董振宁，高德软件有限公司技术副总裁；王宇静、周琦、方兴王，高德软件有限公司。

一　IT 到 DT 时代的变革

当下，互联网技术已深入各行各业，正在推动中国经济的结构性转换。随着移动互联网的快速发展，大数据的采集与应用变得愈发普及，各类新形式的大数据创新成果与实践正在发挥着越来越重要的作用，数据的开放、分享与加速流转，将为社会生活带来前所未有的变革。阿里巴巴集团董事局主席马云说：中国正在从 IT（信息技术）时代走向 DT（数据技术）时代。

在 IT 时代，用户仅仅是数据的使用者，用户通过 Internet 浏览网页、购物、搜索，得到对应的反馈结果，主要是用户单向寻找和使用数据。而用户在互联网上浏览的网页、搜索的关键字、购物的记录等海量用户数据并没有被有效地收集和发挥价值。在这个阶段，互联网是工具，而数据只是结果。虽然互联网科技极大提升了许多传统行业的运营效率，但数据更深层次的潜力还没有被完全挖掘出来，它们分散在网上网下的各个角落，处于"沉睡状态"。

进入 DT 时代后，各种用户留下的一切"足迹"与喜好逐渐得到企业的重视，开始被有效地保存与利用，每个用户在使用数据的同时，也创造和贡献着数据。沉睡数据的觉醒，不仅大大丰富了信息本身，更能挖掘出许多过去被忽略的价值，产生全新的服务模式。数据不再仅是结果与工具，更是一种新的核心资产。初看起来，这两者似乎是一种技术的差异，但实际上是思想观念的升华。这种转变背后，数据重构了社会供需，潜移默化地将我们导向新一轮的经济变革。这同时也是产业的大势所趋，特别是随着移动互联网的发展，手机、智能手表等各种可穿戴设备的普及，一种更加普及、更加广泛的生态正在逐渐形成。每个人都在创造和贡献自己的数据，完善基于互联网的大数据库，也享受着大数据分析的成果，从而获得全新的、满足自身需求的信息和服务，实现真正的"人人为我，我为人人"。

二　DT 时代的高德交通大数据

（一）交通行业在 DT 时代的变革

对于交通行业来说，DT 时代与 IT 时代的主要区别在于信息的快速共享和更智慧地解决公众出行问题。在 IT 时代，城市交通信息化建设仅是中心式的控制与管理系统设计，把信息单向传递给路上行驶的车和人，而系统和人之间缺乏交互反馈，比较低效；而在 DT 时代，可以通过大数据手段解决信息流通的不平等、不通畅问题，把交通系统、车、人连接在一起，既疏通了信息的传递和交互反馈，同时也为决策提供了数据支撑，为解决城市交通问题、创建智慧城市提供了可能。

如图 1 所示，IT 与 DT 应用于交通系统的核心区别主要表现为以下两点。

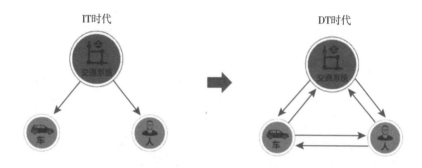

图 1　DT 时代的交通系统

一是解决的核心问题不同。IT 过去繁荣的十年，实质上是信息革命的十年，解决的最重要问题是用户获取信息的不对称——通过工具丰富信息总量，并降低获取门槛，消除信息鸿沟，使人人都能从中获益。这是过去十年 IT 技术改变全世界、改变国人生活方式的重要原因。以交通管理为例，过去十年 IT 建设取得非常大的进展，今天驾驶者可以在各个主要道路看见交通信息提示牌——车还未行驶至某条路时，就可以看到这条路是否拥堵的信息；管理中心可以通过远程控制调整每一个路口的红绿灯变化，查看每个摄像头的视野，提供强大的信息服务与管理服务。但归根结底，这些 IT 时代的应用并不能从根本上解决交通拥堵问题。DT 时代解决的核心问题不再是信息的不对称，而是供需的不平衡，通过大数据发现仅凭观察难以发现的问题，并提供智慧解决方案与调整措施。

二是业务部署方式上的不同。在 IT 时代，信息发布者和信息使用者一般是不同的实体。比如，交通管理部门是信息发布者，用户是信息的使用者。若想改善交通服务，主要依靠信息发布者的个体能力，其成本和难度可想而知。但是到了 DT 时代，每一个交通大数据的使用者也是交通大数据的贡献者。目前，高德公司除了投入专业数据采集设备之外，还能发动社会力量，使公众成为实时、动态的交通路况信息提供者，公众提供的数据经过大数据的实时处理后，能够更加准确实时地反映道路状态，从而为用户规划出更加智慧与有效的行驶方案，让所有的数据贡献者从中获益。

（二）高德交通大数据在 DT 时代的优势

作为领先的数字地图、导航和位置服务解决方案提供商，高德地图导航产品有超过 3 亿用户的出行数据，同时高德掌握了大量的行业运营车辆 GPS 数据。另外，与全国各大交通管理部门合作，获得各城市一手权威数据，融合形成"高德交通大数据云"。高德出行大数据在交通领域具有领先的大数据优势和技术积累，主要体现在以下三个方面。

1. DT 时代的众包模式

高德利用互联网众包模式创新性地发动社会力量采集交通数据，实现了 DT 时代"人人为我，我为人人"的交通信息共享模式，这种互联网模式的交通数据采集成本只有政府交通部门投入的百分之一甚至千分之一，但交通数据采集覆盖范围更广、数据质量更高。目前，高德交通大数据月均采集覆盖里程超过 110 亿公里，而社会化公共数据占总里程的比重高达 78%；其中，移动终端里程占比 40%，车联网车载终端里程占比超过 38%。

2. 路况覆盖率高

高德交通大数据基于公众和行业数据的海量数据收集，已成为国内唯一能覆盖全国路况的地图软件。目前，除南沙群岛、三沙市等个别城市外，高德地图实时路况已覆盖全国所有城市，覆盖道路里程超过 200 万公里，其中城际高速、国省道覆盖率高达 99% 以上，城区主干道比例超过 95%。

3. 海量的数据积累与算法优势

高德从 2008 年开始致力于实时交通服务工作，在此期间积累了大量的历史出行数据，有 12 年的专业及互联网大数据算法积累。同时，依托阿里云 ODPS 为交通大数据挖掘提供扎实的数据基础。

三 交通大数据服务智能出行

在 DT 时代，交通数据一直是大数据挖掘的一个热点，高德在交通领域的大数据应用主要分两方面：一方面是面向个人，满足公众用户出行，用于路况预测、用户之间的交通信息互通等；另一方面，服务于社会和政府。汇集更多的历史数据之后，来自于用户、社会的数据及数据成果服务于社会和政府，帮助改善管理部门的工作流程，再通过大数据监控工作效果，真正建立一个闭环模式。因此，如今我们不仅仅为个人用户提供服务，也给宏观用户提供数据分析和应用，如分析交通拥堵发展趋势、异常堵点、拥堵成因及治理建议等一系列交通大数据决策分析。目前，这些分析成果已支持交通管理部门的紧急调度等工作，也给相关政策出台提供了数据支撑，从而帮助改变以往决策者靠经验、拍脑门解决问题的局面。

（一）案例一：分析报告解决城市拥堵

交通拥堵问题是目前全世界都面临的难题，而引发城市交通拥堵的原因有很多。高德根据交通大数据分析监控了 2014 年北京第三季度高峰期每日的拥堵趋势和规律，试图分析城市的拥堵状况和拥堵产生的原因。我们发现尾号限行、恶劣天气、节假日、特殊事件，都会影响行程花费的时间。分析发现以下结论（见图2）。

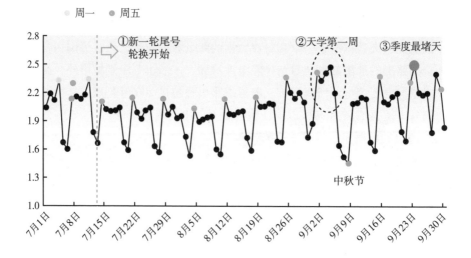

图2　北京 2014 年第三季度每日拥堵延时指数分布图

220

1. 尾号限行轮换影响拥堵的日期分布，在限号4、9时城市道路交通拥堵加重

限行轮换后（2014.7.13～2014.10.11）每周一限牌4、9，成为当周最拥堵的一天。限号4与周一的常发拥堵与4、9叠加效应，使得拥堵远高于其他日期。而轮换前的周五（限号4）为最拥堵的一天。

2. 开学第一周的道路拥堵程度加剧，当周为季度最堵周

9月第一周为季度最拥堵的一周，平均拥堵延时指数2.36，比9月平均值高13%。应该是受开学与中秋节前出行频繁叠加因素影响。

3. 恶劣天气对交通影响程度极大，拥堵延时指数环比增高20%

9月23日受白天持续降雨影响，全天道路交通严重拥堵，拥堵延时指数2.50，该日为第三季度最拥堵的一个工作日。

降雨对道路交通影响非常明显，通过分析不同降雨量对交通的影响程度，发现降雨量越大，拥堵加剧越明显（见图3）。以2015年第二季度广州天气为例：分析发现，小雨和大雨天对交通拥堵影响相当，比晴好天气拥堵约加重5%。而暴雨是造成城市交通瘫痪和拥堵加重的最主要原因之一，相比晴好的天气拥堵加重11%。

在大数据参与交通决策方面，高德也做了很多的研究。高德联合清华—戴姆勒可持续发展研究中心，分析北京各环路不同路段在限行措施影响下的敏感性，研究其拥堵成因并尝试提出治理建议。图4为五日制限行（20%）转变为单双号限行（50%）时环线过饱和当量的变化率图。从图中可知，不同区域对限行政策的敏感程度差异较大，四环改善最为明显，二环改善最不明显。其中，二环18.7%的路段变化率不足20%，而四环67.6%的路段变化率大于80%。即便是单双号限行情况下，仍有部分路段过饱和状态较为严重，如西二环、东二环、三环工体、三里屯路段、四环与京藏高速交叉口等。总体来说，单双号限行情况下大部分路段过饱和当量较五日制限行小，高达96.3%的路段过饱和当量变化率大于10%。说明限行政策对环线的过饱和状态起到了改善的作用。

根据敏感性分析，通过比较工作日与APEC期间的日均过饱和当量，发现不同限行政策对道路过饱和状态有明显影响，同时限号政策对不同区域交通的影响是不均等的，其中北京市的四环效果更明显，而二环较不明显。可以依据数据，采取动态分区域的道路需求管理政策（包括拥堵费、停车费、限行等）来提高道路的利用率，特别是四环路上可以放宽限行政策。

广州季度通勤日雨天占比

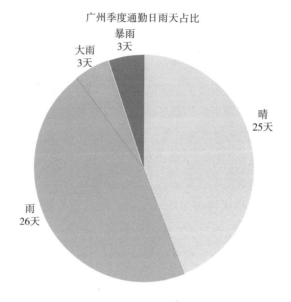

广州不同雨量对城市道路交通影响程度

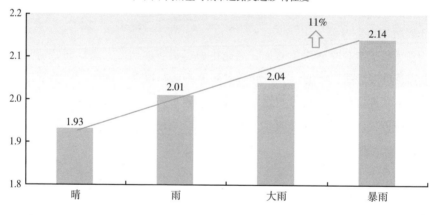

图3 降雨对城市拥堵的影响程度

（二）案例二：大数据助力精准躲避拥堵

1. 躲避拥堵功能介绍

随着互联网地图 App 的普及以及城市拥堵的日益严重，实时路况和基于躲避拥堵的导航路径规划已经成为公众驾车出行最常用的功能之一。在高德地图 App 上导航路线规划时，只要选择躲避拥堵方案，应用就会自动为用户推

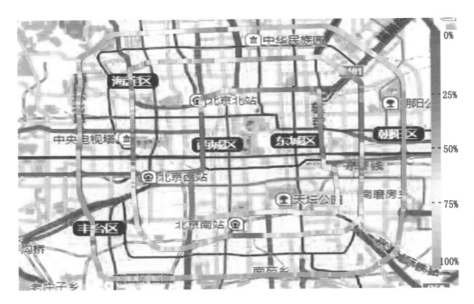

图 4　过饱和当量的变化率

荐几条不同的躲避拥堵路线。该功能平均每月为用户节省的时长总计可达 700 年，节省的油耗高达 1840 万升。

2. 未来路况精准预测

如何准确预测未来短时（1～2 小时）的交通状态，是出行时间估算和躲避拥堵的核心，也是个技术难题。传统的躲避拥堵和出行时间的估算未考虑道路状态的动态变化及其对出行时间的影响。如今可以利用大数据技术，建立路况变化与影响交通的气候、事件等综合评估模型，更精确地预测未来短时间内的交通拥堵状况。目前，对未来交通预测的主流应用场景包括以下 3 方面。

（1）出行时机提醒。在出行时，一般会有一个预期的到达时间。对到达时间的计算，传统的方法是靠经验估算，往往会偏差较大。如果有了精准路况预测，就能够根据用户到达时间反推用户的出发时间，从而帮助用户决定何时出门，制定更精准的出行计划。

（2）提前躲避拥堵。当路况和拥堵消散时间能被精准预测后，城市道路的拥堵状况就可以被提前发现，而不是等拥堵真正发生时再做决定。

（3）预测路况考虑天气因素。天气因素对交通路况的影响十分显著，特别是异常的恶劣天气。如果在路况预测中加入天气要素，预测的准确率将会有很大改善。

随着积累的数据量越来越多，用户会发现基于躲避拥堵的路线规划和到达时间的预测功能会变得越来越精确、越来越智能。图 5 是交通预测的系统架构图。

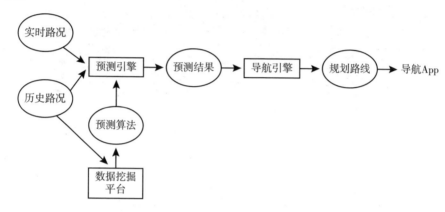

图 5 高德路况预测系统架构

（三）案例三：大数据助力路网快速更新

传统的道路采集方法除了会耗费大量的人工成本且更新速度慢以外，其作业形式主要面临三个难题：一是情报收集困难，二是情报验证困难，三是作业流程复杂。大数据时代，基于海量的用户出行轨迹为解决上述难题带来了可能。高德创新地实现了新路识别、道路属性与通行能力的判断等技术，实现了数据的快速更新和发布，同时大大降低了采集成本。

1. 使用大数据补充路网

当某地道路新开通之后，通行车辆增多，车辆回传的轨迹可以将路形轮廓勾勒出来，甚至可以在工作室内"隔空画线"，通过与已知路网进行差分，便可以提取出新增道路（见图 6）。

2. 使用大数据发现道路的封闭与开通

当某条道路因维修或者紧急事件封闭时，通过大数据可以监控道路流量的变化，发出道路封闭的预警，供用户进行规避。同样，当一条在建道路开通后，

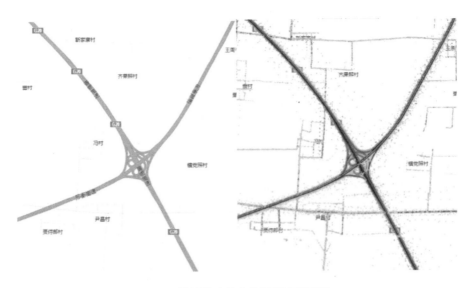

图 6　通过轨迹热力发现新开通道路

可以通过道路的流量变化，提醒运营人员该道路可以通行。以北京 G7 高速的箭亭桥部分开通为例，该段道路在 2015 年 7 月 18 日开通，高德通过大数据发现此路段的流量发生了巨大变化（见图 7），从而迅速在地图中进行对应修改。

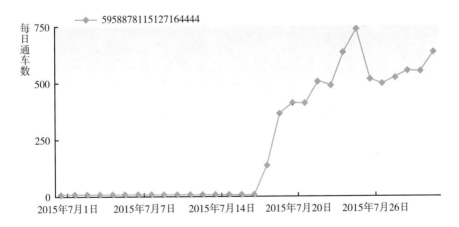

图 7　流量变化趋势图

3. 使用大数据分析道路的基础通行能力

通过大数据可以计算每一段道路的通行情况，从而判定路段的拥堵概率、拥堵发生时间、消散时间等。这些信息通过传统采集手段无法完整得到。以北京三环某段道路为例，统计其一个月内不同时段轨迹通过的平均速度，可以得到下面的曲线图：

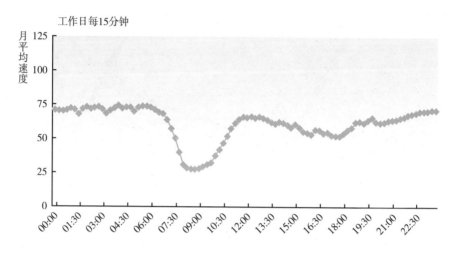

图8 月平均速度变化趋势图

从图8中可以分析道路的自由流速度在75公里/小时左右，每天7：00～10：30时段比较容易拥堵。此外，通过大数据分析还可以获得转向情况、通车频次、道路是否颠簸、上下坡等信息。

四 结束语

从IT到DT，各行各业都会进入一个新发展周期，随着大数据技术发展的逐渐深入，大数据和分析能力分享逐渐普及，其中会有源源不断的增量价值被挖掘出来。

参考文献

［1］马云：《IT 时代和 DT 时代的区别是什么？》，http：//tech. qq. com/a/20150322/ 019206. htm。

［2］俞永福：《IT 和 DT，核心区别是什么?》，http：//tech. sina. com. cn/zl/post/detail/i/2015 - 09 - 09/pid_ 8490737. htm。

［3］杜成：《浅谈大数据时代》，中国学术期刊电子杂志，http：//www. doc88. com/p - 5354468148192. html。

［4］梁丽娟、郑瑾等：《城市交通拥堵现状评价方法与应用——第八届中国智能交通年会》，合肥，2013。

［5］ Real-Time Road Traffic Prediction with Spatio-Temporal Correlations. Wanli Min, Laura Wynterb, *Transportation Research Part C*：*Emerging Technologies*, Volume 19, Issue 4, August 2011, Pages 606 - 616.

［6］Prediction, Expectation, and Surprise：Methods, Designs, and Study of a Deployed Traffic Forecasting Service. Eric Horvitz, Johnson Apacible, Raman Sarin, Lin Liao. Proceedings of the Twenty - First Conference Annual Conference on Uncertainty in Artificial Intelligence（UAI - 05）2005.

B.20

新常态下测绘地理信息装备的发展

徐 峰 陈海佳 刘守军*

摘　要： 新常态下测绘地理信息装备发展面临重大机遇和严峻挑战，需要从战略规划、核心技术和创新模式等方面适应新常态转型升级。本文对新常态下测绘地理信息装备的顶层设计、技术趋势和创新模式等方面进行了探讨，分析了新常态下国产测绘地理信息装备的发展现状、存在问题和新要求，提出并设计了新常态下的测绘地理信息装备技术与产品生态链，对测绘地理信息装备的"智"造和技术发展趋势进行了总结分析，提出了新常态下测绘地理信息装备发展的创新机制与转型方向，积极适应新常态下测绘地理信息事业发展要求，打造持续、稳健、科学的测绘地理信息装备生态圈。

关键词： 测绘地理信息装备　生态链　智造　创新机制　转型

一　引言

测绘地理信息工作在国民经济与社会发展中发挥着越来越重要的作用，抢占国际测绘地理信息行业制高点，推动中国从测绘大国向测绘强国跨越，新常态下的测绘地理信息事业机遇与挑战并存。全面深化测绘地理信息改革面临着行业结构调整和产业升级转型，而测绘地理信息装备则是测绘地理信息行业结

---

* 徐峰，广州中海达卫星导航技术股份有限公司总裁；陈海佳，武汉海达数云技术有限公司总经理；刘守军，武汉海达数云技术有限公司总经理常务副总经理。

构调整的核心竞争力和基础，是测绘地理信息产业转型的重要推手。近年来，我国的测绘地理信息技术水平明显提升，测绘地理信息服务面日益扩大，但支撑测绘地理信息保障能力和服务水平的测绘地理信息装备发展面临极大问题。高精尖装备依赖进口的严峻现实没有根本改变，高分辨率传感器、高精度卫星导航芯片、光机电一体化的多传感器集成对地观测装备等先进高端测绘地理信息装备主流市场被美国、日本、欧洲等国外品牌占据。以三维激光扫描系统、高精度卫星导航芯片、数码航摄设备为例，90%以上的市场份额为国外产品，制约我国测绘地理信息产业发展，也带来巨大的信息安全隐患。

我国的测绘与地理信息科研单位和企业经过多年潜心攻关，在航摄仪、移动测量、海量数据处理、网络信息服务、北斗芯片等技术领域取得重大突破，具备了一定的技术积累。但纵观国产测绘地理信息装备研制、市场化和应用，国产测绘地理信息装备在水准仪、全站仪、GPS等市场上以低价格获取市场份额，而动辄上千万的高端装备市场被国外厂商垄断，国内自主品牌产品尚难以与国际品牌相抗衡。一方面，国产化装备受制于我国装备生产加工水平和核心技术突破，国产高端测绘地理信息装备发展研发和市场化困难重重。另一方面，政府对国产测绘地理信息装备支持不足和市场环境也制约着国产测绘地理信息装备的发展壮大，大量测绘地理信息单位在设备招标采购中迷信国外装备，甚至排斥国产装备。

新常态下，测绘地理信息产业作为战略性新兴产业的组成部分和重要基础，其核心技术装备要实现国产化，从而更好地维护国家安全。因此，新常态下全面深化测绘地理信息事业改革，测绘地理信息装备的核心关键技术攻关、产品研发、市场业态和推广机制都要引起关注，要从战略规划、核心技术和创新模式等方面适应新常态，实现转型升级。本文探讨了新常态下测绘地理信息装备的顶层设计、技术趋势和创新模式等，提出并设计了新常态下测绘地理信息装备技术与产品生态链，对测绘地理信息装备的"智"造和技术发展趋势进行了总结分析，在此基础上提出了新常态下测绘地理信息装备发展的创新机制与转型方向，为积极适应新常态下测绘地理信息事业发展要求，打造持续、稳健、科学的测绘地理信息装备生态圈提供参考。

二　新常态下的测绘地理信息装备生态链

作为国家战略性新兴产业的测绘地理信息产业的重要支柱和引擎，新常态下的测绘地理信息装备发展必须进行战略规划和顶层设计，建立测绘地理信息装备生态链。推动全面发展和针对性重点突破，既面向国家测绘地理信息重大工程服务需求，又可审势利用国家重大科技专项，统筹发展，突破核心关键技术，逐步形成完全自主知识产权，引领世界的空天地一体化对地观测测绘地理信息装备体系。梳理全球测绘地理信息装备产品、技术体系，先进的空天地一体化对地观测体系的测绘地理信息装备生态链见图1。

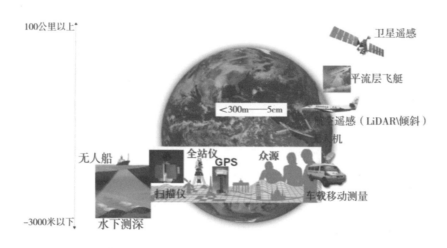

图1　测绘地理信息装备生态链

一方面，新常态下的测绘地理信息装备链从水下到地面，从低空到航空，从平流层到航天，形成有层次、不同尺度的全球对地观测体系，实现全球全覆盖实时快速响应的测绘地理信息保障和服务。从这一角度考虑，我国测绘地理信息装备技术和产品的发展，需要统筹规划，发展测绘卫星、平流层飞艇、高中空长航时航空摄影飞机、低空无人机、地面车载和水上船载等多传感器集成的遥感测绘平台，全面提升多源数据及时获取能力。另一方面，新常态下的测绘地理信息装备要不断提升和发展新型对地观测传感器，包括雷达、激光扫描、红外成像、高光谱成像、倾斜摄影等核心传感器，全面提升测绘地理信息对地观测能力，获取多源测绘地理信息数据，进一步提高我国测绘地理信息保障和服务质量。以上两方面是新常态下测绘地理信息装备发展的着力点和方向，两方面均衡发展，在覆盖面和能力两方面打好基础，逐步占据测绘地理信息装备制高点。

在测绘地理信息装备生态链中，国产的测绘地理信息装备主要集中在地面常规测绘装备的研发、生产，技术门槛相对较低。对上天入海和基于移动载体测量的高端测绘地理信息装备，国产已经开始起步，但由于发展起步较晚、核心技术积累不够、政策引导不够、转化推广机制不健全，亟须从国家层面加速推进测绘地理信息核心装备的国产化。

在具体的发展策略上，测绘地理信息装备生态链涉及众多专业、类型和关键技术，新常态下的测绘地理信息装备发展不能贪大求全，要以生态链为基础，选取生态链中的一环构建生态圈。生态圈的构建要以自身的专业和技术优势，重点突破核心技术，把生态圈做大做强做深，在此基础上拓展生态圈的影响范围。

三　新常态下的测绘地理信息装备"智"造与趋势

测绘地理信息装备生态链上生态圈的形成要以自身的优势为基础，掌握生态圈的核心技术，形成核心竞争力。生态圈的构建可以以传感器核心技术为牵引，如高精度导航定位芯片、三维激光、光谱相机、航摄相机等，也可以以需求为导向，针对当前测绘地理信息保障服务的需求提供应用解决方案，如地理国情监测、智慧城市等。无论是传感器技术还是应用需求，发展测绘地理信息装备，构建有国际竞争力的测绘地理信息装备生态圈，都要把握当前国际测绘地理信息装备的发展趋势，把握世界测绘地理信息技术和应用潮流，进行顶层设计和科技攻关，逐步实现测绘地理信息装备的"智"造升级。

当前测绘地理信息技术的发展趋势主要集中在以下方面。

（一）高精度卫星导航定位芯片

卫星导航定位芯片是卫星导航定位设备和服务的核心，受制于芯片技术本身，国产卫星导航定位设备一直在国外芯片上做产品制造和系统集成，整个产业链受制于国外厂商。在高精度导航定位芯片方面，美国最新推出的集成兼容GPS、GLONASS、北斗、Galileo 信号的 GNSS 和 3－D MEMS 惯导传感器，代表着卫星导航芯片发展的技术方向。中国北斗二代导航定位系统为国产高精度卫星导航定位芯片占据制高点提供了巨大的机遇，如何利用好国家支持和自身优势，实现高精度卫星导航定位芯片的中国"智"造，是政府、企业和科研单位打造卫星导航定位装备生态圈的关键。

（二）多传感器集成测绘

多传感器集成对地观测是测绘地理信息技术发展的必然选择，无论是船载、地面车载或单兵背负，无人机机载乃至航空航天测绘平台，将大地测量的定位定姿传感器与航测遥感传感器集成，可以大幅提高对地观测测绘的效率和精度，是当前国际测绘地理信息装备发展的主流，其中尤以集成三维激光扫描传感器的移动三维测量装备为热点（见图 2）。

图 2 测绘地理信息装备生态链

集成三维激光扫描传感器的移动三维测绘装备，其应用覆盖海洋水利测绘、城市测绘、室内测图、公路铁路测绘与智能交通等众多三维实景地理信息服务领域。在多传感器集成测绘方面，中国跟国外厂商起步差别不大，庞大的测绘地理信息市场驱动我们在该领域进行集成创新和应用创新，打造多传感器集成测绘地理信息装备生态圈，在测绘地理信息装备发展中率先取得突破，实现技术和市场全球领先。

（三）高分辨率成像技术

遥感对地观测装备的另外一个核心就是高分辨遥感成像技术，无论是光学分辨率还是光谱分辨率，都引发精度和效率的大突破。专业的数字航摄相机已经超过 1 亿像素，美国国家航空航天局（NASA）在 2014 年底推出了超过 40 亿像素的相机（见图 3），在该领域遥遥领先。此外，集成 5 ~ 13 个航摄相机的倾斜摄影、空中全景相机也是技术发展趋势和热点。

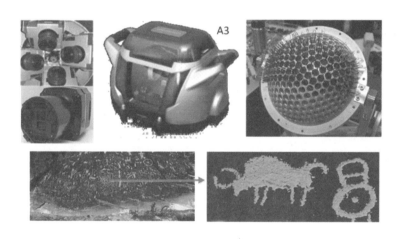

图 3　高分辨率成像技术

（四）高分辨率遥感卫星

高分辨率遥感卫星领域的竞争，是一个国家航空航天高新技术领域的全方位竞争，国际上高分辨率遥感卫星分辨率不断提高，商业化程度越来越高，其先发优势和技术优势非常明显。国家实施的高分辨率遥感专项为该领域的测绘地理信息装备发展提供了强大支持。高分辨率遥感卫星技术另一个热点为 3D 打印的小卫星，必将催生更多的应用模式（见图 4）。

图 4 微小卫星和 3D 打印卫星

（五）智能影像处理平台

智能影像并行处理是测绘地理信息装备中的软装备，也是最容易取得突破的方面。多影像密集匹配生成点云、倾斜摄影处理和智能解译是该领域的发展趋势。我国有众多的测绘地理信息科研技术人员，需要做好产学研对接，推动开发更多诸如 VirtuoZo、JX4、DPGrid 等全球领先的智能影像处理平台软件（图 5）。

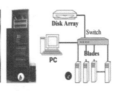

图 5 智能影像并行处理技术

（六）地理信息云服务技术

地理信息服务面向的市场更广，从政府部门到大众位置服务，Google Earth/Map、ESRI 代表了地理信息服务技术的最高水平和趋势，云计算、云服务、Big Data 是当前测绘地理信息行业的应用与服务热点（见图 6），将撬动地理信息产业成为新兴支柱产业。测绘地理信息服务相关技术和软件，要走行业深入和互联网大众应用两条路子，以丰富的测绘地理信息资源为基础，形成面向行业和大众服务的地理信息云服务系列软件平台和服务APP。

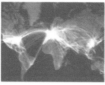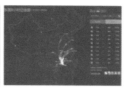

图 6　地理信息云服务技术

综合以上测绘地理信息技术发展趋势，当前的技术热点和旺盛的国内需求，为国产测绘地理信息装备"智"造升级奠定了坚实的基础。众多测绘地理信息装备研发和生产单位要从传统的测绘地理信息装备恶性竞争中走出来，加大新技术、新装备的研发投入，利用好国内优势技术资源和庞大的用户资源，面对挑战，抓住机遇，围绕核心技术和核心用户群，以测绘地理信息装备生态链为指导，打造核心生态圈，实现测绘地理信息装备的"智"造转型，逐步占领世界测绘地理信息装备制高点。

四　测绘地理信息装备转型与创新

从当前测绘地理信息装备的市场来看，高端测绘地理信息装备和全生态链的测绘地理信息装备是我国的短板，传统的测绘地理信息装备低成本恶性竞争以及国内市场环境要求测绘地理信息装备发展必须进行转型和"智"造创新。

新常态下的测绘地理信息转型和创新需要行业主管部门、行业单位和企业联动，从政策引导、市场环境、创新机制和研发投入方面着手，根据生态链制定好路线图、选好突破点、扎实创新，把测绘地理信息装备的"智"造升级落实好，具体包括如下方面。

（一）行业政策引导和资金扶持

在行业政策方面，在重大工程中优先使用，鼓励各行业部门及企业使用国产测绘地理信息高端装备，出台政府采购国产测绘地理信息装备优惠政策，支持高端测绘地理信息装备的研制、测试、中试、推广应用等一站式快捷通道建设。在科研创新政策支持方面，将测绘地理信息核心装备列入国家重大科技专项。加大对卫星导航芯片、数字航摄仪、多传感集成激光扫描系统、智能影像解译平台、地理信息服务云平台等国产测绘地理信息重大装备研制的资金扶持，建立国产地理信息核心装备创新链。

（二）转型内在驱动

在测绘地理信息产业新常态下，转型是必然的。测绘地理信息装备的发展转型必须是内在驱动的自发行为，谁转得快，谁就主动，当然也有可能成为先烈和先驱，但不转一定是等死。测绘地理信息装备的转型是整个行业、产业的转型，既是需求推动的，更是技术牵引的。

（三）加大技术创新投入

新常态下测绘地理信息装备发展的动力源自技术创新。三维激光、移动测量、无人机、高清遥感影像、机载 LIDAR、倾斜摄影测量等新的装备技术会成为新的革命者，推动测绘进入快速、适时获取全息数据时代，数据获取和生产都会更加高效、自动、智能，将人从重复繁重的劳动中解放出来。

（四）净化市场环境

不规范的市场对行业发展是长期致命的，以恶性价格竞争和公关作为生存之道，是对企业和用户都是极大的伤害。新常态下的测绘地理信息装备市场需要跟打造阳光政府相匹配，以产品质量、技术能力和用户服务为目标，形成良性的测绘地理信息装备市场环境。

（五）测绘地理信息装备的众创模式

新常态下测绘地理信息装备的创新包括技术创新和销售模式创新。技术创新包括核心关键技术的创新突破，还包括创新工作的组织，核心关键技术创新要拓宽视野，把握芯片、激光和互联网技术前沿。创新工作的组织可以学习众创，打造众创模式创新平台，让大众参与创新、让用户参与创新，让投资机构参与创新。此外，销售模式也要创新，打造测绘地理信息装备的"互联网+"。

五 结论

适应测绘地理信息事业和装备的新常态，贵在主动，贵在行动。主动才能把握先机，行动才能大有作为。日新月异的测绘地理信息装备市场发展，客观上要求测绘地理信息行业部门观念上适应，主动作为，革除政策体制积弊，推进转型升级。装备厂商更是要主动适应，勇于创新，加大创新投入。以测绘地理信息装备生态链为指导，长远规划，打造具备核心竞争力的测绘地理信息装备生态圈，实现从传统测绘地理信息装备制造商到高端测绘地理信息装备的"智"造商乃至服务商的升级转型。

参考文献

[1] 库热西：《新常态下测绘地理信息事业改革发展的思考》，http：//news. xinhuanet. com/expo/2015 - 03/02/c_ 127533674. htm。

[2] 徐德明：《建设测绘强国助力实现中国梦——纪念现行测绘法颁布十一周年》，《卫星应用》2013 年第 6 期。

[3] 宁镇亚、郭晋洲、曹会超：《测绘强国指标体系研究》，《测绘通报》2015 年第 7 期。

[4] 王洪涛、校莹：《测绘强国必须用信息化测绘体系来保障》，《商品与质量：理论研究》2012 年第 7 期。

[5] 靳颖：《发展壮大产业 建设测绘强国》，《卫星应用》2012 年第 4 期。

[6] 刘先林：《测绘装备发展的新趋势》，《遥感信息》2015 年第 1 期。

[7] 李天子、刘昌华：《国产航空摄影装备 SWDC 的关键技术及应用》，2013。

[8] 李海星、惠守文、丁亚林：《国外航空光学测绘装备发展及关键技术》，《电子测量与仪器学报》2014 年第 28（5）期。

[9] 杨邦会、池天河：《对我国卫星遥感应用产业发展的思考》，《高科技与产业化》2010 年第 12 期。

[10] 朱力维、宁镇亚：《深化测绘地理信息科技体制改革的思考》，《测绘与空间地理信息》2014 年第 37（4）期。

[11] 刘志迎、陈青祥、徐毅：《众创的概念模型及其理论解析》，《科学学与科学技术管理》2015 年第 36（2）期。

B.21
倾斜摄影构筑测绘地理信息应用新模式

曾志明*

摘　要： 本文主要阐述倾斜摄影技术的概念、特点、意义及优势，介绍国内外发展现状及趋势，分析倾斜摄影产业链的组成及关键技术，探讨倾斜摄影的应用领域，提出亟须解决的问题，展望未来发展前景。

关键词： 倾斜摄影技术与特点　倾斜摄影产业链　应用领域

　　这是一个巨变的时代，在每一个看似普通的日子里，这个世界的深处都在进行着一场革命，互联网技术、大数据、工业4.0等底层技术正在颠覆这个世界原来的面貌。在测绘地理信息领域，倾斜摄影技术的出现和快速发展，正在引起颠覆性的变化。倾斜摄影技术在大幅度降低三维建模成本的同时极大提升了三维建模的效率，大规模的城市三维建模将成为可能；所具备的快速还原真实现状的特性，又为智慧城市的下一步深入应用插上了"真实、准确"的翅膀。运用倾斜摄影技术，基础测绘工作也将从陆军全面走向空军，传统测绘风里来雨里去的作业方式即将成为历史。对于测绘地理信息相关单位，2013年开始研究和应用倾斜摄影技术是先驱，2014年开始是先进，2015年若仍然不行动就要落伍了。

　　本文将简要介绍倾斜摄影技术的方方面面，并重点探讨倾斜摄影技术将在多个行业应用中发挥作用，最后分析倾斜摄影下一步可能的发展方向及需要解决的问题。

---

　* 曾志明，北京超图软件股份有限公司平台软件研发中心副总经理。

一　倾斜摄影技术特点及意义

（一）什么是倾斜摄影

倾斜摄影技术是国际测绘领域近些年发展起来的一项高新技术。它改变了以往航空摄影测量只能使用单一相机从垂直角度拍摄地物的局限，通过在同一飞行平台上搭载多台传感器，同时从垂直、侧视和前后视等不同角度采集影像，获取地面物体更为完整准确的信息（见图1）。以倾斜摄影技术来获取影像数据作为素材，进行人工或自动化加工处理后得到三维模型数据的过程，称之为"倾斜摄影建模"，得到的三维模型，称为"倾斜摄影模型"。

图1　倾斜摄影航拍示意图

（二）倾斜摄影技术特点及其优势

传统的三维建模方式以人工建模为主。人工建模虽然具备效果绚丽、不受时空限制等优点，但其投入巨大、费时费力以及无法全面真实反映现实世界且精度难以保证等缺点，成为三维GIS进一步发展应用的瓶颈。

基于倾斜摄影获取的影像数据，可通过专业的自动化建模软件生产三维模型。自动化建模工艺流程一般会经过多视角影像的几何校正、联合平差等处理流程，运算生成基于影像的超高密度点云，点云经过抽稀后构建三角面片的模型骨架，再自动贴合拍摄的倾斜影像，由此生成高精度和高分辨率的三维模型。

倾斜摄影建模由于通过飞行器采集倾斜影像，通过软件计算自动生成模型，极大减少了人工的投入，成本大大降低，大致为人工建模的 1/2 到 1/3。倾斜摄影在获取倾斜影像之后，主要是通过计算机实现自动化建模，其生产效率可以达到每平方公里费时三小时，即 50 平方公里范围的模型可以在一周之内生产完毕。单从建模阶段人工建模每人每月 0.2 ~ 0.3 平方公里的效率相比，两者生产效率比可达到 1∶600。

倾斜摄影由于航摄时可搭载高精度的定位设备，以及通过地面控制点的辅助，其平面和水平误差可控制在 20 ~ 30 厘米，甚至在 15 厘米之内，达到大比例尺地图的精度要求。对比人工建模依赖底图的平面精度和人工判断误差高达数米的高程精度，具备明显的优势。倾斜摄影建模由于是在航拍影像的基础上通过计算机自动构建的，不会存在人工建模时人为的选择性构建和修饰过程，可以还原真实世界的完整面貌，实现全要素覆盖的三维建模。

综上所述，倾斜摄影自动化建模的技术机制对比传统的人工建模方式，具备高效率、高精度、高真实感、低成本"三高一低"优势，将极大改变三维地理信息应用的现状，构筑出广阔的应用新前景。

（三）倾斜摄影国内外发展情况

倾斜摄影技术最初起源于国外，引发国内外广泛关注的是苹果公司收购C3 公司采用的自动建模技术，之后倾斜摄影相机、倾斜摄影自动化建模软件分别得到快速发展。相机包括以色列 VisionMap 公司的 A3 系统，徕卡公司的RCD30 和微软公司的 UCO 等；自动化建模软件包括 AirBus 公司的"街景工厂"，被 Bentley 收购的 Smart3D Capture 等。

2013 年，国家测绘地理信息局集中采购了三套"街景工厂"，并发给黑龙江、陕西、四川三个国家直属局，加上河北省测绘院自行采购的"街景工厂"，这些测绘单位作为国内倾斜摄影领域的先行者，对倾斜摄影技术作了有效的探索和验证，并由此激发了国内市场，引得众多测绘相关单位纷纷效仿，极大地促进了倾斜摄影技术在国内的应用发展。与此同时，倾斜摄影航摄仪、倾斜建模和修补软件、三维 GIS 应用平台等相关软硬件产品也在国内如火如荼地发展起来。

事实上，随着国内倾斜摄影热潮的不断掀起，目前国内的数据生产和应用已经走在了国际先进行列。由于中国特殊的地理国情，国外软件产品已经开始积极寻求改变以适应日益增长变化的国内市场需求。中国将是倾斜摄影应用的大载体，相信在不远的将来，中国也将成为倾斜摄影技术发展的有力推动者。

二　倾斜摄影产业链组成及关键技术

（一）倾斜摄影产业链组成

倾斜摄影技术涉及多个领域，包括软硬件、航飞、建模和应用等多个环节，从上下游产业链的角度可以划分为五个主要环节（见图2）。具体包括：①倾斜摄影航摄平台的研制，主要包括飞行平台（如动力三角翼、无人机等）和倾斜摄影相机两大块；②倾斜摄影航飞，即具体承担航飞的实施任务，以获取倾斜影像数据；③倾斜摄影数据处理，主要包括基于倾斜影像的全自动或人工干预建模，以及大比例尺地形图测绘等，同时也能提供传统的 4D 产品（DSM、TDOM、DEM、DLG 等）；④支持倾斜摄影数据成果的三维 GIS 平台的研制；⑤基于倾斜摄影数据成果和三维 GIS 平台的应用开发。

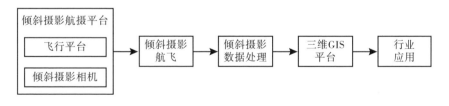

图 2　倾斜摄影产业链组成

（二）倾斜摄影应用关键技术

倾斜摄影产业链涉及诸多技术环节，除了硬件设备的研发，软件方面的关键技术集中于自动化建模技术和平台应用技术。目前自动化建模技术主要掌握在国外，国内有企业和科研院所正在攻关中，但尚未达到国产替代的程度。平台应用技术上国产软件则已经走到世界的前列，具体包括海量数据加载技术、单体化技术、效果修补技术等。

海量数据加载技术指的是倾斜摄影模型数据量往往非常庞大，一平方公里的数据量在 0.5GB～2GB，这样中小城市的建成区就能达到几十乃至上百GB。不过好在倾斜摄影自动化建模软件可以输出标准的 OSGB 格式，且数据本身就自导了 LOD。利用数据自带的 LOD，超图软件通过直接读取 OSGB，并运用 LOD 来优化调度，做到再大的数据量也可以实现瞬间加载，性能非常流畅。

单体化技术是倾斜摄影模型由于生产工艺问题，最后的成果是连片的三角面片，并没有把建筑物等模型单独提取出来。而这样的数据只能用来看看，无法进行 GIS 的管理与应用。而尝试把建筑物进行物理分割，则又会造成效果差、打破原有 LOD 结构导致性能急剧下降等问题。可行的办法是叠加需要管理的建筑物的矢量底面数据，运用三维渲染技术，动态实现倾斜摄影模型上的高亮选中效果（见图3）。如此就打开了用于看的三维倾斜模型和用于分析管理的二维矢量底面之间的通道。基于此，还能轻松实现包括图查属性、属性插图、空间查询、专题图制作等一系列 GIS 能力，为倾斜摄影模型的深入应用打开了大门。

另一个关键技术是效果修补。倾斜摄影模型是软件算法自动生成的，由于算法限制和拍摄角度等原因造成表面不够平整、底商效果不佳等问题，和人工建模存在明显差距。天际航软件可人工干预修整倾斜模型表面，以及参照街景影像修缮底商效果。超图软件则可通过自带水面符号弥补倾斜模型的水面空洞，还原波光粼粼的水面效果，以及通过配置点和三维符号来提供更好的树木等小品效果。

图3 倾斜摄影模型的单体化

三 倾斜摄影应用领域

倾斜摄影技术优势体现在和人工建模对比的三维模型构建上。倾斜摄影自动化建模所具备的"三高一低"(高效率、高精度、高真实感、低成本)优势,将极大改变测绘地理信息在多个行业的应用,构筑出广阔的应用新模式。

(一)倾斜摄影在智慧城市中的应用

智慧的基础是真实,倾斜摄影为智慧城市的应用插上了"真实"的翅膀。具体而言,倾斜摄影在智慧城市中的应用可包括以下方面。

1. 分类查询

通过配套矢量底面实现需要管理的各类地物的单体化,并赋予相应的属性信息,然后通过类别、区域、关键字等予以查询统计。

2. 规划压平,方案对比

在规划应用中,可以在倾斜摄影模型上绘制特定区域,把该区域内的倾斜模型压平,以模拟拆迁后的状况。可提供多套方案的浏览、对比应用,辅助领导决策不同建设方案与当前城市实景的匹配度。

3. 规划设计

支持直接在三维场景中添加规划的建筑、植被等设计数据，方便规划设计人员形成初步规划方案。

4. 日照分析

规划新建一栋高楼，分析判断是否会造成原有小区居民楼日照时间达不到住建部的相关规定。

5. 控高分析

利用规划城市的控高数据对实际城市建筑进行比对，直观标明超高建筑并显示其属性信息。

6. 摄像头监控

可以运用倾斜摄影模型上标注摄像头的位置和朝向来确定覆盖程度，以及是否和应该在哪些位置增加新的摄像头。

7. 地表开挖，地上地下一体化

支持把倾斜摄影模型的地表开挖，查看地下管线等设施的状态，实现地上地下一体化。

8. 淹没分析

根据监测点水位数据，结合倾斜摄影模型分析城市积水区域及面积以及受淹的建筑。

（二）倾斜摄影在智慧旅游中的应用

对于自然风光的三维建模，一直是一个难题，人工建模很难还原大范围的自然风景，而用地形和影像则时效性和精细程度往往都不能还原出风景的美观程度。而倾斜摄影技术由于其高分辨率和高真实感，能真实立体地还原自然风景的状况（见图4）。有利于景区特别是地质遗迹的保护、科普知识的宣传和自然风光的直观展示，从而吸引游客前往观赏。

自然风景的倾斜摄影数据制作往往分辨率高、数据量大，对三维 GIS 平台的支撑能力和稳定性提出了更高的要求。

（三）倾斜摄影在不动产登记中的应用

2015 年 3 月，《不动产登记暂行条例》正式施行，无人机与倾斜摄影、三

图 4　倾斜摄影技术还原真实的自然风景（图为湖南崀山骆驼峰）

维建模技术相结合，成为最新的市场热点。由于具备快速高效低廉的特点，无
人机与倾斜摄影、三维建模技术组成的"三剑客"，极有可能颠覆传统测绘行
业，在国土资源、农业、工业等众多领域发挥作用。

经过验证，倾斜摄影技术获取的模型点平面位置精度、高程精度误差均小
于 0.15 米，完全满足《1∶500 外业数字测图技术规程》需求。

无人机倾斜摄影用于不动产登记，通过获取正射影像图，建立三维模型，
辅助外业指界签字调查，图上进行坐标量测，形成矢量图形，辅助外业进行修
补测工作等一系列工作，极大程度上提高了不动产登记的效率。

（四）倾斜摄影在精细管理中的应用

在城市精细化管理中，管理到每一栋建筑物的粒度往往是不够的，而是要
求能精细到楼房的每一层甚至每一户房间。这就对三维模型提出了更高的要
求，人工建模即便能实现，代价也是巨大的，需要对每一户房间单独建模才
行。

倾斜摄影模型加上带有高度信息的分层分户图，可以做到每个建筑物每层
楼甚至每一户房间的精细管理，包括查询和各类统计分析能力，再关联户籍和
人口信息库，这样户籍信息管理就可以和真实世界关联在一起，而不再只是数
据库中孤立的信息了（见图 5）。

图 5　基于倾斜摄影模型的精细化管理

（五）倾斜摄影在应急救援中的应用

应急救援行业是为了预防和控制潜在的事故或紧急情况发生时，迅速有序地作出应急准备和响应，最大限度地减轻可能产生的事故后果。在作出应急决策时，首要条件是对发生事故的位置和地形地貌有一个全面了解，遥感影像满足要求，因现场环境情况的变化，对影像数据的获取时间、范围、精度、生产效率及分析应用都有极高的要求，而倾斜摄影不论在起飞场地、飞行时间上，还是在数据生产效率、数据精度等方面都完全满足应急救援的需求。

例如，在地震救灾中，抗震救灾指挥部除了可以利用遥感现势图研判灾害形势外，还多了一个救援利器——震区三维实景图，通过切换各种视角，实现了对震区各个方位的观测，为制订下一步的救援方案以及防止次生灾害的发生提供了极大便利。震区三维实景图就是利用倾斜摄影测量技术及自动建模技术快速生成三维模型，为救援实施提供了依据。

（六）倾斜摄影在其他领域的应用

综合倾斜摄影建模的诸多优势，还可以在其他领域开创出多种新的应用。

在电力巡检、移动基站选址等应用中，需要真实的、带有建筑等全要素的三维地表信息作为基础底图参考，用传统地形加影像的方式很难达到其精度要求，并且也无法做到全要素覆盖，那么倾斜摄影模型就非常符合这类应用的需要。

在城乡拆迁重建时，也可以利用倾斜摄影建模来完整准确地获取拆迁前各类建筑的真实状况，以作为后续赔偿乃至纠纷发生时的客观依据。

倾斜摄影模型实质上就是带有建筑物等各类地物的数字地表模型，完全可以取代传统地形加影像所发挥的作用，且精度更高、时效性更强。例如，露天煤矿的容量统计、推平山头或填平山谷所需要的土方量计算，都可以基于倾斜摄影模型来完成。甚至还有人尝试基于倾斜模型来评估农作物的生长情况，从而预估其产量。

可以预测，随着倾斜摄影技术的进一步发展，精度、效率、成本上的优势进一步增强，原有的很多应用都将迁移到倾斜摄影技术上，并且还将继续开拓出更多新的应用模式。

四 发展展望

（一）倾斜摄影进一步发展和应用展望

倾斜摄影开启了一扇前景无限广阔的大门，虽然我们现在已经可以把倾斜摄影应用到多个新领域，其实我们只要稍加发挥想象力，倾斜摄影后续还可以挖掘出更多的宝藏。

1. 互联网应用

在互联网应用上，我们再环顾四周，无论是 Google Earth 还是诺基亚出售的 heremap，欧美国家主要城市展现出来的都是通过倾斜摄影技术所制作的真实三维模型。超图软件近期已经研制出基于 HTML5 + WebGL 三维无插件客户端，互联网应用的一大瓶颈已经消除。相信随着倾斜模型的保密性问题解决，以及 4G 乃至 5G 网络的发展，中国互联网地图很快就会从 2 维和 2.5 维地图升级为三维地图，互联网地图的应用又将迎来又一次升级换代。手机地图上所见即所得的真三维场景将进一步降低地图使用的门槛，大幅度提高用户体验，下至三岁小孩上至 80 岁老人，都能轻松使用。

2. 自动驾驶和无人机快递

我们进一步设想，随着微型无人机的快速发展，人人的手提包中都将有一个玩具无人机。在不久的未来，三维模型数据也将由专业机构才能生产转变为人人都能制作的 UGC（用户生产内容）模式。网络上共享的三维模型，将会极大丰富。而随着倾斜摄影技术精度的进一步提高和倾斜模型数据的极大丰富，基于完全符合现实状况的三维倾斜模型将进一步提升汽车自动驾驶能力，自动驾驶使得开车不再成为烦恼而是成为一种享受。而基于倾斜模型数据的无人机快递，将再一次颠覆物流行业，使得互联网购物的体验进一步增强。

3. 沉浸式三维体验

效果更好的倾斜摄影真实模型，结合三维眼罩等虚拟现实装备的发展，随时随地自由地选择世界任意地点进行自由翱翔也将成为可能。届时，"黑客帝国"中的场景将不再是科幻。

对于倾斜摄影技术本身，也有科学家在探讨是否能采用卫星实现倾斜影像的获取。若能实现，则又是倾斜摄影技术的一大突破。

（二）倾斜摄影进一步发展需要解决的问题

虽然倾斜摄影技术在近年来获得了快速发展和推广，但也应清楚地认识到倾斜摄影的进一步发展仍有不少需要解决的问题。这里既包括技术本身的问题，也包括相关技术乃至技术之外的问题。

1. 国产自动化建模软件亟待突破

倾斜摄影技术的一个关键环节是自动化建模软件。国内普遍采用的主要是从法国引入的街景工厂和 Smart3D。虽有不少国内企事业单位在从事这方面的研究，但目前仅有无限界公司一家拥有完全自主核心技术的全自动三维建模系统，为打破该技术的国际垄断奠定了一定的基础。

2. 模型效果仍需提高

在建模的效果上，天际航等软件可以通过人工干预予以部分修补，但更经济和更多的效果提升还需要倾斜影像拍摄过程和自动化建模算法的提高。包括：对容易出现漂浮在半空的树干、电线杆等较为细碎物体的处理能力，对于拍摄不到的位置会出现空洞和板结的处理能力，对于建筑物的底商效果，除了人工干预修补，能否加入街景数据建模以取得更好效果也是一个重要课题。

3. 建模精度需要进一步增强

在建模精度上，虽然现在精度已经不错，但若要作为自动驾驶的数据基础，则还需要进一步提升。例如，对于车辆能否开上去的马路牙子，必须精确到厘米级别。而对于地下通道和地下车库的建模能力，也是必须考虑在内的。

4. 亟待矢量底面的自动化提取能力

倾斜模型的 GIS 应用，获取建筑物对应的矢量面是一个绕不过去的槛。通过自动化建模软件配套生成的正射影像来人工勾画虽然是一个办法，但毕竟费时费力。已有厂商开始研究在倾斜模型之上自动提取矢量面，但技术尚不成熟。

5. 互联网应用尚需多方位突破

倾斜模型的高精度特性，要实现互联网公众应用就必须解决数据保密性的问题。由于倾斜摄影技术在国内也是近年来新出现和发展起来的，对于导航电子地图已经成熟的数据保密办法和脱密方法，尚未对应到倾斜模型数据上。政策上的空白也是导致该领域观望不前的重要原因。而倾斜影像航摄采集最大的政策因素是空域的申请和使用，特别是频频出现事故的低空飞行无人机，亟待进行低空空域管理改革。

（三）倾斜摄影联盟的成立及其作用

面对倾斜摄影给三维空间信息产业带来的发展机遇，2014 年 6 月，由十家倾斜摄影产业链中的企事业单位发起成立了全国倾斜摄影技术联盟。联盟成员通过共同努力，使倾斜摄影技术快速在智慧城市、智慧景区、智慧农场、城市规划、应急救援、公安反恐、不动产登记、文物保护、工程测量、竣工测量、军事国防等行业和领域得到广泛使用。从 2015 年 4 月开始，联盟启动百城巡展活动，目的是深度推广倾斜摄影技术，使其更好地服务于各行各业，同时与业界分享联盟成员所探索创新的成果，为倾斜摄影技术在全国的推广使用起到的非常积极的作用。

五　结论

倾斜摄影作为在传统航空摄影基础上发展起来的新技术，由于增加了不同角度的相机拍摄，采集的信息更全面，并在自动化建模软件的支撑下快速、低成本地构建出逼真的三维模型，从而使得倾斜摄影技术得到蓬勃发展，并具备广泛的应用前景。可以说，倾斜摄影开辟了一条地理信息应用的新道路，在这条大道上，还将不断有新的应用模式被发掘出来。

在这样一个技术大变革的时代，在倾斜摄影技术蓬勃发展的时代，倾斜摄影产业链上的所有成员，都将抓住历史机遇，奋勇争先，努力创新，为改进倾斜摄影技术环节上的点点滴滴贡献自己的一分力量，为倾斜摄影技术更好更快地应用到地理信息产业和社会生活的方方面面贡献自己的一分力量。

管 理 篇

Management

B . 22

深入推进政府职能转变
做好新常态下的监管服务

宋超智*

摘　要：　本文以数据和实例为基础全面分析了新常态下我国测绘地理信息行业发展面临的历史机遇、政策利好和存在的不足，深入阐述了全面依法治国背景下加强测绘地理信息市场监管的必要性和挑战，从完善立法、简政放权、加强监管、严格执法四个方面系统提出了规范市场秩序、优化发展环境的路径和举措。

关键词：　新常态　简政放权　放管结合　优化服务

　　新常态，是以习近平为总书记的党中央对我国经济发展进入新的历史阶段

---

* 宋超智，国家测绘地理信息局党组成员、副局长，博士。

的重大战略判断。科学认识、准确把握、积极引领新常态，是我们深化改革、谋划发展、转型升级的重要遵循。经济新常态下，测绘地理信息行政主管部门要切实转变政府职能，持续推进简政放权、放管结合、优化服务，激发市场活力，提高监管效能，营造良好环境，为测绘地理信息事业发展保驾护航。

一　准确把握测绘地理信息行业发展新特征

（一）国家政策利好与企业活力不足并存

当前，我国经济传统引擎正在进行结构调整，新一轮投资趋近饱和，重点向扩大公共产品和公共服务供给转变，着力实现经济保持中高速增长、迈向中高端水平的目标。"一带一路"、促进大数据发展纲要、不动产统一登记、地理国情普查、农村土地承包经营权确权登记颁证、智慧管网建设、海绵城市建设等一系列国家重大战略、重点工作的推进，催生了测绘地理信息服务的旺盛需求，带来巨大商机。2015 年 1 月，国务院决定设立总规模 400 亿元的国家新兴产业创业投资引导基金，助力创业创新和产业升级。银监会加大对包括地理信息产业在内的科技型企业的信贷投放力度。湖北省交通银行为湖北省北斗产业发展提供 10 亿元的贷款授信。吉林局与交通银行吉林分行签署战略合作协议，为扶持中小型地理信息企业发展提供 10 亿元资金的授信额度。在国家政策利好背景下，地理信息产业规模年均增速超过 20%。2014 年全国测绘资质单位完成服务总值 679.91 亿元，同比增长 12.1%。根据 2015 年前三季度财务报表统计，以地理信息产业为主业的上市测绘资质企业营业收入同比增长 32.7%，净利润同比增长 28.4%。企业兼并重组步伐加快。10 余省份建设了地理信息产业园区。一批有实力的企业崭露头角，成为产业发展的排头兵。

与此同时，受国家宏观经济增速放缓影响，多家测绘单位赢利增速减缓，企业获得融资和贷款难度大，近 70% 的中小型测绘企业从未获得过任何优惠政策支持。在服务模式上，一些单位主要从事数据加工、外包服务等，模式单一。在发展战略上，不同程度地存在企业发展战略规划不清晰、专业市场细分不科学、同质化竞争等现象。在技术发展上，有近 90% 的地理信息企业没有专利技术，绝大部分企业的专利少于 10 项，核心竞争力不足。

（二）行业规模壮大与整体实力不强并存

2014 年，国家局修订了《测绘资质管理规定》和《测绘资质分级标准》，放宽了考核条件，降低了准入门槛。自颁布实施以来，全国测绘资质单位总数增加 1000 家以上。截至 2015 年 10 月底，全国共有测绘资质单位 15699 家，其中，甲级 891 家，乙级 3052 家，丙级 5575 家，丁级 6181 家，分别占总数的 5.7%、19.4%、35.5%、39.4%。民营测绘企业数量达到 8921 家，占全国测绘单位总数的 56.8%。测绘单位数量近 5 年保持年均 6.5% 的增幅。截至 2014 年底，全国测绘单位从业人员总数达到 34.55 万人，同比增长 5.1%。目前，已有 104 家地理信息产业相关企业在国内外上市。全国有近 7000 名注册测绘师完成注册。测绘地理信息行业在吸纳就业方面表现良好，截至 2015 年 3 月底，各高校发布的 2014 年毕业生就业质量年度报告统计，测绘工程专业本科毕业生就业率为 94.17%，地理信息科学专业为 91.74%，遥感科学与技术专业为 97.71%。

与此同时，测绘单位总体上处于多而不大、大而不强的局面。从业人员方面，测绘单位大多数属于小微规模，从业人员少于 100 人的单位占总数比例高达 97%。营业收入方面，测绘单位年产值少于 1000 万元的占单位总数的 75%。对 2014 年中国地理信息产业协会评选出的 89 家地理信息产业百强企业进行统计，累计 2011～2013 年的测绘服务总值，超过 20 亿元的仅有 2 家，5 亿元以下的有 70 家。区域发展方面，测绘单位的分布范围、从业人数、服务总值、市场活跃度等，集中优势体现在长三角、珠三角、环渤海经济圈等地区，地域发展不均衡比较明显。

（三）市场快速发展与失序风险继续并存

当前，测绘地理信息工作从传统服务领域拓展到地理国情监测、智慧城市、环境保护、电力应用、智能交通、现代物流等领域，日益融入国民经济建设主战场。国家"互联网＋"战略催生大数据、云计算、物联网与测绘技术深度融合，服务内容由主要提供静态基础数据、基本比例尺地形图向提供动态、实时的地理信息转变，出现按需定制、信息交互、网络分发等新型地理信息服务模式，产生新的效益，繁荣了地理信息市场。北斗卫星定位系统投入运行，加快了北斗产业化应用进程，全球卫星导航位置数据服务的定位速度和精度大幅提升，发展潜力巨大。倾斜航摄颠覆了传统手工建模的三维模型获取方式，快速还原全景真三维影像，成为当下热门的测绘技术应用。

在竞争激烈的市场环境下，市场失序风险也在加大。一些测绘单位不惜以低于成本的价格或者过短工期恶意抢占市场，带来测绘质量问题。一些单位存在资质申请弄虚作假、转包、违法分包、无资质测绘、超资质范围测绘、挂靠或借用资质证书承揽测绘项目等问题。一些地方存在行政垄断、地方保护等分割市场的行为。一些单位非法采集加工提供地理信息、违法持有和交易保密测绘成果。

二 充分认识测绘地理信息市场监管新挑战

（一）全面依法治国要求重视加强监管

党中央"四个全面"的提出，确立了全面依法治国的战略保障地位，把加强法治建设提高到前所未有的高度。基础测绘是立业之基，依法行政是职能之本，这是测绘地理信息工作始终坚持的基本遵循，二者相辅相成，不可偏废其一。新形势下，国家局党组提出全力做好测绘地理信息服务保障、大力促进地理信息产业发展、尽责维护国家地理信息安全的工作目标。实现这一目标的重要基础，在于通过科学有效的市场监管，营造良好的发展环境。

做好新常态下的市场监管，首先要厘清政府和事业、政府和市场的关系。政府主要抓宏观管理，制定规划和政策，推进依法行政，逐步将不属于行政职能的具体事务性工作转移出去，腾出精力抓监管。要树立政府依法监管、市场主体依法履责的理念，政府既不能越俎代庖，干涉市场主体正常的经营活动，承担无限管理责任，也不能管理缺位，对市场主体违法违规行为放任自流、管理不善。

（二）行政审批改革要求改变监管方式

新一届政府把简政放权作为转变政府职能的"当头炮"。党的十八届五中全会公报要求，"持续推进简政放权、放管结合、优化服务"。近年来，国务院密集研究部署深化行政审批制度改革，取消和下放了 7 批共 632 项行政审批事项，取消了第一批行政审批中介服务事项，改革商事制度，大力减少行政事业性收费，清理并取消资质资格许可事项和评比达标表彰项目等。2015 年，国务院发文对各部门改进行政审批行为进行督导，内容和时限要求非常严格。

当前，重审批轻监管、抓审批放监管、以审批代监管、以处罚代监管等不同程度地在测绘地理信息领域存在，与建设法治政府的要求不相适应。建立事前审批、事中监管、事后监管有机协调的监管机制，是转变政府职能的必然要求。事前审批主要是市场准入和事先控制，确保市场主体具备应有的资格和能力，防范潜在风险。事中监管主要是确保市场主体持续符合准入条件、依法合规经营，重在过程控制。事后监管主要是通过行政执法打击违法违规行为，维护市场秩序。事前审批的许可条件靠事中监管来维护，事中监管及时矫正和制止不当行为，可以减轻事后监管的压力，事前审批、事中监管的效果最终靠事后监管来保障。

（三）市场快速发展倒逼监管手段创新

当前，测绘地理信息事业正处于转型升级的关键时期。推进新型基础测绘，提升基础测绘整体效能；推进地理国情监测形成常态化工作机制，服务生态文明建设；完善市场体系，应对互联网经济对地理信息产业带来的挑战等，对测绘地理信息监管提出新要求。中央领导高度重视卫星定位连续运行基准站安全问题，多次作出重要批示。现代战争条件下，武器制导系统需要详细数据，必须输入精确坐标才能完成精准打击，一些外国间谍以掩护身份进入我国细致入微地开展测量和情报工作，对测绘地理信息部门贯彻总体国家安全观、维护地理信息安全提出严峻挑战。

与之相对应，测绘地理信息市场监管仍处于静态化、运动式监管阶段，手段不多，措施不严，效果有限。在监管工具上，主要运用自由裁量权、个案个办等传统手段进行监管，没有充分运用制度化、信息化手段进行监管。在监管力度上，市场主体违法成本低，不足以震慑违法行为。在监管能力上，存在市县测绘地理信息行政执法人员不到位，不敢执法、不会执法、随意执法等问题。

三　全面提高测绘地理信息监管和服务水平

党的十八届五中全会公报指出"加快形成引领经济发展新常态的体制机制和发展方式","让创新贯穿党和国家一切工作"。做好新常态下的测绘地理信息监管服务工作，要充分发挥市场在资源配置中的决定性作用和更好发挥政府作用，突出问题导向，推进监管创新，实现精准发力，营造破束缚、促创新、保公平的良好环境，建设统一开放、竞争有序、诚信守法、监管有力的测绘地理信息市场体系。

（一）健全测绘地理信息法律规范体系

立治有体，施治有序。加强市场监管，要发挥立法的引领和推动作用。《测绘法》在整个法律规范体系中处于"纲"的位置，配套法规规章则是"目"，纲举则目张。

一是全力推进修法工作。当前，要以《测绘法》修订纳入国家安全立法规划为契机，配合国务院法制办和全国人大，做好《测绘法》审议、颁布和宣贯工作。重点争取将加强地理信息安全监管、加强测绘基准站管理、加强地理信息资源共享、应急测绘、测绘航空航天遥感影像统筹、不动产测绘、地理国情监测等重大工作上升为法律制度。

二是贯彻实施立法规划。认真落实《国家测绘地理信息局立法规划（2015～2020年）》，本着"拾遗补阙、急用先行、成熟先上"的原则，有序指导推进列入规划的立法项目，确保按时出台，推动测绘地理信息法律规范体系更加成熟定型，为市场监管提供有力的制度保障。

三是做好法规清理工作。全面清理现行测绘地理信息法律法规规章和规范性文件，坚持"立改废释"并举，坚持"破旧"与"立新"并重，对不符合测绘地理信息事业发展要求，与上位法不一致、不协调的，及时调整完善。

四是加强科学民主立法。充分利用全系统、全行业、高等院校和科研院所的力量，广泛吸纳民意民智，对事关全局的根本性、全局性和长期性问题，组织调研，广泛讨论，形成最大共识。法规制度准确反映测绘地理信息事业转型升级的制度需求，操作性强，备而不繁，简明易行。

（二）深化行政审批制度改革，打造责任政府

"十三五"期间，我国经济转型升级将步入从量变到质变、从产业规划到发挥市场力量的新阶段。深化行政审批制度改革，是顺应趋势、激发创业创新活力的重要举措。

一是实施清单管理。推进权力清单制。按照国务院持续推进简政放权的要求，围绕"清权、减权、制权、晒权"，对测绘地理信息行政审批事项进行"体检""瘦身"，给予市场主体更大的自主权，让市场主体拥有更多获得感。推进责任清单制。对取消和下放的测绘地理信息行政审批项目，同步研究、同步提出加强事中和事后监管的具体措施。推进负面清单制。认真贯彻《国务院关于实行市场准入负面清单制度的意见》（国发〔2015〕55 号），制定测绘地理信息市场准入负面清单。对外资涉足测绘地理信息企业涉及国家安全问题，探索按照准入前国民待遇加负面清单的模式，将有关行为纳入外商投资负面清单，完善安全审查制度，依法采取禁止或者限制市场主体资质、股权比例、经营范围、商业模式等措施，维护地理信息安全，并向社会公开。

二是改进审批行为。树立服务意识。严格依照行政许可法规定的时限办结审批事项，简化审批流程，提高审批效率，坚持高效便民，反对拖沓低效。实行"一站式"审批。推动行政审批的申报、受理、审查、反馈、决定和查询告知等全过程、全环节网上办理。推进阳光审批。将审批事项、审批程序、申报条件、办结时限、办理结果、联系方式等在网上公开，提供公众咨询服务，并建立申请人评议制度。建立统一监管平台。探索大数据监管模式，加快建立"统一规范、并联运行，信息共享、高效便捷，阳光操作、全程监督"的网上联合审批监管平台，实现所有审批事项"一网告知、一网受理、一网办结、一网监管"。

（三）加强事中事后监管，规范市场秩序

按照国务院转变政府职能要求，推进商事制度改革，放宽市场准入门槛，释放由准入监管向后续行为监管的政策信号。准入放宽不可避免会引起浑水摸鱼、鱼龙混杂的现象，要坚持放管结合，做到放活不放任，放权不放责。

一是加强信用管理。完善信用制度。制定符合测绘地理信息行业特点的信

用管理办法和信用指标体系，做到于法周延、于事简便。征集信用信息。监管范围延伸到哪里，信息征集就要到达哪里，及时、全面掌握测绘单位的信用信息，并建立单位信用档案。加强信息披露。将测绘单位的信用信息向社会公开，发挥市场自身的奖优罚劣调节作用，构建"守信者收益、失信者受惩"的机制。强化信用约束。根据失信行为严重程度，将失信行为与资质管理挂钩，设置市场准入限制措施，形成信用约束机制。对多次出现失信问题的单位，实施零距离监管；对偶尔出现失信问题的单位，实施近距离监管；对几乎不出现失信问题的单位，实施远距离监管，探索建立单位"黑名单"制度。加强信用共享。加强与工商等职能部门协调，推进测绘单位信用信息的互联互通、共享共治。推动将市场主体信用记录纳入"信用中国"网站和全国统一的信用信息共享交换平台。

二是加强日常监管。推广实施"双随机"监管执法。贯彻落实《国务院办公厅关于推广随机抽查　规范事中事后监管的通知》（国办发〔2015〕58号）精神，在测绘地理信息领域推广实施随机抽查。建立健全随机抽查对象名录库、执法检查人员名录库。逐步健全测绘资质巡查、测绘质量检查、涉密测绘成果检查等联合抽查工作机制，填补监管缝隙，堵塞监管漏洞，降低市场主体成本。实施测绘资质年报公示制度。要求测绘单位按年度报告本单位符合资质条件、遵纪守法、信息变更、重大股权变化等情况，在测绘地理信息行政主管部门网站公开"晒承诺"。对未报送年度报告或者年度报告隐瞒情况、弄虚作假的，纳入单位不良信用记录。鼓励社会监督和行业自律。畅通举报渠道，鼓励社会公众尤其是利益相关方参与社会监督。推进测绘地理信息社团组织有序承接政府转移职能，建立健全行业经营自律规范、自律公约和职业道德准则，建立健全与市场准入负面清单制度相适应的行业自律机制。

三是加强队伍建设。强化法治思维。抓住领导干部这个关键少数，把领导立法、依法监管、保证执法纳入党政领导班子考核范围，推动厉行法治、依法行政。落实监管责任。改变重审轻管、有权无责的现象，将监管责任落实到部门、岗位和人头，破除"懒政""怠政"思维，清除"监管认知盲区"。建设精干队伍。加强监管执法人员培训，落实持证上岗制度，促其加强学习、把握大势、了解新知，增强履职本领，提高监管执法的科学性、有效性。

（四）推进严格执法，提高执法普法水平

十八届四中全会对行政执法体制改革作出全面部署，要求推进综合执法，全面落实执法责任制。要在行政执法领域创新管理方式，提高执法的权威性、公信力和影响力。

一是有序推进综合执法。根据测绘地理信息行政执法体制不健全、执法主体缺失、执法力量分散薄弱等现状，按照总体设计、突出重点、分步实施的原则，有序推进综合执法。认真落实《国土资源部、国家测绘地理信息局深化部局业务协作实施方案》，测绘地理信息管理职责设在各级国土资源部门的，要积极协调地方机构编制部门，明确国土资源部门内设的执法监察机构履行测绘地理信息行政执法职责，推行国土资源与测绘地理信息的综合执法。通过实行"一综到底""一职多能"，真正实现"一支队伍管全部"，完成从条状专业执法模式向"条块结合、以块为主"的综合执法模式转变，有效提高执法效能。

二是全面落实执法责任制。按照"监管属地管理、执法重心下移"的要求，加强对市县测绘地理信息行政主管部门开展行政执法的指导协调和督促检查。要进一步明确测绘地理信息行政执法的具体操作流程，重点规范行政处罚、行政强制、行政检查等执法行为，对执法全过程要进行记录；进一步规范和细化行政执法自由裁量权标准，重大的执法决定，要实行法制审核。要依法扩大执法范围和提高执法频次，聚焦重点领域、重点市场进行专项执法检查，加大对涉及国家安全领域的测绘地理信息案件的查处和曝光力度，对涉及面广、社会影响大、情节恶劣的重大测绘地理信息违法案件，要实行挂牌督办、限期查办。

三是深入开展法治宣传教育。做好法制宣传，弘扬法治精神，对于加强市场监管、维护市场秩序具有助推器的作用。要按照"谁执法谁普法"的要求，以测绘法宣传日为平台，开拓新阵地、新载体，探索构建新媒体与传统媒体、无声文字与有声视频、互动交流与媒体传播交融互补的"立体宣传"新模式，不断提升测绘地理信息法治宣传的吸引力、影响力和实际效果，推动各级测绘地理信息行政主管部门和测绘单位从业人员尊法、学法、守法、用法，使依法行政、依法测绘的法治理念内化于心、外化于形。

党的十八届五中全会吹响了夺取全面建成小康社会决胜阶段伟大胜利的嘹亮号角。我们要牢记使命，锐意进取，勇于担当，做好新常态下的监管服务工作，为保障测绘地理信息事业改革创新发展，作出应有的贡献。

参考文献

［1］国务院：《国务院关于规范国务院部门行政审批行为改进行政审批有关工作的通知》（国发〔2015〕6 号）。

［2］国务院：《国务院关于促进市场公平竞争维护市场正常秩序的若干意见》（国发〔2014〕20 号）。

［3］中国地理信息产业协会：《中国地理信息产业发展报告》，测绘出版社，2014。

积极推进简政放权放管结合
促进测绘地理信息转型升级

熊伟 赵燕 张月*

摘　要： 本文全面总结了十八大以来国家关于简政放权的具体要求及实践做法，系统梳理了2001年以来测绘地理信息部门推进简政放权的主要行动，客观分析了测绘地理信息简政放权方面存在的不足和问题，并从做好行政审批事项的法律支撑、清理现有行政审批事项、优化行政审批程序、推进"放""管""服"有机结合等四个方面提出了下一步推进测绘地理信息简政放权的对策建议。

关键词： 测绘地理信息　简政放权　行政审批　转型升级

简政放权，是中国在推进和深化经济体制改革进程中，针对政企不分、政府经营管理企业的状况，为增强企业活力，扩大企业经营自主权而采取的改革措施。自党的十八大以来，"简政放权"已成为全面深化改革的"先手棋"和转变政府职能的"当头炮"。在经济新常态下，简政放权是每个政府部门全面深化相应领域改革的关键一步。对于测绘地理信息部门来说，要实现测绘地理信息的转型升级，建立新型基础测绘体系，形成新的测绘地理信息公共服务格局，进一步发展壮大地理信息产业，首要的是必须适应形势发展变化，着力做好测绘地理信息简政放权工作，破除体制机制性障碍。

---

* 熊伟，国家测绘地理信息局测绘发展研究中心副研究员；赵燕，国家测绘地理信息局法规与行业管理司处长；张月，国家测绘地理信息局测绘发展研究中心研究实习员。

一 国家关于简政放权的具体要求和做法

（一）党中央、国务院对做好简政放权工作提出明确要求

党的十八大报告在"坚持走中国特色社会主义政治发展道路和推进政治体制改革"部分提出，"深化行政审批制度改革，继续简政放权，推动政府职能向创造良好发展环境、提供优质公共服务、维护社会公平正义转变"。十八届三中全会审议通过的《中共中央关于全面深化改革若干重大问题的决定》在"加快转变政府职能"部分明确提出，"进一步简政放权，深化行政审批制度改革，最大限度减少中央政府对微观事务的管理，市场机制能有效调节的经济活动，一律取消审批，对保留的行政审批事项要规范管理、提高效率；直接面向基层、量大面广、由地方管理更方便有效的经济社会事项，一律下放地方和基层管理"。2015 年政府工作报告在"把改革开放扎实推向纵深"部分进一步明确指出，"加大简政放权、放管结合改革力度。今年再取消和下放一批行政审批事项，全部取消非行政许可审批，建立规范行政审批的管理制度。……清理规范中介服务。制定市场准入负面清单，公布省级政府权力清单、责任清单，切实做到法无授权不可为、法定职责必须为。地方政府对应当放给市场和社会的权力，要彻底放、不截留，对上级下放的审批事项，要接得住、管得好。加强事中事后监管，健全为企业和社会服务一张网，推进社会信用体系建设……。各级政府都要建立简政放权、转变职能的有力推进机制……。所有行政审批事项都要简化程序，明确时限，用政府权力的'减法'，换取市场活力的'乘法'"。所有这些中央关于简政放权的重要文件精神，为进一步做好测绘地理信息简政放权工作提出了明确要求，指明了改革前进的方向。

（二）中央政府关于简政放权的具体做法

本届政府成立之初，就决定要将国务院各部门的 1700 多项行政审批事项减少 1/3。两年多时间过去了，在本届政府已召开的 100 次国务院常务会议中，40 多项议题与简政放权直接相关；在本届政府播发的 100 篇新闻通稿中，"简政放权"4 个字出现了 65 次；本届政府 2013 年、2014 年、2015 年的首次常务会，都把简政放权作为"当头炮"①；国务院相继以国发〔2012〕52 号、国发〔2013〕27 号、国发〔2013〕44 号、国发〔2014〕27 号、国发〔2015〕11 号等文件发布了"关于取消和调整一批行政审批项目等事项的决定"。截至 2015 年 7 月 28 日，本届政府相继取消和下放了 800 多项行政审批事项，公布取消了 211 项职业资格许可和认定事项等，用两年多的时间提前完成了 5 年的目标。其中，2014 年，国务院各部门全年取消和下放 246 项行政审批事项，取消职业资格许可和认定事项 149 项②。2014 年 6 月 4 日，国务院常务会议指出，对没有法律法规依据和各地区、各部门自行设置的各类职业资格，不再实施许可和认定，逐步建立由行业协会、学会等社会组织开展水平评价的职业资格制度。2015 年 5 月 6 日，国务院常务会议决定，彻底取消非行政许可审批③事项这一审批类别，让非行政许可审批彻底淡出历史舞台。中央政府关于简政放权的所有做法，为加快推进测绘地理信息领域的简政放权提供了有力指导和重要依据。

二　测绘地理信息部门推进简政放权的主要行动

国务院 2001 年启动行政审批制度改革工作以来，国家测绘地理信息局（以下简称"国家局"）认真贯彻落实国务院的部署和要求，扎实推进测绘地理信息行政审批制度改革，各项工作取得积极进展。

第一阶段（2001～2004 年 7 月 1 日）：共取消和调整行政审批项目 7 项，保留 13 项（含 12 项行政许可和 1 项非许可备案，详见表 1）。同时，根据清理结果，及时制定、修订、废止相关法规规章和规范性文件，并细化行政审批程序，先后制修订 10 多项行政许可审批程序规定。为规范审批部门和工作人员行为，制定发布了《测绘行政许可内部监督管理暂行办法》。

---

① 《解读李克强的"当头炮"：将简政放权进行到底》，http：//news. 163. com/15/0802/19/B01O1AQ400014PRF. html），2015 – 08 – 02。
② 2015 年政府工作报告。
③ 百度百科：非行政许可审批，是指由行政机关及具有行政执法权的事业单位或其他组织实施的，除依据法律法规和国务院决定等确定的行政许可事项外的审批事项。在法律规定中，它被列为"不适用于《行政许可法》的其他审批"，一度被代指为"制度后门"和"灰色地带"。

表1 2001年以来国家测绘地理信息局行政许可审批事项变化情况

时间	行政许可审批事项内容	备注
2001年	共有20项行政审批事项，具体内容包括2004年7月1日清理后保留和取消、调整的所有事项	
2004年7月1日	1. 外国组织或者个人来华从事测绘活动审批 2. 测绘资质审批 3. 地图审核 4. 建立相对独立的平面坐标系统审批 5. 测绘专业技术人员执业资格审查 6. 涉密基础测绘成果资料提供、使用审批 7. 对外提供我国测绘资料审批 8. 永久性测量标志拆迁审批 9. 采用国际坐标系统审批 10. 编制中小学教学地图审批 11. 基础测绘规划备案 12. 测绘行业特有工种职业技能鉴定站资格审核 13. 测绘计量检定人员资格审批	取消了6项 (1)测绘计量标准证书、计量标准、计量授权证书备案 (2)专业测绘计划备案 (3)测绘合同备案 (4)测绘产品质量检查员资格审查 (5)测绘项目立项审批 (6)测绘任务登记等6项行政审批项目 调整了1项 (7)测绘行业特有工种从业资格认定等1项，不再作为行政审批项目，实行自律管理
2004年7月2日~2013年3月	1. 外国的组织或者个人在中华人民共和国领域和管辖的其他海域从事测绘活动审批 2. 从事测绘活动的单位资质认定 3. 地图审核 4. 建立相对独立的平面坐标系统审批 5. 从事测绘活动的专业技术人员执业资格认定 6. 拆迁永久性测量标志或者使永久性测量标志失去效能审批 7. 法人或者其他组织需要利用属于国家秘密的基础测绘成果审批 8. 对外提供属于国家秘密的测绘成果审批 9. 采用国际坐标系统审批 10. 编制中小学教学地图审批 11. 基础测绘规划备案(非许可审批事项)	取消和下放共2项 (1)2012年9月23日，取消了测绘行业特有工种职业技能鉴定站资格审核事项 (2)2012年9月23日，下放测绘计量检定人员资格审批事项至省级测绘地理信息行政主管部门
2013年4月~2015年8月	保留了9项，取消了2项 (1)2013年，取消了基础测绘规划备案(非许可审批项目) (2)2013年，取消了编制中小学教学地图审批事项 (3)2013~2014年，按照国务院审改要求进行了重新梳理，增加"测绘行业特有工种职业技能鉴定"1项非许可的审批事项。2014年11月24日，国务院发布《关于取消和调整一批行政审批项目等事项的决定》，取消了测绘行业特有工种职业技能鉴定(非许可审批事项)	

第二阶段（2004 年 7 月~2013 年 3 月）：国务院第六轮行政审批改革期间，取消了测绘行业特有工种职业技能鉴定站审批等 1 项行政审批项目，下放了测绘计量检定人员资格认定等 1 项行政审批项目。第六轮行政审批项目集中清理完成后，国家测绘地理信息局共有 10 项行政审批事项和 1 项非许可审批事项（见表1）。同时，将社会关注度高、审批量大的地图审核、涉密基础测绘成果提供使用两项审批纳入政务大厅受理；研发了测绘资质在线审批信息系统，并在全国实现了网上办理和互联互通；测绘资质审批和地图审核结果及时上网公布，提高了行政审批效率，促进了阳光行政。

　　通过取消测绘计量标准证书、计量标准、计量授权证书备案，专业测绘计划备案，测绘合同备案，测绘产品质量检查员资格审查，测绘项目立项审批，测绘任务登记等一批审批项目，充分发挥市场机制的作用，促进了测绘地理信息市场的繁荣和发展。同时，行政审批制度改革也推动了机关工作重心、工作方式的转变，提高了工作效率，改善了部门形象。

　　此外，从 2010 年起，还将省级测绘地理信息行政主管部门的行政审批工作列为国家局依法行政考核和贯彻落实科学发展观年度考核内容，进一步规范了行政审批工作。

　　第三阶段（2013 年 4 月至今）：新一届政府简政放权、深化行政审批制度改革期间，已经取消了基础测绘规划备案（非许可审批项目）、测绘行业特有工种职业技能鉴定（非许可审批项目）。目前，国家测绘地理信息局共有 9 项行政审批事项（见表1），并正在按照国务院要求加紧推进相关行政审批事项的改革研究工作。多年来，全国 31 个省（自治区、直辖市）测绘地理信息行政主管部门不断积极推进测绘地理信息行政审批制度改革、促进简政放权。各省（自治区、直辖市）根据改革发展需要，结合当地实际情况，取消、调整或者下放了一些测绘地理信息行政审批事项，进一步提高了行政审批效率。比如：浙江省丁级测绘资质审批等 7 项省级测绘地理信息行政管理事权 2012 年已下放至市、县（市、区）办理，大幅缩短了地图审批等事项办理期限；江苏省测绘地理信息局行政许可审批事项由之前的 18 项减少为目前的 6 项；辽宁省测绘地理信息局行政许可审批事项由 2014 年的 15 项减少为目前的 8 项；贵州省 2014 年取消了"国务院测绘行政主管部门管辖外的确需建立相对独立平面坐标系统"事项；安徽省 2014 年将"测绘专业技术人员执业证书、测绘人员测绘作业证件审批"事项下放至地市一级；云南省 2014年取消了"使用财政资金的测绘项目、建设工程测绘项目立项前的审查"事项；福建省完全下放"测绘作业证核发"、部分下放"拆迁永久性测量标志审批"事项。同时，各地测绘地理信息行政主管部门积极推进各审批事项的网上在线办理、集中办理，各省的大多数测绘地理信息行政审批事项已经通过政务大厅实现了集中统一受理、网上在线办理。根据调研情况，目前，全国 31 个省（自治区、直辖市）按照法律、行政法规基本设立了测绘资质审批，建立相对独立的平面坐标系统审批，为基础测绘成果资料提供使用审批，对外提供测绘成果审批，以及提供地图审核、测量标志迁建审批、测绘计量检定人员资格审批等行政许可审批事项。部分地区按照地方性法规还设立了测绘作业证审核、测绘项目登记备案、省辖行政区域内重要地理信息数据公布前审核、测绘航空摄影审批、测绘专业技术人员执业资格审批等行政许可审批事项。

三 主要问题分析

近年来，各级测绘地理信息部门在推进测绘地理信息行政审批事项清理和制度改革等方面做了大量工作，也取得了不错的成效。但总的来看，特别是根据十八届三中、四中全会精神，结合本届政府关于做好简政放权工作的具体要求，测绘地理信息领域的简政放权还存在一些不足和问题。

一是测绘地理信息行政许可审批事项设置情况尚不能完全满足"简政放权"的要求。在国家层面，其一，应该取消的事项尚未取消。经国务院批准，我国已于 2008 年 7 月 1 日起启用 2000 国家大地坐标系（国家测绘局公告 2008年 2 号），2000 国家大地坐标系属于国际坐标系统，因此，采用国际坐标系统已无须再设为行政审批事项。其二，能够合并调整为同项的事项仍单独存在。在对外提供属于国家秘密的测绘成果审批事项中，主要分为属于国家秘密的基础测绘成果和其他测绘成果，属于国家秘密的基础测绘成果审批完全可以合并至法人或者其他组织需要利用属于国家秘密的基础测绘成果审批事项中，属于国家秘密的其他测绘成果可以交由各专业部门把关审批。其三，可以下放的事项没有下放。根据甲级测绘资质审批程序，由省级测绘地理信息主管部门负责受理和初审，国家局负责最终审批，从加强属地管理和提升审批效率的角度来说，该项审批工作完全可以交由省局来完成，国家局应更加注重事后监管。在省级层面，部分省局的测绘地理信息行政许可审批事项亟待清理，有些事项或该取消或该合并或该下放。比如：测绘项目任务登记备案应该取消行政审批，调整为一般管理事项；中小学教学地图审批的有关地图审核内容可以归并至地图审核事项中，对外提供属于国家秘密测绘成果的审批可以归并到利用涉密基础测绘成果审批事项中；丙、丁级测绘资质审定等审批事项可下放至市县，地图审核事项可根据地（市）情况进行适当下放。

二是部分测绘地理信息行政许可审批事项的审批条件不明确、不清晰。比如，建立相对独立的平面坐标系统审批事项（国家局审批事项）提出的办事条件是：因建设、城市规划和科学研究的需要，大城市和国家重大工程项目确需建立相对独立的平面坐标系统的准予批准，但是哪些工程项目属于国家重大工程项目范畴，并不明确。对外提供属于国家秘密的测绘成果审批事项（国家局审批事项）的审批依据是《关于对外提供我国测绘资料的若干规定》（国发〔1983〕192 号），规定的向外提供测绘资料和进行技术处理的具体原则和要求距今已有 32 年之久，部分内容已很难适应当下审批工作的实际需要。

三是部分测绘地理信息行政许可审批事项设立的审批规定不甚合理。比如，在涉密基础测绘成果提供使用方面，主要是按照基本比例尺来设定国家和省、地、县四级测绘地理信息主管部门的审批权限①，就是说同一区域范围内不同比例尺的地图、影像图和数字化产品分别由不同行政级别的测绘地理信息主管部门负责审批，某个省辖区范围内的市县用户单位要使用 1∶50000、1∶25000 或 1∶10000、1∶5000 基础地理信息数据还得去省会城市或国家测绘地理信息局行政许可受理大厅去办理，这对用户单位造成较大不便。从根本上来说，省级测绘地理信息部门完全具备不同比例尺地理信息数据使用的许可审批能力。在地图审核内容方面，涉及国界线的省级行政区域地图的审批主体既可以是省（区、市）人民政府负责管理测绘工作的部门，也可以是国务院测绘行政主管部门，应进一步明晰该项审批事权。

---

① 《基础测绘成果提供使用管理暂行办法》。

四是部分测绘地理信息行政许可审批事项的审批时限相对较长，不能完全满足大众需求。比如，目前，地图审核行政审批的法定时限是在20个工作日内办结，主要包括受理确认、地图内容技术审查和保密技术审查、主管司（处）做出审核决定等办事流程。其中，地图内容技术审查和保密技术审查一般都是要求15个工作日内完成审查（特殊需求除外），时限相对较长，很多时候难以满足用户的实际需要。测量标志拆迁审批的法定时限是20个工作日，主要包括承办司（处）的初审、复审、审批，相关司（处）的会签，分管领导的审批决定等办事流程（部分地方处级领导审批决定即可），在同一内设机构审批的时限大都超过10个工作日，客观来说，审批时限相对过长，存在进一步缩短法定或承诺审批时限的空间。

四　进一步加强测绘地理信息简政放权的建议

进一步加强测绘地理信息领域的简政放权，不仅仅是要做好行政许可审批事项的清理工作，取消应该取消的，下放适合下放的，合并可以合并的，更为重要的是，要做好"放""管""服"相结合，在"简政"和"放权"的同时，进一步强化相应行政许可审批事项的管理，提升事中事后综合监管能力，提供更多实用有效的便民服务，不断激发市场活力、促进地理信息产业快速健康可持续发展。

（一）着力做好行政审批事项的法律支撑

每一项行政审批事项都需要相应的法律法规作为依据和支撑。目前，大多数的测绘地理信息法律法规规章制定实施年份已久，如《地图编制出版管理条例》1995年实施、《测量标志保护条例》1997年实施、《测绘法》2002年修订后实施，这些法律法规所规定的诸多条款，无论是从技术进步、现实需求，还是从政府要求、创新管理等角度来看，已显得十分滞后，难以适应发展形势变化。为此，建议尽快完成《测绘法》《地图编制出版管理条例》《测量标志保护条例》《地图审核管理规定》等系列法律法规以及地方性法规规章的修订及发布实施工作，为测绘地理信息行政审批改革工作提供强有力的法律依据和保障支撑。

（二）加快推进现有行政审批事项的清理

在国家大力推进行政审批制度改革、大幅取消行政许可审批事项、积极做好简政放权的背景下，各级测绘地理信息部门应在充分吸收行政审批制度改革工作联席会议提出的各项建议的基础上，进一步加强同有关部门的沟通，深入清理和审核论证现有行政审批项目，在确保有效履行测绘地理信息行政管理职能的前提下，能放开的一定要放开，确需保留的要予以保留。一方面，国家测绘地理信息局应做好采用国际坐标系统审批，对外提供属于国家秘密的测绘成果审批事项，法人或者其他组织需要利用属于国家秘密的基础测绘成果审批等事项的取消、合并调整方面的研究论证；另一方面，省级测绘地理信息主管部门也要做好相应行政审批事项及时清理工作。同时，要让非行政许可类的测绘地理信息审批事项彻底淡出历史舞台。必要时组织听证，严格做到审批事项的设定于法有据、程序规范。

（三）进一步优化行政审批程序

从提升服务效率、减少交易成本等角度出发，客观系统深入地研究分析确定各类测绘地理信息行政审批事项切实所需的审批时限，不断提高主管部门的公共服务水平。另外，加强政务大厅建设，建立并不断完善基于办公自动化综合平台的行政审批信息系统，对各个审批事项进一步优化审批流程、简化审批环节、规范审批程序，在确保信息安全的前提下，逐步实现窗口受理——内网审批——外网公布——窗口回复的一条龙服务。对能够实行网上在线办理的审批事项研发在线审批系统，对已经实现在线办理的审批事项进一步完善服务功能，逐步实现审批项目申请、受理、审查、批复、公布、查询、送达的全程网上办理。

（四）积极推进"放""管""服"有机结合

对经批准予以取消的行政审批项目，探索通过经济、法律手段，实行间接、动态管理和事中、事后监督。对经批准予以保留的行政审批项目，强化行政审批监督，实行全程跟踪督办、限时办结和责任追究等监督管理制度；建立行政审批电子监察系统，对行政审批工作实行全程实时监察。在国家测绘地理信息局政务大厅和政府网站及时公开公示各项审批依据、申请条件、审批程序、办事时限、审批进程、审批结果、纪律要求等，确保审批事项程序规范、公开透明、高效便民；实行服务质量公开承诺制，规范接待、受理和回复，开展满意度评价，提高窗口服务质量。同时，把行政审批工作质量纳入机关人员绩效管理和年度考核，制定量化考核标准，确保责任落实，提高审批工作质量。

探索新常态下军民测绘地理信息
深度融合发展途径

徐 坤*

摘 要： 测绘地理信息作为国家推动军民融合深度发展的重要领域，
在融合机制建设、项目合作等方面已经取得了初步成效。面
临党中央、国务院提出军民融合深度发展的新要求，军民测
绘部门要把握总体要求，找准问题，寻求发展的新思路和新
途径。

关键词： 军民融合 深度发展 统筹规划 机制制度

测绘地理信息是国家推动军民融合深度发展的重要领域。推动测绘地理信息领域军民融合发展，是推动测绘地理信息发展的现实需要，是提升测绘地理信息服务经济建设和国防建设能力的必然要求。"十二五"期间，党中央、国务院对测绘地理信息领域的军民融合发展有明确的指示和要求，其中《统筹经济建设和国防建设"十二五"规划》提出了关于加强军民测绘基准建设和地理信息资源共享等方面的目标和任务；国家发展改革委起草的相关文件中，测绘地理信息也被列为重要领域。军民测绘部门根据这些要求，推动测绘地理信息领域军民融合发展取得了突出成效，成为国家统筹经济建设和国防建设的先锋表率。当前，党中央、国务院提出军民融合深度发展的新要求，本文结合测绘地理信息领域军民融合发展的现状及关键问题，对推进军民测绘地理信息融合深度发展的内容和途径等方面进行分析。

---

* 徐坤，国家测绘地理信息局测绘发展研究中心，副研究员。

一　关于军民融合深度发展新常态的认识

准确理解军民融合深度发展的要求，是推动工作的前提和基础。军民融合深度发展，无疑是在军民融合基础上的拓展和深化。与军民融合发展相比，军民融合深度发展的新特征主要体现在三个方面。

一是融合层次更高。在军民协调和初步军民融合阶段，主要依靠同行业军民有关部门在行业管理和重大项目建设等具体工作中协调推动。随着军民融合的不断深化，军民融合深度发展阶段将在国家层面加强顶层设计，由国家对军民融合进行总体布局、规划和指导，建立推动军民融合发展的统一领导、军民协调、需求对接、资源共享的体制机制及军民融合发展的法制保障①。

二是融合范围更广。不仅要坚持深化经济、科技、教育、人才、重大基础设施等传统领域的合作，还将向海洋、太空、网络空间等关键领域发展②，从而形成全要素、多领域军民融合发展格局。

三是融合程度更深。要求将国防和军队建设融入经济社会发展体系，实现军民之间的需求对接、宏观统筹和规划计划衔接，充分发挥军民资源力量优势，形成军民建设整体合力和聚优效益。同时，要充分发挥市场机制的作用。

总体来看，军民融合深度发展不是简单的融合深度变化，而是在推进方式、作用范围、融合程度等方面的综合性体现。因此，为实现测绘地理信息领域的融合深度发展，要满足以下四个方面的新要求。

一是坚持国家主导，自上而下推进。按照中央统一部署，按照国家层面关于形成统一领导、军民协调、需求对接、资源共享机制的要求，加强测绘地理信息领域军民融合深度发展的顶层设计，强化测绘地理信息领域军民融合需求牵引、规划衔接等机制建设，注重发挥市场对资源的配置作用，引导经济社会领域多种力量积极参与测绘地理信息领域军民融合深度发展。

二是加强要素拓展，全面有序推进。推动军民测绘部门在测绘地理信息基础设施、地理信息资源、重大工程、科技创新，应急测绘和国防动员等多要

---

① 十八届三中全会关于全面深化改革若干重大问题的决定。

② 《创新体制机制　构建军民融合发展新格局——访国家发展改革委经济与国防协调发展司司长王树年》，http：//www.sdpc.gov.cn/xwzx/xwfb/201505/t20150506_690891.html。

素、多领域的全面深化融合，优先解决融合发展中的瓶颈制约和急难问题。

三是发挥双方优势，合力整体推进。充分把握和挖掘国家、军队和社会资源的多重潜力，促进军民测绘地理信息资源和力量优化配置，形成整体合力和聚优效益，进而推动军民测绘地理信息的共赢发展和测绘地理信息保障经济建设、国防建设能力的整体提升。

四是完善法制保障，稳定安全推进。制定军民测绘地理信息融合发展政策，针对融合发展中的一些关键问题建立法规制度保障，规范融合发展中的机制、责任等，在提高军民融合发展效益的同时确保军地权益和测绘成果安全，为进一步融合发展奠定基础。

二　军民测绘地理信息融合发展现状及问题

（一）军民测绘地理信息融合现实基础

军民测绘地理信息部门推进融合发展的意识逐渐增强，在发展理念、战略规划等方面的融合获得进一步改善，关于推进军民融合发展、统筹经济建设和国防建设中测绘地理信息领域发展等的研究探讨不断增多和深入。军民测绘地理信息融合机制建设初见成效，国家层面国家测绘地理信息部门和军队测绘导航部门联合印发了有关文件，各省（自治区、直辖市）测绘地理信息部门基本都与军队有关部门签署了合作发展协议，初步明确了军民双方协同推进测绘地理信息发展的相关机制。

测绘地理信息基础设施和资源建设等重点领域共享和合作不断深入。国家现代测绘基准体系基础设施建设的相应成果正在按照制度要求提供给军队有关部门使用。军民双方共同开展了 1∶25000、1∶50000 等地理信息数据库更新工作，正在共同推进高分辨率测绘卫星影像数据的开发利用。各级地方测绘地理信息部门开发的 1∶10000 等基础地理信息数据产品已经成为军队相关部门重要的军事斗争保障资源。

重大项目合作顺利推进。军民双方合作完成了海岛（礁）测绘一期工程，正在加紧推进二期工程前期工作。这一项目是军民测绘部门共同组织开展的第一个重大工程项目，其顺利实施为后续军民重大工程合作建设积累了经验，锻炼了队伍。此外，军民测绘部门还联合研究提出并推动了统筹经济建设和国防建设有关测绘地理信息项目的立项工作。

军民测绘地理信息融合发展的已有经验，是推动军民测绘地理信息融合深度发展的现实基础，在融合深度发展阶段应该持续推进和深化。

（二）当前存在的客观问题

把握制约军民测绘地理信息融合发展的客观矛盾和问题，深入剖析原因，找准军民测绘地理信息融合发展的重点，是推动军民测绘地理信息融合发展范围拓展和层次深化的关键。目前，测绘地理信息领域军民融合发展主要存在宏观统筹力度不够、资源共享程度不高、自主创新能力不强、政策法规体系不全等四个方面的深层次矛盾和问题。

统筹力度不强，主要体现在军民测绘部门在统筹兼顾经济建设和国防建设需求和工作对接方面还需要进一步加强。主要是缺乏稳定的需求对接、规划衔接等工作机制以及保密方面的机制。需要尽快建立机制，并研究如何在不影响保密的前提下确保双方互通信息，实现真正的统筹规划。此外，军民在北斗产业化应用方面缺乏沟通和统筹，造成了北斗系统社会化应用的多头管理问题。

资源共享程度不高，是指军民部门在测绘地理信息基础设施、基础地理信息等资源共享上仍存在开放程度不高、共享不积极等问题。资源共享程度不高的主要原因，一方面是由于军民双方定期共享会商的机制尚未建立，另一方面是测绘地理信息技术标准没有实现融合导致资源共享受阻，之前双方提出的"切实加强军民测绘地理信息技术标准衔接，以国家标准为基础，统筹考虑军事需求，构建军民衔接通用、协调互补的测绘地理信息技术标准体系"的构想没有落实，由于各种原因，标准协调和融合工作进展缓慢。

自主创新能力不强，是当前非常紧迫的问题，军民双方在自主知识产权科技创新产品研发和转化应用方面均较弱，地方测绘地理信息部门在创新意识、创新产出（根据国家专利和著作权登记数据）上都需要进一步强化，军队测绘导航部门的创新产出也不多。军民间测绘地理信息科技活动分散封闭、交叉重复，双方科研力量在测绘地理信息科技创新方面的合作几乎没有。

政策法规体系不全，一是指缺乏促进军民测绘地理信息融合发展的法律规定；二是指一些长期存在的法规方面的分歧没有解决，如保密问题，军民测绘部门在测绘成果保密规定的修订方面尚存在较多分歧，对于测绘成果保密范围的认识不一致，相关法规修订工作停滞；三是指一些问题因为政策法规等原因难以得到解决，如海洋问题，经济建设和海上军事斗争的测绘地理信息保障能力越来越需要依靠地方测绘地理信息的支持，受制于现有相关法规，我国海洋测绘管理的现行体制难以打破；四是指缺乏资源共享等制度保障，如地理信息共享过程中缺乏相关制度，以明确使用主体和使用范围、保护责任等，地理信息安全和相关权益没有保障。

三　关于推进军民测绘地理信息融合深度发展的一些思考

通过分析军民测绘地理信息融合发展中的经验和主要问题，本文认为目前推进军民融合深度发展应该重点考虑和推进以下几个方面的工作。

（1）关于如何做好宏观统筹。在国家层面进行整体谋划，统筹军民测绘地理信息融合深度发展的总体思路，围绕军民测绘地理信息业务和发展趋势找准融合的切入点，从而提出体制机制建设和重点领域的总体目标和主要任务，并为地方作宏观指导。统筹安排政策、法规、制度的立、改、废工作，强化军民测绘地理信息融合深度发展的法制保障。对融合发展中的矛盾问题进行深入跟踪和分析，提出总体安排和解决方案。

（2）关于如何加强军民测绘地理信息融合深度发展机制建设。建立军民测绘部门共同参与的联合工作和协调机制，建立信息通报、工作会商和任务协调等制度，形成促进军民测绘地理信息融合深度发展的组织体系。建立军民测绘地理信息需求对接机制、规划衔接等机制。一是打破现有军民需求信息对接不通畅的状态，明确需求对接的时间、主体、形式和责任，搭建公共信息交流平台，推动军民测绘部门需求对接。二是促进规划上下衔接，向上与国家相关规划衔接，推动军民测绘地理信息融合深度发展的重点内容和重大项目等列入国家专项规划，同时按照国家相关规划的要求，指导军民测绘地理信息融合深度发展；横向上军民测绘部门在制定本部门规划时也要做好衔接工作，实现地方测绘贯彻国防和军队建设的需求、军队测绘兼顾经济建设需要；向下为省级及军区测绘部门的规划衔接提供指导。三是军民双方在考虑重大项目时征求对

方意见，联合申请和实施统筹经济建设和国防建设重大项目。

（3）关于哪些重点领域需要着力推进。军民测绘地理信息融合发展的重要目标还是要实现军民测绘部门之间基础设施、基础地理信息等资源共享共用以及相关业务的协同发展格局。因此，重点围绕基础设施和地理信息资源建设应用可以概要总结当前需要推进的重点工作。在基础设施建设方面，要加快国家空间基准建设，构建天地一体的大空间基准体系，同时加强军民航天遥感卫星等基础设施统筹共用，卫星导航定位基准站网北斗应用改造和共享、管理等。在基础地理信息方面，推动全球测绘和海洋测绘，建立健全跨行业、跨部门地理信息汇交和共享相关的制度和机制等。推动应急测绘联动和测绘国防动员体系建设。

（4）关于如何建立健全军民测绘地理信息融合深度发展政策法规体系。军民测绘地理信息融合深度发展事关军民测绘地理信息各个方面，相应的政策、法规、制度构建既重要又非常迫切。首先要考虑在适当的时机，在国家相关政策框架下制定军民测绘地理信息融合发展的相关政策措施，鼓励军民测绘地理信息跨部门、跨行业、跨区域融合发展。其次是针对融合发展的需求，及时研究制定对必要且还没有的法规制度，或废止不符合融合发展需求的规定，形成融合发展的制度规范，为进一步推进融合发展奠定基础。主要包括：建立地理信息共享管理制度、测绘地理信息标准化管理制度，修订测绘成果保密政策，促进海洋测绘相关制度完善等。

（5）关于如何推动标准协调工作。依据"切实加强军民测绘地理信息技术标准衔接，以国家标准为基础，统筹考虑军事需求，构建军民衔接通用、协调互补的测绘地理信息技术标准体系"原则，标准融合的可行性是问题的关键。组织军民专业的标准研究专家对标准融合的可行性，哪些标准融合是基础的、迫切的，哪些标准融合是可以暂放的，哪些标准是军队必须单独建立的等进行论证，从而确定标准融合工作的可行性目标和思路。此外，由于新技术不断出现，新的标准也会不断出现，建议在新增标准制定过程中建立稳定的工作机制，组织军民有关力量，综合考虑军民需求，在可行的前提下建立通用标准。

综上所述，全局的统筹规划、完善的体制机制、合理的政策法规、通用的标准体系、明确的重点领域等均是融合发展的重要任务。为全面推动军民测绘地理信息融合深度发展，应加强以上相关内容的组织谋划，在清晰的思路和明确的目标指引下，有序推进各项工作。

加快测绘地理信息新型智库
建设的认识与思考

贾丹 徐坤 孙威 刘芳*

摘　要：　党的十八大以来，党中央、国务院对新型智库建设进行了一
系列部署。测绘地理信息全面深化改革也对新型智库建设提
出了新要求。本文通过对测绘地理信息领域智库建设的现状
和存在的问题进行深入分析，依据国家对新型智库建设的部
署和要求，以及测绘地理信息领域的实际需求，提出了测绘
地理信息领域新型智库建设的主要任务和措施。

关键词：　测绘地理信息　新型智库　任务和措施

智库又称思想库或者智囊库，是以公共政策为研究对象，以影响国内和国
际政策选择为目标，提供决策方案和对策建议等智力成果的研究机构。党中
央、国务院印发了《关于加强中国特色新型智库建设的意见》，也为我国测绘
地理信息智库建设指明了方向。

一　我国测绘地理信息新型智库建设面临的形势

（一）党中央、国务院对智库建设提出了决策部署

党的十八大以来，党中央、国务院高度重视智库建设，把智库建设提到了前

---

* 贾丹、徐坤、孙威，国家测绘地理信息局测绘发展研究中心副研究员；刘芳，国家测绘地理
信息局测绘发展研究中心助理研究员。

所未有的高度。党的十八大报告提出："坚持科学决策、民主决策、依法决策，健全决策机制和程序，发挥思想库作用。"党的十八届三中全会提出，要加强中国特色新型智库建设，建立健全决策咨询制度。2014 年 3 月，习近平总书记在访问德国时强调，中德两国要加大政府、政党、议会、智库交往，把智库建设提到了国家外交层面。2014 年中央全面深化改革领导小组第六次会议审议了《关于加强中国特色新型智库建设的意见》。习近平提出，要从推动科学决策、民主决策，推进国家治理体系和治理能力现代化、增强国家软实力的战略高度，把中国特色新型智库建设作为一项重大而紧迫的任务切实抓好。2015 年中办、国办印发《关于加强中国特色新型智库建设的意见》，对新型智库建设进行了具体部署。

为认真贯彻落实国家新型智库建设的相关意见和要求，建立健全决策咨询制度，各地方、部门和行业都纷纷开展智库建设，以期为发展提供决策支撑和智力保障。

（二）推进事业转型升级对测绘地理信息新型智库建设提出了新要求

新常态下中央关于加快各领域转型升级、生态文明建设、转变经济发展方式、转变政府职能等重大部署，对测绘地理信息部门转变政府职能、改变服务模式、提升队伍素质等提出了明确的改革要求。新常态下，测绘地理信息工作与政府管理决策、企业生产运营、人民群众生活的联系将更加紧密，测绘地理信息发展将更加直接地融入经济社会发展主战场。发达国家为了抢占经济发展的制高点，都相继制定了对地观测战略或计划，抢占未来科技发展的战略制高点，对我国测绘地理信息事业发展形成了制约。以上形势和要求，对测绘地理信息事业发展提出了严峻的考验，迫切需要加快测绘地理信息智库建设，重点围绕测绘地理信息事业全面深化改革，抢占国际战略制高点，提出具有科学性、综合性、战略性的理论支撑和政策建议，为破解改革难题、建设测绘强国提供智力支持。

二 我国测绘地理信息智库建设现状

（一）我国测绘地理信息智库建设现状

测绘地理信息智库建设作为我国新型智库建设的重要组成部分，主要由测绘地理信息系统内智库，科研院所、高校、社会智库等几部分组成。测绘地理信息系统内智库包括国家测绘地理信息局测绘发展研究中心、国家测绘地理信息局经济管理科学研究所、国家测绘地理信息局测绘标准化研究所等局属研究机构及测绘学会、全球导航定位协会、GIS协会、遥感协会等中介机构。科研院所、高校测绘地理信息少部分涉及。测绘地理信息社会智库主要包括近几年发展较快的3snews、赛迪、中国卫星导航定位协会咨询中心、前瞻产业研究院等。这些不同形式的智库建设共同构成了我国测绘地理信息智库建设的基本现状。目前智库以测绘发展中心为龙头，紧紧围绕行业重大战略部署和发展中的热点难点问题开展研究，提出了一些具有较高政策价值和重大影响的研究成果，为我国测绘地理信息事业发展作出了积极贡献。

（二）我国测绘地理信息智库建设存在的问题

我国测绘地理信息智库在取得成就的同时还存在很多问题。一是智库专业化水准和影响力总体不高。我国测绘地理信息智库的发展还处于摸索阶段，专业性不强，高质量、高层次、系统性、综合性研究成果不多。二是智库建设缺乏整体规划，资源分散，不成体系，尚未形成工作合力，缺乏测绘地理信息专业国家高端智库。三是人员经费及条件保障不足，经费管理、人才引进流动激励及对外交流等方面机制亟待创新，智库领军人物和杰出人才缺乏。四是智库之间缺乏交流与协作。行业内外智库之间缺乏交流和沟通的平台机制，尤其是测绘地理信息行业跨界融合的趋势越来越明显，科技对测绘地理信息的影响巨大，部门自身的能力和水平有限，需要与行业智库之间开展合作，提高成果的质量和前瞻性。五是决策参与度不高。智库的首要功能是为决策部门提供可靠的政策建议和高质量的智力支持。但目前测绘地理信息智库决策参与程度不够紧密，参与决策咨询缺乏制度性安排，智库融入测绘地理信息重大决策、重大项目和决策的黏合度不高。

三　我国测绘地理信息新型智库建设的思路

当前测绘地理信息工作已经从基层走向决策前沿，正全面融入经济社会的主战场。习近平总书记、李克强总理和张高丽副总理多次对测绘地理信息工作进行了批示。我国测绘地理信息工作进入了全面深化改革、转型升级的新阶段，测绘地理信息智库建设也迎来一个春天。测绘地理信息新型智库建设应深入贯彻党的十八大和十八届三中、四中全会精神及习近平总书记系列讲话重要精神和"四个全面"战略布局，紧紧围绕中共中央办公厅、国务院办公厅《关于加强中国特色新型智库建设的意见》的部署，在测绘地理信息发展研究和重大战略、政策以及决策咨询服务等方面开展研究。通过创新智库服务形式、管理机制和人才培养机制，建成以系统内政策研究机构为主体，行业学会、协会、咨询组织等为支撑，引领、带动行业内企业智库、军队、科研院所、高校、民间专业咨询和信息服务机构充分发挥作用，定位清晰、特色鲜明、布局合理的测绘地理信息新型智库发展格局。打造一个具有权威影响力的测绘地理信息高端智库。形成一套治理完善、充满活力的智库管理体制和运行机制，充分发挥测绘地理信息智库咨政建言、舆论引导、社会服务等重要功能。

四　我国测绘地理信息新型智库建设的主要任务和措施

（一）领导高度重视智库建设

建设测绘地理信息新型智库是中央的明确要求，是提高测绘地理信息管理决策科学化水平的实际需要。国家测绘地理信息局进一步重视测绘地理信息新型智库建设，按照中央要求加强测绘地理信息新型智库建设的组织领导，强化智库建设整体规划和组织管理。从行业层面对智库建设工作进行统筹部署，明确测绘地理信息智库的主体构成、指导思想、战略定位、奋斗方向、总体目标、主要任务和主要措施，力争开创特色鲜明、定位准确、优势显著的测绘地理信息决策咨询研究工作局面，增强测绘地理信息事业发展的软实力。建立健全测绘地理信息决策咨询的管理体制、运行机制、工作制度，优化测绘地理信息智库建设力量布局和资源配置。

（二）明确智库的职能定位

进一步明确系统内政策研究机构的职能定位和重点研究领域。在政策研究和解读、决策评估、舆论引导的同时，强化其政策研究和决策咨询功能。加强对综合性、战略性、全局性问题的研究，提出既有宏观性、前瞻性，又有针对性、可操作性的意见。建成行业重大决策研究组织平台。既做好自身研究，还要组织好社会力量研究，加强对政策研究课题的选题、组织、协调、管理与政策研究成果汇集。通过强化研究组织协调职能，搭建起与政府沟通联系的桥梁。加强自身能力建设。加强政策研究信息基础设施建设等条件能力建设，有力支撑智库体系研究。创新管理机制，提高研究人员的综合素质，激发创新活力。

充分发挥中介组织、科研机构、企业、社会智库的作用。学会和行业协会要转变发展思路，实现由理论研究为主向理论研究和决策咨询并重转变。强化科研机构、高校以影响决策为目标的学术研究、基础研究。支持加快建设高水平科技创新智库。围绕建设创新型国家和实施创新驱动发展战略，充分发挥测绘地理信息科学技术委员会、测绘地理信息科技创新战略联盟、长江经济带地理信息协同创新联盟等的作用，为国家测绘地理信息科技战略、规划、布局、政策等提供支撑。支持企业智库建设，重点围绕行业发展、产业结构调整、产业发展规划、产业技术方向、产业政策制定、重大工程项目等方面的决策咨询研究，提出专业化、建设性、可操作的政策建议。充分发挥社会智库的作用。让社会智库参与政府研究项目招标，提倡与官办智库形成竞争，明确智库的非营利性组织定位，以获得财税政策优惠。

（三）完善决策咨询制度

十八届三中全会明确指出，要"加强建设中国特色新型智库，建立健全决策咨询制度"。为提高国家局决策咨询工作的质量和水平，推进决策咨询工作的规范化、科学化、制度化，建议研究成立国家测绘地理信息局战略、规划和政策决策咨询委员会，从政府部门、高校院所研究机构、独立研究部门、行业领军企业等不同层面，广泛吸纳经济发展政策、改革创新、产业发展、城市规划建设管理、生态和环境保护、社会治理、民生和社会事业发展等领域的管理者、专家、企业家进入智库。委员会重点对测绘地理信息发展战略、重大政策和重大项目进行咨询论证，对测绘地理信息中长期发展规划进行研究和咨询论证，对测绘地理信息事业发展中带有前瞻性、全局性的重大问题以及发展中

出现的突出问题进行咨询研究，对重大建设项目进行咨询论证等。咨询委员会受国家测绘地理信息局领导，秘书处设在测绘发展研究中心，重点组织专家开展决策咨询和研究，每年底对智库专家提供的决策咨询成果和成效进行考核评估。

（四）打造行业高端智库

中共中央办公厅、国务院办公厅印发的《关于加强中国特色新型智库建设的意见》提出，要重点建设50～100个国家急需的专业化高端智库，并先行开展建设试点。

在新常态背景下，测绘地理信息发展要充分融入国民经济建设大潮中，实现由地理信息生产与服务从专业走向大众、地理信息产业跨界发展，迫切需要率先在行业内打造有影响、叫得响的智库品牌。

国家测绘地理信息局测绘发展研究中心是测绘地理信息行业内唯一一家以测绘地理信息软科学研究为主的局直属事业单位，在近十年的发展中，呈现了一批优秀成果。为此，迫切需要将测绘发展研究中心打造成为具有世界眼光、大局意识，站在服务经济社会发展战略全局高度，引领行业发展的国家专业化高端智库。重点在测绘地理信息发展研究、决策咨询和舆论引导等方面开展工作。通过建立需求与供给直接联系机制、信息共享机制，畅通信息获取渠道，形成一批高端决策咨询成果。在选聘顶尖专家、中外专家交流、参加国际会议、人才职称评定、与党政机关之间人才有序流动等方面给予支持，为打造一支高水平的决策咨询团队提供支撑和支持。充分发挥调查研究与建议、测绘地理信息动态、蓝皮书发布等窗口作用，打造成为展示智库研究成果、推介智库专家的一流品牌和平台。支持通过行业高层论坛、学术会议、专题访谈、电视网络等多种形式，宣传智库研究成果和思想，对政府决策和社会舆论形成较强的影响力。

（五）建立决策与评估重点实验室

为更好地发挥发展研究和决策咨询职能，建议国家测绘地理信息局联合企业或独自研究建立测绘地理信息发展评估与决策国家测绘地理信息局重点实验室。通过建立实验室，优化重点实验室功能布局，有利于构建起高端的测绘地理信息政策决策研究平台、人才发展平台以及多种形式的国内外合作与交流平台。凝聚世界一流的研究团队，利用系统分析与决策领域理论与方法对重大政策、项目、决策进行评估和预测，产生一批具有重要影响力的决策成果。实验室密切关注国民经济发展和国家重大战略对测绘地理信息的需求，深入开展国内外测绘地理信息发展战略、国内外测绘地理信息科技发展、国内外地理信息产业发展比较研究，运用现代科技手段和工程技术方法，科学识别、预测和评估测绘地理信息战略、法规政策、重大项目的实施效果，为测绘地理信息发展提供理论支撑和支持。

（六）构建政策制度保障体系

将咨询作为测绘地理信息决策的必要程序，测绘地理信息管理部门决策的起草、论证与实施等各个阶段都要有不同的咨询报告作参考。

加大财政项目支持力度。通过政府购买服务的方式，委托智库开展测绘地理信息发展研究和政策咨询研究。凡属智库提供的咨询报告、政策方案、规划设计、调研数据等，均可纳入政府采购范围和政府购买服务指导性目录。

鼓励多元化资金投入。进一步加大对政府下属智库的财政支持力度，充分肯定软科学研究人员及其智力成果的价值，考虑测绘地理信息发展研究对政府决策非常重要但又很难直接创造经济效益，为智库提供更有力的人员经费支持。鼓励企业和个人对测绘地理信息智库的投融资。

（七）创新智库运行机制

健全课题招标制度。通过定期发布决策需求信息、项目招标、政府采购、直接委托、课题合作等方式，引导相关研究机构、高校、企业和社会智库，开展测绘地理信息政策研究、决策评估、政策解读等工作。完善公开公平公正、科学规范透明的立项机制。建立长期跟踪研究、持续滚动咨询的长效机制，提高研究成果质量和效益。推动研究方法创新。推进研究方法、政策分析工具和技术手段创新，搭建互联互通的信息共享平台。建立成果评价机制，支持软科学项目公开评审和成果评奖，充分彰显软科学成果的作用和价值。创新智库成果服务模式。

（八）加强智库交流合作和人才培养

智库要加强与国内国际相关智库的交流合作。不断关注国际测绘地理信息领域重大问题的研究，加强部门合作，提高我国测绘地理信息国际话语权。加强系统内智库间、行业部门智库间和国际相关智库间的交流合作，既要"请进来"，更要"走出去"。加强智库平台建设。通过举办学术会议或者论坛等形式，将测绘地理信息智库打造成具有重要影响力的一流智库交流平台。

创新人才激励机制，探索推行岗位聘任制、职称评定和灵活的人才流动机制，制定政府部门与智库人员身份转换的相关政策，实现人才双向流动，加强决策部门与智库的沟通交流。有计划、有重点地推出一批代表国内一流水平和彰显测绘地理信息软实力的领军人才。选拔青年才俊、复合型人才，优化人才结构。探索有利于智库人才发挥作用的多种分配方式，建立健全与岗位职责、工作业绩、实际贡献紧密联系的薪酬制度。培育一批有国际影响的智库人才，提高智库开放程度，提升研究人员国际视野和研究水平。

新常态下的测绘地理信息智库建设

王悦承*

摘　要： 本文介绍了智库的由来以及国内外发展现状，充分阐述了智库在社会经济中的重要意义，并通过分析中国科技型智库的发展现状及原因，提出了新常态下建设测绘地理信息智库的建议。

关键词： 测绘地理信息　智库　地理信息产业研究

随着中国经济的崛起，政府决策者要处理的问题越来越多、涉及的范围越来越广，行政系统内部的决策者往往难以及时作出客观、准确、专业的决策。与此同时，随着经济全球化的不断演进，新产品、新技术、新商业模式的不断涌现，民众和企业经营者对政府的执政能力有了更高的期待。因此，中国政府急需优秀的智库提供决策解决方案。

十八大报告中明确提出，坚持科学决策、民主决策、依法决策，健全决策机制和程序，发挥思想库作用，建立健全决策问责和纠错制度。2013年4月，习近平总书记对中国智库建设作出重要批示，首次提出要建设"中国特色新型智库"。十八届三中全会也明确要求，"加强中国特色新型智库建设，建立健全决策咨询制度"。

2015年1月，中共中央办公厅、国务院办公厅印发了《关于加强中国特色新型智库建设的意见》，指出中国特色新型智库是党和政府科学民主依法决策的重要支撑，是国家治理体系和治理能力现代化的重要内容，是国家软实力

＊　王悦承，泰伯智库负责人。

建设的重要组成部分。

作为国家战略性新兴产业，地理信息产业的智库建设也得到了政府部门的高度重视。国家测绘地理信息局印发的《2015 年测绘地理信息工作要点》指出，要强化人才支撑，加强测绘地理信息智库建设，强化发展战略研究和决策咨询。

一　智库的由来及现状

智库，也被称为思想库（Think Tank）、脑库（Brain Tank）或者智囊团（Brain Trust），最早出现在第二次世界大战时期的美国，原指战争期间美军用来讨论作战计划的保密室，后来泛指一切以政策研究为己任，以影响国内和国际政策选择及舆论为目标、提供决策方案和对策建议等智力产品的政策研究机构。

尽管现代智库在公共决策系统中占据重要位置，但是在相当长的时间里，国内外对于智库的研究并不多见。以 1971 年美国学者保罗·迪克逊（Paul Dickson）出版的《智库》（*Think Tanks*）为标志，有了第一部专门介绍智库的学术著述。此后，关于智库的研究日益深入，目前国外智库研究已经形成较为系统科学的研究体系。迪克逊认为，智库是一种稳定的、相对独立的政策研究机构，其研究人员运用科学的研究方法，对广泛的政策问题进行跨学科研究，在与政府、企业及大众密切相关的政策问题上提供咨询。

按照体制机制、服务功能以及国别属性等的不同，可以将智库划分为不同类型，如西方智库与东方智库、军事智库与经济智库、官方智库与非官方智库以及民间智库等。根据机构属性，可以分为官方附属的智库机构、半官方的智库机构、民间智库机构和大学下属的智库机构。

尽管不同类型的智库具有不同特征，但是它们有四个方面的共同属性：一是职能的专业性，主要表现为智库研究对象的专业性、智库研究方法的科学性和智库研究过程的智力性；二是观点的客观性，主要表现为专门的智库语言、独特的研究领地，需要有一定的环境和社会基础；三是研究的前瞻性，体现在立足前沿、设计顶层和预测趋势等方面；四是成果的实用性，表现在可直接被运用于实践，对实践具有指导作用和纠偏作用。

从全球来看，智库已经处于激烈的市场竞争中。根据美国宾夕法尼亚大学智库与公民社会项目（The Think Tanks and Civil Societies Program，TTCSP）发布的《2014 全球智库报告》，2014 年全球共有智库 6618 家，较 2013 年的 6826 家略有减少，较 2012 年的 6063 家略有增加。其中，北美洲最多（1989 家），欧洲第二（1822 家），亚洲第三（1106 家）。从分布国家来看，美国智库数量最多，有 1830 家；中国以 429 家居第二位；英国排名第三，有 287 家；德国排名第四，有 194 家；印度排名第五，有 192 家。全球智库中有 90.5% 是 1951 年以后成立的。在美国，1980 年以来智库数量翻了一番。

近年来，中国的智库发展与研究也取得了明显的进步，各类智库都加快了向新型智库的转型。根据《2014 全球智库报告》，共有 7 家中国智库入围"全球顶级智库前 150 位"，包括中国社会科学院、中国国际问题研究院、中国现代国际关系研究院、国务院发展研究中心、北京大学国际战略研究院、上海国际问题研究院和中国人民大学重阳金融研究院。与 2013 年相比，中国人民大学重阳金融研究院是新入围的。排名最靠前的是中国社会科学院，居于全球第 27 位。

另据上海社会科学院智库研究中心与 TTCSP 的指导人詹姆斯·麦甘教授合作发布的中国智库影响力报告，我国智库发展的现状主要表现在三个方面。

第一，具有较大影响力的智库，主要集中在北京、上海等政治和经济中心。在连续两年的报告中，综合影响力排名前 10 位的智库，北京占到 7 家，上海有 2 家。在综合影响力排名前 30 位的智库中，北京占到约 2/3，上海约 1/5，其余也大多在沿海地区。在美国，著名智库也主要集中在华盛顿和纽约。这说明智库发展的一个显著特点，就是必须靠近决策中心，贴近客户需求。

第二，有较大影响力的智库，大多是综合性智库。综合性和专业性是国际智库发展的两大趋势。目前中国智库仍处于专业化分工较低的发展阶段，需要在加强综合性智库建设的同时，培育一批具有自身特点的专业性智库。

第三，有较大影响力的智库，主要聚焦于国家战略。在综合排名前 30 位的中国智库中，重点关注国家层面发展战略问题的"国字号"智库，所占比例超过 50%；相对而言，地方社科院和高校系统仅占 20%。

二 智库的意义

麦甘教授认为，智库是思想和创新的催化剂。他提出了一个宽泛的智库定义：智库是公共政策研究分析机构，致力于以政策制定为导向的研究、分析，并对国内和国际事务提出建议，从而使得政策制定者和公众能够对公共政策事务作出有决策信息支持的决定；智库经常在学术社区和政策制定社区之间、政府和民间社团之间扮演桥梁角色，作为一个独立的声音服务于公众利益，这种声音将实用和基础的研究转化成能够让政策制定者和公众理解的、可信赖的、容易接受的语言形式。

关于智库的意义，布鲁金斯学会的肯特·威弗在1989年发表的《变化中的智库世界》中提到，智库承担了五种角色：一是政府决策者的政策理念来源，二是政策议案的评论者，三是政策方案执行的评估者，四是政府选拔高级官员与专家的人才库，五是新闻媒体资料引述的权威来源。

由于智库类型的多样化，在不同的政治体制和经济环境中，智库发挥着不同的作用。对于中国来说，智库的主要作用有以下三个方面。

（一）智库是政府的理性决策外脑

智库通过对政府面临的各种公共政策难题，进行相对独立、科学理性的专业分析，并提出多种候选方案，供政策制定者选择。

当今世界，很多公共政策问题的专业化程度、复杂程度和不确定性，使得传统的经验主义式决策难以适应。与此同时，近年来政府部门多轮的行政体制改革、简政放权，也使得很多政府机构的政策分析能力弱化。此外，在市场经济环境中，市场相关主体尤其是企业与政府部门在决策过程中的博弈局面更加凸显。

综合上述情况，政府部门在决策时面临的复杂性和挑战性更加突出。在这种情况下，由相对独立、科学理性的专业智库进行相关领域的研究与分析，提供具备候选方案作用的政策建议，对于政府部门来说就会特别重要。

（二）智库是多元利益和价值观念的政策参与渠道

智库由于其相对独立性，在进行研究和分析时，往往能够兼顾多种利益群体，从而一定程度上为这些利益群体提供政策参与方式。

随着经济改革的深入和市场化进程的加速，中国社群利益群体逐渐分化，各种价值观念趋向多元。其中有些利益群体属于新兴社会群体，如民营企业家群体；有些利益群体属于非主流弱势群体，如城市农民工群体。

智库通过比较理性的全面分析，往往会把这些利益群体纳入视野，作为公共政策研究、分析乃至提出政策建议时必须综合考虑的要素之一，从而提供了多元利益和价值观念的政策参与通道。

最近几年，在城市农民工问题、环境保护与气候变化等领域，各类智库作为多元利益和价值观念的政策参与渠道，在发挥着日益重要的作用。

（三）智库可以成为理性政策辨析的公共平台，尤其在不同利益和价值观念发生冲突的情况下

伴随经济全球化、信息技术的日新月异，越来越多的公共决策难题摆在决策机构面前。例如，在有限的公共财力下，应该把更多的资源投入医疗服务，还是投入教育？在地方经济发展过程中，大型化工项目和环境保护的矛盾该如何解决？

这些问题的决策，需要平衡多个方面的群体利益，需要协调各类互相冲突的价值观念，需要一个能够提供理性政策辨析的公共平台。如果缺乏一个公开透明的理性分析过程，很多重大决策将在媒体和公众情绪波动中随机摇摆，从而给公众利益带来巨大损失。

由于智库研究分析的相对独立、科学理性和专业性，其立场一般具有中立的特点，智库因而可以成为对公共政策进行系统分析、对政策利弊进行价值判断的公共交流与沟通平台。这种交流与沟通的过程，一方面可以帮助政府决策部门清楚了解不同利益群体和价值倾向的诉求，另一方面也可以化解决策部门与公众之间可能存在的不信任，把决策部门与公众之间的对立博弈，转化成不同利益和不同价值观念的沟通与妥协。

当然，以上提到的智库的三个主要作用，实际上对智库的运营提出了较高

要求，如资金来源的可持续性、立场的中立性、研究分析的科学性与专业性等等。这些都需要智库本身的发展来逐步完善。

三　科技型智库的现状及原因分析

地理信息产业是国家战略性新兴产业。从产业特征来看，地理信息产业很大一部分属于软件和信息技术服务业。因此，测绘地理信息智库在很大程度上属于科技型智库，尤其是科技政策型智库。

科技型智库，一般是指以科技政策领域重大问题为研究方向，并提供咨询服务的研究机构。科技型智库具有三个基本特征：专业性、服务性、综合性。所谓专业性，指的是科技型智库在某一专业领域具有明显优势；所谓服务性，指的是科技型智库服务于政府决策，研究具有前瞻性，一般不研究纯学术问题，以影响政府科技决策为目标；所谓综合性，是指科技型智库研究的范围、规模和复杂性，需要集合跨界专家的力量，从战略到技术、从宏观到微观、从全局到局部、从经济效益到社会效益等，进行周密的集体咨询。

科技型智库与国内其他智库一样，主要有以下几个类型：一是党政军智库，主要是隶属于党委、政府、军队的政策研究机构；二是社会科学院智库，包括科学院和工程院；三是高校智库；四是民间智库，主要是指非政府主办的民间政策研究组织。

尽管中国的科技型智库向新型智库的转型已经取得了很大进步，但现阶段仍然存在一些问题，主要表现在以下四个方面。

（一）"体制内"的基因，成为约束科技型智库发展的绊脚石，一定程度上限制了科技型智库提供前瞻性产品和时效性产品的能力

除了民间智库以外，其他三类智库都是政府全额拨款的事业单位。的确，在面对经济社会发展的重大问题时，相对于其他决策咨询机构，由政府全额拨款的事业单位，与决策部门之间的联系更为紧密，双向沟通非常便捷，而且通常拥有充足的政务信息储备，对政府决策部门需要的决策理解更为到位、把握更为准确，政策研究成果的输出渠道顺畅。例如，国务院发展研究中心在国民经济政策研究、改革开放全局性问题研究中发挥着重要作用。

但是，"体制内"的基因，决定了这些类型智库的工作主要表现为自觉或不自觉地宣传和阐释政府政策。值得肯定的是，体制内的智库已经开始积极转型，但是在传统的研究模式没有彻底改变的前提下，特别是在既往的科研考核和评价体系的指挥下，研究人员大多缺乏智库意识和自觉，关注的是学术专著和论文，不愿意结合理论基础，在深入实际调研的基础上写作高质量的研究报告和政策建议，特别是缺乏将科研成果转化为政策建议的能力，因此难以提供决策部门急需的具有前瞻性的储备性政策和及时的对策建议。

对比而言，西方智库大部分都以承担政府委托的研究课题作为业务重心，通过相对独立、科学理性、专业的研究分析，提出自己的政策主张，尤其是具备前瞻性和时效性的主张。例如，在抗美援朝战争爆发后，令美国兰德公司一举成名的是其之前对"中国将出兵朝鲜"的精准预言。当时美国政府没有接受来自兰德公司 200 万美元的报告，毅然出兵攻打朝鲜。美国政府坚信中国的人力、财力和军事能力已经被 8 年抗战和耗时 3 年的解放战争完全消耗了，但是战争的结局被兰德公司预言言中，从此美国乃至全世界都对兰德公司刮目相看。

（二）科技型智库缺乏成熟的人才机制和管理机制，在很大程度上削弱了科技型智库的跨学科协同创新能力

一般而言，国外高端智库的人才构成和科研活动，都非常看重跨学科的协同创新效应。它们一方面强调研究人员具有专业的深度、学科的广度、科学的高度和前瞻的远度，另一方面也鼓励在研究过程中协同创新。美国兰德公司认为，专家团队的建立，主要是基于成员团队精神和追求特定目标上的技术能力，团队的成员在各个方面都是专家，从而能够以独特的学识和经验作出独特的贡献。

众所周知，旋转门机制，是美国智库得以成功运行的重要机制。所谓旋转门，指的是美国思想界、政界、商界之间的人才转换机制，美国的精英人群可以在智库、政府、企业之间有规律地流动，研究人员、政界名流、商界大佬之间的角色可以不断转换，就好比走旋转门一样。例如，国人熟知的美国前国务卿基辛格，进入政界前曾任职于著名智库哈佛大学国际事务中心，离开政界后又成立了基辛格国际咨询公司并任董事长。

旋转门机制，一方面可以通过人才的多元化尤其是具有丰富实战经验的人才，提高智库报告的质量和研究的可行性，方便智库项目的获取和成果推广；另一方面，也是美国培养未来精英的重要渠道，同时为离任官员提供了继续贡献实战才华的沃土。

另外，国外智库特别重视的是研究人员和辅助人员的比例，尤其懂得发挥研究助理和行政人员的作用。在他们眼里，辅助人员不仅仅必须是名校毕业的本科生和研究生，而且还要求具有良好的研究能力、组织技能和专业的办公室管理经验。兰德公司的经验是："与其配备两个优秀的研究人员，还不如给一个优秀的研究人员配上一个合格的秘书。"布鲁金丝学会有研究人员 100 名左右，但是辅助人员有近 300 人，主辅人员比例达到 1:3。这 300 人中，包括研究助手和公关、捐款、行政管理方面的负责人和工作人员。

目前，中国智库的习惯做法，是过于强调科研人员的高比例，从而使得高级研究人员难以从日常的行政、后勤、联络等事务中脱身，难以专心进行项目和学术研究。这种不具备效率的人员管理机制，缺乏整体协调的内部分工，很大程度上会导致智库研究工作的低效率。

（三）科技型智库对影响力的塑造不够重视，难以形成影响力

目前，已经有不少科技型智库重视对影响力的塑造，它们会借助新媒体、新科技、社交网络与云计算的影响，以更加虚拟、实时与互动的形式，锻造自身的影响力。大部分中国智库都拥有自己的网站，其中部分还开设了微博、微信、论坛等以提高政策辩论的及时性与参与性。尽管如此，从整体而言，国内的科技型智库在向社会公众进行宣传、介绍和倡议方面还是缺乏积极性和主动性，更缺乏通过理论产品引导社会公众认识的理念，因而难以实现智库舆论引导和社会服务的功能。

国外智库在打造影响力方面已经有长时间的积累。一般来说，优秀的智库都设有专门的公关部推广智库产品，不仅通过出版专题文章、著作、期刊、内部报告、电子出版物等来发布各种政策信息和政策建议，同时还构建影响政府决策人际传播网络，搭建知识与权力之间的桥梁。

另外，长期以来，无论是科技型智库还是其他领域的智库，主要关注的还是国内问题，对全球性和国际性问题的关注度不够，这就导致中国智库在

国际上的知名度不高。近几年，"一带一路"等中国智库提出的话题，已经成为国际社会讨论的新热点。但就智库的整体国际化水平来说，还是非常低，这从《2014 全球智库报告》排名前 150 位的中国公司只有 7 家，也能看出来。

（四）民间科技型智库的力量较为薄弱

在四种类型的智库中，民间智库的力量是最为薄弱的。在我国，从 20 世纪 90 年代开始起步的民间智库，仅仅占智库总数的 5% 左右。

民间智库作为当今民众政治参与、经济参与的主要途径之一，能够撷取民众智慧，关注民生、经济生态和社会生态，独立公正地开展针对社会问题、经济问题的调查研究，为公众决策提供更加真实的选择方案，维护和实现民众利益。同时，在国家治理现代化中，它又可以充当政府与民众沟通的平台。

民间科技智库具有独立性、客观性和灵活性，敢于跟踪并触碰社会改革与经济改革的各种热点、重点和难点问题，将智库的思想产品回馈社会。

但是，因法人地位不明确、发展规模较小、资金来源渠道不稳定、人才缺乏、获取真实信息困难、对政府部门决策影响力较弱等众多因素，国内民间科技智库的发展十分缓慢，力量也较为薄弱。

随着地理信息产业战略地位的提升，地理信息产业规模迅速壮大，迫切需要稳定、高效的智库研究机构，尤其是民间科技智库机构。

四　关于测绘地理信息智库的建议

跟国内其他众多领域一样，我国智库的发展历史还比较短，需要时间的积累。作为科技型智库的测绘地理信息智库也是如此。《关于加强中国特色新型智库建设的意见》明确提出要深化五项改革：深化组织管理体制改革，深化研究体制改革，深化经费管理制度改革，深化成果评价和应用转化机制改革，深化国际交流合作机制改革。结合科技型智库的现状，建议从以下几个方面提升测绘地理信息智库建设水平。

（一）向国外优秀智库学习，借鉴它们的经验和做法，并结合中国的实际情况，制定相关法律法规，力争做到测绘地理信息智库建设有法可依、有序推进

确保各类智库向正确的方向发展，为其提供一个健康良好的外部环境。清华大学薛澜教授曾经提出，以完善的政策分析市场为核心、保障智库发挥其社会职能的一套制度安排。他的主要观点有：其一，在政策分析市场中，政府对智库的认同以及对政策分析的需求，将很大程度上决定智库能否发挥社会职能；其二，比较发达的政策分析市场中，智库的运行经费不仅来自于智库产品的最终需求和消费者——政府，同时还来自于公益研究基金、个人捐助者或企业等政策思想的非直接消费者；其三，智库的研究成果不仅向政府部门输出，同时还以各种形式向其他任何关心政策问题的群体输出；其四，需要建立一个政策思想同行评审和同业竞争的机制，以便政府和其他政策参与者有能力更加平等地鉴别不同观点的优劣；其五，政府和公众的有效监管是政策分析市场发展的重要前提条件；其六，需要培育智库发展的组织生态环境。

（二）在确保政治方向的前提下，着力增强智库研究成果的客观性和独立性

这里要强调的是，所谓的客观性和独立性，不是与党和政府的政策方针相违背，而是指在承接项目和提供政策候选方案的过程中，秉持中立、公正、科学和客观的原则，不因委托方的局部利益而损害公共利益。

决策部门在出台政策前，也应选择多家智库，从不同角度作方案论证，最后加以综合，尽量避免体制内智库的一家之言，兼顾不同利益群体的利益，使决策更加公正、客观和全面。

（三）在智库内部管理、人才管理体制方面进行大胆创新

按照智库发展的内在规律和要求，完善智库科研考核评价体系，坚持影响力导向，改变以往重专著、论文的科研机构评价标准，逐步把政府影响力、社会影响力和国际影响力作为考核指标，提高专报及其批示、媒体解读和分析、参与政府重大决策过程的分值。

同时，探索智库的人事制度改革，合理配置智库的人才结构，特别是加强与政府的人员交流。值得注意的是，良好的组织架构，也是制度的一个重要组成部分。通过激活研究型人才、跨界人才的流转，进而激发测绘地理信息领域的跨界创新。

（四）提高研究成果向决策咨询的转化效率和影响力

智库研究切忌泛泛而谈、空洞无物、大而化之。应向美国兰德公司等学习，进行有现实意义的研究，准确把握有价值的研究方向和国际热点问题，高瞻远瞩，长期跟踪。另外，国外优秀智库几乎都特别重视媒体公关，在全球智库排名中，有非常重要的一项指标，就是媒体曝光率。

（五）要坚持开放性、国际性和全球化理念

加强与国际智库的合作交流，提升我国智库的国际话语权和公共外交功能。例如，专注于空间与卫星领域的欧洲智库 Euroconsult 咨询公司，总部设在法国巴黎，但在美国、加拿大、日本都设有分部，每年为 50 多个国家的 560 多个政府部门或企业提供智库咨询服务。

又如美国斯坦福国际咨询研究所，其国际业务也十分活跃，每年接受国际方面的个别委托研究与咨询合同 2000 多件，与世界 65 个国家的 800 多家公司保持联系。鉴于测绘地理信息智库的国际化程度目前还比较低，主要应从以下几个方面着力：其一，可以与国际智库开展合作研究，在此过程中学习并借鉴国际智库的运作方式和影响力塑造方法；其二，以点带面，选择一些与中国密切相关、同时具有全球影响力的议题进行深入研究，逐步提升国内智库在国际舞台的影响力；其三，建立国际合作平台，培养具有国际对话能力的测绘地理信息智库研究队伍。

（六）政府也应为智库建设创造良好环境

政府是测绘地理信息智库的重量级客户，因此政府也应从以下几个方面入手，学会善用智库：其一，要高度重视智库在政府决策中的作用；其二，积极鼓励智库专家更多地开展独立研究，提供第三方中立、客观的建议，推进数据信息公开，加强政策研究投入，提供公平的政策研究市场环境；其三，创造条

件，为智库的政策建议开辟通道，减少政策研究禁区，为政府调整政策提供更广阔的空间；其四，结合实际，善于整合利用智库的研究成果和政策建议；其五，充分支持并扶持民间智库的发展，鼓励民间智库对测绘地理信息企业进行系统、科学的商业化研究，敢于采购民间智库的研究产品。

参考文献

［1］ 王家耀：《"互联网＋"时代的地理时空大数据与智慧城市》，2015。

［2］ 何绍辉：《论智库的一般特征》，《社会科学管理与评论》2013 年第 3 期。

［3］ James G. McGann：2014 Global Go To Think Tank Index Report，Philadelphia，Think Tanks and Civil Societies Program，International Relations Program，University of Pennsylvania.

［4］ 上海社会科学院智库研究中心：《2013 年中国智库报告：影响力排名与政策建议》，上海社会科学院出版社，2014。

［5］ 薛澜：《智库热的冷思考：破解中国特色智库发展之道》，《中国行政管理》2014 年第 5 期。

［6］ 金芳等：《西方学者论智库》，上海社会科学院出版社，2010。

［7］ 薛澜：《智库热的冷思考：破解中国特色智库发展之道》，《中国行政管理》2014 年第 5 期。

［8］ 李安方等：《中国智库竞争力建设方略》，上海社会科学院出版社，2010，第 22、60 页。

［9］ R. Kent Weaver：The Changing World Of Think Tanks，Political Science & Politics，1989.

［10］ 王莉丽：《中国智库思想市场的培育与规制》，《中国人民大学学报》2014 年第 2 期。

科技创新篇

Science and Technology Innovation

B.27

全球30米地表覆盖遥感制图工程[*]

陈 军　廖安平　彭 舒　陈利军　张宏伟　何超英^{**}

摘　要：　如何突破全球地表覆盖遥感制图关键技术，研制高分辨率、高质量、多时项全球地表覆盖数据产品，是近几年来国际对地观测和测绘地理信息领域面临的一个重大技术挑战。我国2010年正式启动的863重点项目"全球地表覆盖遥感制图与关键技术研究"围绕产出30米分辨率全球地表覆盖产品这一目标，以产品工程为主线，实现研究型地表覆盖遥感制图与产品工程的有机结合，完成了全球30米分辨率地表覆盖遥感制图的总体技术研究，构建包括生产技术规范、30米多源光谱影像重建、基于POK的分层分类和全过程质量控制

＊　本研究是由国家高技术研究发展计划（863计划）重点项目"全球地表覆盖遥感制图与关键技术研究"（项目编号：2009AA12200）资助，得到了国家测绘地理信息局和科技部的大力支持，各参与单位在项目实施中通力合作，在此一并致谢！

＊＊　陈军，教授，博士生导师，国家基础地理信息中心总工程师，国际摄影测量与遥感学会主席；廖安平、彭舒、陈利军、张宏伟，国家基础地理信息中心；何超英，国家测绘地理信息局科技与国际司。

在内的工程化产品研制方法与生产技术体系，研制出世界上首套全球两期（2000/2010）30米地表覆盖产品Globeland30。该成果已经向全球共享，在土地利用与变化、植被、农业、冰川、气候环境、城镇化、灾害研究等方面得到广泛应用，有力地推动了相关领域研究和全球对地观测数据共享。

关键词： 全球地表覆盖 遥感 制图

一 引言

地表覆盖及其变化（LUCC）数据是环境变化研究和可持续发展治理的重要科学数据，其遥感制图与应用一直是国内外科学研究的热点之一。全球地表覆盖遥感制图是其中一个主要难点，面临着全球尺度带来的诸多困难，如遥感影像的全球高质量完整覆盖、面向全球复杂地理景观的地表覆盖分布与变化信息的高精度提取等。早期美国地质调查局（USGS）、波士顿大学（BU）、马里兰大学（UMD）等研究机构或大学开展了粗分辨率全球地表覆盖制图（GLC）研究，研制出了6套300~1000米分辨率的数据产品，但存在空间细节不够、分类精度不高，不同产品间时间一致性差异大等缺陷，不能满足广大用户的应用需求。如何突破全球地表覆盖遥感制图关键技术，研制高分辨率、高质量、多时项全球地表覆盖数据产品，成为近几年来国际对地观测和测绘地理信息领域面临的一个重大技术挑战。

一般说来，大范围地表覆盖遥感制图研究可分为研究实验型和工程操作型两类。前者注重方法创新与测试，不特别关注数据产品及相关的质量控制问题；而后者重在产出高质量数据产品，以产品工程为主线，开展面向产品研制的工程技术研究和构建产品生产体系。我国2010年正式启动的863重点项目"全球地表覆盖遥感制图与关键技术研究"属于后者，围绕产出30米分辨率全球地表覆盖产品这一目标，研究全球30米分辨率地表覆盖遥感制图关键技术，实现研究型地表覆盖遥感制图与产品工程的有机结合。为此，包括国家基础地理信息中心、北京师范大学、清华大学、中科院遥感所等在内的18家单位参加的科研与工程团队，完成了全球30米分辨率地表覆盖遥感制图的总体技术研究，研发出POK分类方法等关键技术和工程化的产品研制方法与生产技术体系，研制出世界上首套全球两期（2000/2010）30米地表覆盖产品Globeland30。

本文主要从产品工程的角度出发，介绍全球30米地表覆盖遥感制图工程的总体思路、工程技术体系、规模化产品研制情况和主要成果及应用。

二 总体思路

全球30米地表覆盖遥感制图涉及地表景观复杂多样、混合像元普遍存在、影像质量不一、多种参考资料庞杂，数据海量、工程庞大、参与人员众多、工程周期固定等，是一个影响因素众多、技术过程复杂的遥感科技工程。从工程的角度来说，其核心问题是如何合理地制定产品标准、科学地开展分类制图、有效地控制产品质量。以往地表覆盖遥感制图的文献主要集中在分类方法和最终产品结果精度评价等方面，对大范围产品研制、过程质量控制讨论极少。为了研制出高质量、标准化的全球30米地表覆盖数据产品，需要建立科学的产品标准和生产技术规范、适应30米地表覆盖特点的遥感制图技术方法和严密的质量控制手段及生产技术规范，以保障最终的地表覆盖分类数据产品精度可靠、指标一致、集成规范，达到产品总体要求。

（一）科学制定数据产品及技术规范，支撑标准化产品研制

数据产品和技术规范是开展产品标准化研制和产品一致性和精度生产的保障，主要包括类型分类体系、最小制图单元、产品规格及元数据、数据处理方法等。

1. 地表覆盖分类体系

表1给出了Globeland30所表达的地表覆盖类型。其首先考虑了全球变化研究对地表覆盖分类的要求，其次顾及了从30米遥感影像提取地表覆盖类型

信息的可行性与精度，再者考虑了在较短时间内完成两期全球地表覆盖数据产品的工作量。

表1　Globeland30 包含的 10 大地表覆盖类型

代码	类型	内容
10	耕地	用于种植农作物的土地,包括水田、灌溉旱地、雨养旱地、菜地、牧草种植地、大棚用地、以种植农作物为主间有果树及其他经济乔木的土地,以及茶园、咖啡园等灌木类经济作物种植地
20	森林	被乔木覆盖且树冠覆盖度超过 30% 的土地,包括落叶阔叶林、常绿阔叶林、落叶针叶林、常绿针叶林、混交林,以及树冠覆盖度为 10%～30% 的疏林地
30	草地	被天然草本植被覆盖,且覆盖度大于 10% 的土地,包括草原、草甸、稀树草原、荒漠草原,以及城市人工草地等
40	灌木地	被灌木覆盖且灌丛覆盖度高于 30% 的土地,包括山地灌丛、落叶和常绿灌丛,以及荒漠地区覆盖度高于 10% 的荒漠灌丛
50	湿地	位于陆地和水域的交界地带,有浅层积水或土壤过湿的土地,多生长有沼生或湿生植物,包括内陆沼泽、湖泊沼泽、河流洪泛湿地、森林/灌木湿地、泥炭沼泽、红树林、盐沼等
60	水体	陆地范围液态水覆盖的区域,包括江河、湖泊、水库、坑塘等
70	苔原	寒带及高山环境下由地衣、苔藓、多年生耐寒草本和灌木植被覆盖的土地,包括灌丛苔原、禾本苔原、湿苔原、高寒苔原、裸地苔原等
80	人造地表	由人工建造活动形成的地表,包括城镇等各类居民地、工矿、交通设施等,不包括建设用地内部连片绿地和水体
90	裸地	植被覆盖度低于 10% 的自然覆盖土地,包括荒漠、沙地、砾石地、裸岩、盐碱地等
100	冰川和永久积雪	由永久积雪、冰川和冰盖覆盖的土地,包括高山地区永久积雪、冰川以及极地冰盖等

2. 最小制图单元

最小图斑是指分类时进行严格精度约束的最小图斑尺寸。根据 30 米分辨率遥感制图表达与制图综合的要求，在参考对应标准比例尺地物要素指标基础上，全面分析 30 米空间尺度特征和各地表覆盖类型的全球地域特征，设计产品各类型的最小制图单元（见表2），较好顾及了各地表覆盖类型在30米影像上的表现能力、在不同地形上的分布差异以及各地表覆盖类型的重要性差异等特性，保障了地表覆盖成果能有效地反映当地的景观格局。

表2　各类型最小制图单元

一级类型	制图单元（像素）	说明
耕地	3×3	主要参考30米影像分辨率的尺度特性和1∶25万地形图图式中面状耕地指标
森林	8×8	主要参考30米影像分辨率的尺度特性和1∶25万地形图图式中面状森林指标
草地	10×10	主要参考30米影像分辨率的尺度特性和1∶25万地形图图式中面状草地指标
灌丛地	10×10	主要参考30米影像分辨率的尺度特性和1∶25万地形图图式中面状灌丛地指标
湿地	9×9	根据国际上对湿地的定义，湿地面积通常在8公顷以上，对应30米影像，相当于8万平方米，约9×9像素
水体	3×3	面状水体提取的最小图斑为3×3个像元（相当于实际90×90平方米），主要参考30米影像分辨率的尺度特性和1∶10万地形图图式中的面状水体指标。线状水体提取的最小质量控制宽度指标为3个像元（相当于实际90米），主要参考30米影像分辨率的尺度特性和1∶25万地形图图式中线状水体指标
苔原	10×10	主要参考30米影像分辨率的尺度特性和1∶25万地形图图式中面状苔原指标
人造覆盖	8×8	主要参考30米影像分辨率的尺度特性和1∶25万地形图图式中面状人造覆盖指标
裸地	6×6	主要参考30米影像分辨率的尺度特性和1∶25万地形图图式中面状裸地指标
多年积雪或冰	3×3	主要参考30米影像分辨率的尺度特性和1∶25万地形图图式中面状冰雪指标

3. 数据处理方法

针对全球30米遥感制图需要，研究制定了生态地理分区划分和样本采集方案。根据影像、参考资料的收集情况，在开展产品中试的基础上，明确了各类型的主要提取方法与技术流程，明确在各类型提取中的主要质量控制参数，对整个地表覆盖类型提取工作的实施进行规范，保障组织实施时能按照统一要求开展规模化产品研制工作。面向数据发布与服务，设计产品分幅规格、数据格式、文件内容和组织形式，确保形成标准化数据产品。

（二）将全要素复杂制图分解为单要素提取与集成，实现产品的高精度研制

为克服同物异谱和异物同谱带来的全球地表覆盖遥感制图难题，我们研究提出了基于"像元—对象—知识"的 POK 分类方法，实现像元光谱自动分类、纹理结构的对象化分割和生态地理知识的有机结合，为降低误判率和漏判率提供了先进的思路与方法。但地球陆地表面范围广，景观复杂多样，从海量 30 米遥感影像中提取全要素地表覆盖信息的过程极端复杂。为了降低产品研制的难度，将全要素地表覆盖遥感制图分解为单要素提取与集成，形成分要素的 POK 技术方法，以充分适应每一地表覆盖类型和每景遥感影像的特殊性。同时，根据 POK 各技术环节的需要，最大限度地挖掘和利用各种可资利用的参考信息。

（1）分层分类提取：由于全球范围内各个地表覆盖类型的光谱、纹理、季相等特征十分复杂，为简化分类问题，将地表覆盖全要素分类处理分解为按类型逐一要素分别提取。针对各要素自身的光谱、纹理、季相等特征，及其所在生态地理区域的地表覆盖特征，通过分类器组合进行像元级分类，以尽可能减轻同物异谱和异物同谱问题对分类精度的影响。

（2）对象知识精细化分类：基于单一影像光谱纹理信息开展分类很难实现类型的高精度提取。以对象化图像处理技术为基础，对影像上反映出的光谱与形状异质性进行多尺度分割，确定出地表覆盖斑块，很好地解决分类中常见的椒盐误差。根据各种参考资料（高分辨率影像、GIS 数据、已有分类产品等开展数据挖掘，提取数据检核知识规则进行结果检核，开展知识级的分类数据优化完善，实现 30 米遥感影像地表覆盖光谱、纹理及生态地理特性的有效综合利用，大幅提升全球尺度下遥感分类的准确性，达到精细化制图的效果。

（3）影像光谱纹理信息重建：为解决因受传感器时空分辨率的制约、数据源自身缺陷（Landsat7 ETM + SLC – off）以及云污染的影响导致的全球 30 米遥感影像覆盖存在空间和时间两个尺度的数据缺失问题，通过发展 30 米多光

谱影像高精度几何、辐射与时空缺失数据重建等影像处理方法，实现对全球海量多光谱影像在时空谱维度上的统一化处理和影像光谱信息最优化利用，为像素级各种分类方法提供了全球分类影像的最佳覆盖和有效的光谱纹理信息。

（三）开展全过程质量控制，确保数据成果质量

资料、经验、人员等均影响着全球地表覆盖数据产品质量。为了确保 Globe land30 的产品质量，在分景提取、多类型集成、产品优化完善等核心环节进行质量控制，明确每个阶段的质量控制重点，以符合地表覆盖规模化生产的需要。

（1）分景提取质量控制：主要是控制组织单类型分景提取时的结果质量。主要依据类型定义和类型错漏图斑大小的约束条件（见表3）进行检查，确保分景提取的基本精度。

表3 各类型最小漏提、错提图斑数

地表覆盖类型	每景影像最小漏提和错提图斑数			
	面积（A，像素）	水网密集区、城区等	干旱、大范围农田地区等	一般情况
水体	A≥4×4	0	0	0
	3×3≤A<4×4	4	1	2
	宽度≥3	必须连续		
	2≤宽度<3	部分提取、允许断流		
湿地	面积（A，像素）	草	木	
	湖泊区域	2	3	
	河流区域	1	3	
	海域/河口区域	1	2	
冰川和永久积雪	面积（A，像素）	地形起伏大的中低纬度高山区域		一般情况
	A≥4×4	0		0
	3×3≤A<4×4	4		2
人造地表	面积（A，像素）	一般情况	困难地区	
	A≤8×8	2	4	
	A>8×8	0	0	
耕地	面积（A，像素）	平原区耕地连片区	山区丘陵农牧过渡带干旱半干旱等耕地破碎区	一般情况
	A≥10×10	3%	3%	3%
	6×6≤A<10×10	1	4	2
	A<6×6	无限制		

续表

地表覆盖类型	每景影像最小漏提和错提图斑数			
林地	面积（A，像素）	森林分布成片区	干旱半干旱山地丘陵、农牧区、平原农业耕作区、城镇区等林地零星分布区	一般情况
	A≥12×12	3%	3%	3%
	8×8≤A＜12×12	1	4	2
	A＜8×8	无限制		
灌木地	面积（A，像素）	山地丘陵的沟谷地带、山前林地灌木地交错区等零星分布区	干旱半干旱荒漠区、高山亚高山区森林线以上区域	一般情况
	A≥15×15	5%	5%	5%
	10×10≤A＜15×15	6	2	4
	A＜10×10	无限制		
草地	面积（A，像素）	山地丘陵农牧过渡区干旱半干旱荒漠草原城镇等分布较破碎区	典型草原、热带萨瓦纳、高山亚高山草甸等区	一般情况
	A≥15×15	5%	5%	5%
	10×10≤A＜15×15	6	2	4
	A＜10×10	无限制		
裸地	面积（A，像素）	平原农牧区、山地丘陵、高山亚高山基岩裸露区等裸地破碎区	干旱半干旱区裸地连片区	一般情况
	A≥10×10	3%	3%	3%
	6×6≤A＜10×10	1	4	2
	A＜6×6	无限制		

（2）成果集成质量控制：主要是对形成的单类型成果在集成前开展的质量控制。主要依据数据产品规格，在顾及时相和完整性的基础上，协调图斑地物接边等尺度一致性问题，确保了分幅集成数据满足规范要求。

（3）产品优化质量控制：主要是对地表覆盖产品优化完善过程中的质量控制。依据类型间易混淆的介定判断，通过知识化检核信息交互，处理产品优化的结果是否与实际相符和分类不确定性的趋同性问题。

三 工程技术体系

以产品工程为主线，构建面向全球地表覆盖产品研制的工程体系（见图1）。其主要包括4个组成部分：①生产技术规范；②30米多源光谱影像重建；③基于POK的分层分类；④全过程质量控制等。

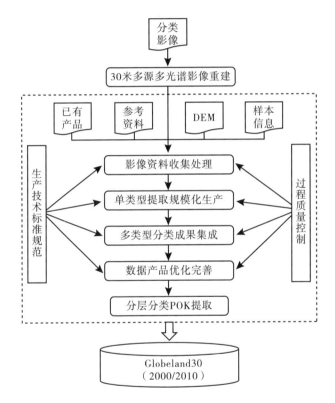

图1 全球30米地表覆盖遥感制图产品工程技术体系

（一）生产技术标准与规范

构建了包括总体技术、影像资料处理、类型提取、质量控制与评价在内的工程化技术标准规范。其中，总体技术规范包括《全球地表覆盖遥感制图总体技术方案》《全球地表覆盖数据产品规定》《全球地表覆盖分类体系需求分析与研制报告》3项；影像资料处理技术规范包括《全球30米分辨率遥感影像几何纠正技术规定》《30米分辨率全球遥感影像辐射处理技术规定》《全球地理生态分区技术方案》3项；类型提取技术规范包括《全球地表覆盖遥感分类样本抽样方案》《全球地表覆盖遥感制图水体提取与集成技术规定》《全球地表覆盖遥感制图湿地提取与集成技术规定》等共7项；质量控制与精度评价技术规范包括《全球地表覆盖分类产品质量评价方案》《全球地表覆盖遥感制图过程质量控制方案》和《全球地表覆盖遥感制图质量管理办法》3项。

（二）30米多光谱影像重建

构建了对30米多光谱全球尺度数据集自动化高精度预处理的技术方法体系和软件系统，形成了批量数据自动辐射校正/几何校正和缺失数据修补及多时相重建的能力。针对宽视场角卫星影像内部畸变复杂的问题，研发了宽视场角遥感影像高精度快速几何处理技术和软件工具，解决了全球环境减灾卫星—1CCD影像与Landsat TM影像高精度配准的难题，从而扩大了可用影像资料来源。提出了适合不同传感器自动化辐射校正的技术路线并通过预置全球基础数据指导辐射校正过程中相关参数的自适应选取，使辐射校正的软件系统在自动化和批量处理能力方面满足了覆盖全球的大范围影像处理需求。针对30米遥感影像全球最优覆盖面临的数据缺失、缺乏多时相数据等方面的难题，提出邻近相似像元插补（NSPI）算法，对全球大范围的Landsat7 ETM+条带数据和遥感影像云污染进行插补修复处理；构建了非均质地表反射率尺度转换模型（ESTARFM），实现了30米影像多时相、多光谱数据重建；发展了NDVI线型混合增长模型（NDVI–LMGM），实现了多时相30米NDVI数据重建。这一系列时空缺失数据重建方法保证了30米遥感影像全球覆盖的时空连续性，最大程度上挖掘了影像的光谱信息。

（三）基于POK的分层分类

采取了单要素分层分类的策略，对水体、湿地、冰雪、人造覆盖、耕地、林灌草等单一类型进行逐一分类提取，利用10大类型自身的特点和相应的光谱指数、纹理特征及多时相特征，选择分离度较好的分类特征和分类器，组合进行像元级分类，以尽可能减轻同物异谱和异物同谱问题对分类精度的影响。

针对像元级分类容易产生"椒盐效应"的误差，将像元级分类成果与对象化分割技术相结合，提出对象化过滤方法，即利用多尺度分割技术确定地表覆盖斑块边界，依据像元级分类结果的比例，判定斑块所代表的地表覆盖类型。对象化过滤方法有效改善了像元级分类结果，提高了地表覆盖制图的空间连续性。

对征集的遥感、地理和生态等方面专家意见，收集已有地表覆盖数据、DEM、地表覆盖统计数据等参考资料，从宏观分布、区域过渡和地表覆盖变化三个方面，归纳了基于自然地理的地表覆盖分布知识、基于人文的地表覆盖分布知识和地表覆盖变化知识，提炼出描述全球地表覆盖数据的空间一致性、时间连续性和关系协调性等的知识规则，作为知识化检核的依据，进行网络化交互式协同检核，借助服务平台发现并定位分类异常区域，对判定的错分/漏分问题进行优化。

（四）过程质量控制

对分景提取质量控制参照测绘产品的质量控制流程，加强分景提取过程中各工序的质检，依据质量检查方案的具体规定，采用质量检查记录进行质量控制。对产品生产过程中的每个环节形成记录，实行研制过程成果数据100%自检、100%互检和10%专检的三级检查制度，进行质量控制的内容监督分类训练样本质量检查、地物类型提取结果的质量检查、分景接边的质量检查。

多类型集成质量控制检查通过集成算法使生成的分幅单类型产品满足其在数学基础、定位、编码、命名等方面的标准化规范化要求，包括一般项检查和各类型一致性检查。一般项检查包括数据完整性检查、坐标系统检查、详细程度一致性检查、错漏提率和数据接边情况检查。各类型一致性检查根据各类型不同特点分别开展，如湿地检查项包括水田的错分、重要湿地的遗漏、沙滩（河漫滩、海滩）与湿地的错分、沿海湿地的准确性等问题。

产品优化完善质量控制依托基于全球地表覆盖信息服务模型30米地表覆盖信息服务平台开展。平台采用面向服务契约的自适应集成技术，实现了从服务（语义层面）、功能（功能实现）和参数（输入输出等）三个层级的异质异构地表覆盖资源的服务化整合与集成，将天地图、Geo‑Wiki、Open Street

Map 等多种异构服务构建为统一的地表覆盖数据服务环境。借助服务平台发现并定位分类异常区域，将基于地表覆盖分布及变化的知识规则在线化，通过数据统计分析、空间分析和人机交互目视对比等手段，发现、定位、标注分类异常区域，进行网络化交互式协同检核。

四 规模化产品研制

为了保障全球地表覆盖数据产品研制的有序稳定推进，将地表覆盖产品的研制工作按照影像资料收集处理、单类型分景分层提取、多类型分类成果集成和数据产品优化完善步骤进行组织实施。

（一）影像资料收集处理

全面、丰富、翔实的影像及参考资料是保障本数据产品研制的基础。在两期地表覆盖信息提取与数据研制工作中，共完成 2000 基准年 10270 景 TM 影像、2010 基准年 9907 景 TM 影像和 2640 景 HJ－1 影像的数据收集以及几何辐射处理工作（示例见图 2）。对 2010 期影像中 1354 景条带缺失影像完成了条带插补处理，实现了全球 30 米影像的最佳覆盖，并按照分类方法的需求对数据进行了处理。

针对各类型、各区域和国家的局部参考资料的收集与分析，作为分类提取、数据完善等环节的重要参考，生成了全球生态地理分区数据，结合全球地形、土壤、气候、植被等情况将全球划分为 816 个生态分区。收集处理了 MODIS、NDVI 数据，形成了包含 23 个波段、250 米空间分辨率的 NDVI 时间序列数据。收集了两套全球 DEM 数据、6 套已有全球地表覆盖数据、区域地表覆盖数据，对数据精度、类型转换进行了评价，制定参考利用方案；收集了全球 1∶100 万基础地理信息数据、世界数据海图（Vmap）全球湖泊湿地数据、拉姆萨尔湿地名录、全球冰川名录和其他区域性参考资料。

（二）单类型提取规模化生产

将全球划分为欧洲、大洋洲及南极洲、美洲、亚洲和非洲 5 个工作区，

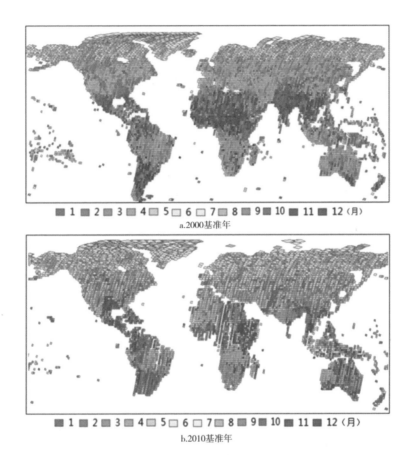

■1 ■2 ■3 ■4 □5 □6 □7 ■8 ■9 ■10 ■11 ■12（月）

a.2000基准年

■1 ■2 ■3 ■4 □5 □6 □7 ■8 ■9 ■10 ■11 ■12（月）

b.2010基准年

图2　Landsat 影像覆盖及时相情况

各工作区按照各项生产技术规范要求，并结合各区域的地表覆盖特征、已有数据资源情况和总体技术路线，组织开展数据研制工作。各区按照水体、湿地、人造地表、耕地、冰川与永久冰雪、裸地林灌草、苔原为各类型的提取顺序，对单类型地表覆盖信息进行提取。一个类型提取完成后，进行影像的掩膜处理，利用掩膜后的影像进行后续类提取，直至完成分景影像的全部类型提取。

　　通过分区影像单元的地表覆盖类型特征分析，结合生态地理分区和参考资料，在着重分析该区域单类型特点与难点、影像资料特点的基础上，开展了分区提取技术设计。根据提取难易程度、提取效率和分类精度等情况，选取最优的分景单类型分类提取方法，组合形成区域的规模化提取技术流程，再参考已有高分辨率地表覆盖数据和高分辨率影像进行人机交互编辑处理，形成单类型单景分类成果，以保证每个分区采用的方法能够适应该区域地表覆盖类型分布特征，提高分类提取的精度。

（三）多类型分类成果集成

将单类型分景结果进行单类型地表覆盖产品集成和全类型地表覆盖产品集成，完成从单景分类数据到标准分幅的拼接与裁切，检查数据的完整性和类型代码的正确性，研制出全球 2000 年度和 2010 年度两个基准年的 30 米分辨率地表覆盖分幅数据。数据采用 WGS84 坐标系统、UTM 投影、6 度分带。为了便于数据存储与共享，数据的分幅方式按照所处纬度进行两种分幅：在南北纬 60 度区域内，按照 5 度（纬度）×6 度（经度）的大小进行分幅；在南北纬 60 度至 80 度区域内，按照 5 度（纬度）×12 度（经度）的大小进行分幅，按照奇数 6 度带的中央经线进行投影。共形成覆盖全球（除南极洲之外）的分幅数据总数为 853 幅。在多类型分类成果阶段的主要质量控制手段是进行尺度一致性处理，目的是确保分幅集成数据满足数据产品规范要求，并针对各个类型的不同特点，开展针对性检查。Globeland30 分幅见图 3。同时建立相关坐标信息、元数据等文件，一个完整的分幅 30 米分辨率地表覆盖产品数据包括了分类成果文件、坐标信息文件、分类影像接图表文件、元数据文件和说明性文件等 5 部分。

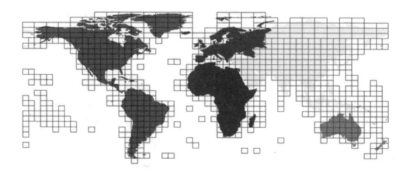

图 3　Globeland30 分幅示意

（四）数据产品优化完善

在服务平台的支撑下，基于地表覆盖分布及变化的知识规则，通过数据统计分析、空间分析和人机交互目视对比等手段，发现并定位分类异常区域，判别发现数据成果中存在的错提、漏提等质量问题，并允许检核人员以点、线、面的方式标绘出现错误的区域，自动记录下错误类型、空间位置、错误描述等信息，并发布在网络平台，通过在线汇聚并有序的传递，最终形成需要修改的错分/漏分信息。按照标报的修改信息改正数据，并将修改结果在线汇聚。数据产品的优化表现在图幅整体性趋势错误的改善，有地类判别错误的校正，有细节上的修改。采用发布订阅模式，实现了数据检核与数据优化工作之间的信息交互和多用户协同，从而有效地实现了两期数据的检核与优化。数据检核优化流程见图4。

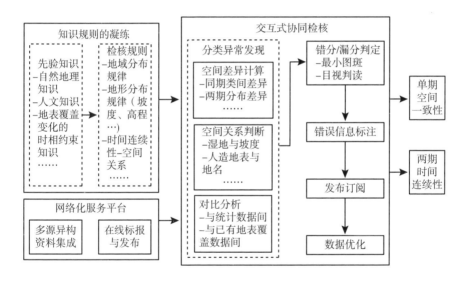

图4　顾及多元知识的检核优化流程

五　主要成果及应用

（一）数据成果与服务平台

经过全国18家单位上百名科技人员的四年努力，世界上首套30米分辨率全球地表覆盖产品 Globeland30 成功完成研制。其涵盖全球陆域范围,包括水体、耕地和林地等十大类地表覆盖信息,具有三个主要特点。

(1)更高空间分辨率:相对欧美国家 1000 米和 300 米分辨率产品而言,Globeland30 将覆盖全球的地表覆盖产品空间分辨率整体提升了 1 个数量级。

(2)两个时相:Globeland30 不仅能提供直观的地表覆盖空间分布信息,由同一个研究团队利用相同的分类方法研制 2000 年和 2010 年两期数据,具有较好的一致性,可以更好地支持地表覆盖变化的监测和分析。图 5 显示了 2010 年的数据成果。

(3)较高精度:第三方单位采用基于空间数据二级抽样检验模型,从全球选取了 15 万多个检验样点,对 Globeland30 进行了精度评估,得出 Globeland30 的总体分类精度为 83.5%。

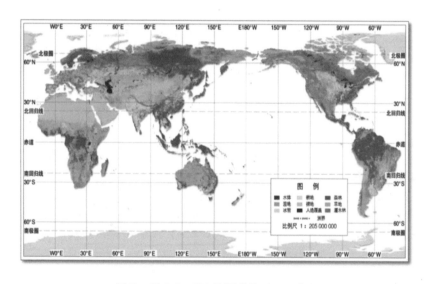

图 5 Globeland30 数据成果(2010 期)

为了更好地提供 GlobeLand30 数据服务,建成了首个全球 30 米地表覆盖信息服务平台(www.globeland30.org)(见图 6),目前已提供以下服务。①数据浏览:实现了对原始影像、分类成果、参考数据等异质数据以及天地图、Google Map、Bing Map 等异构服务的集成浏览与无缝切换,能够让用户快速定位到感兴趣的区域，并根据需要快速切换各种数据的叠加与对比显示。②数据下载：建立实现了用户注册、申请、审核、下载的共享服务流程。③在线标注：提供面向众包的地表覆盖信息在线标报功能，充分发挥用户的作用，收集现有地表覆盖数据存在的质量问题，为数据修改和更新提供参考依据。④在线统计分析：针对不同的地表覆盖类型，提供在线统计功能，主要包括面积统计、密度统计、变化统计，以及结合人口、经济数据的专题统计等内容。其统计方式有两种：一是根据行政区划查询事先计算好的统计数据，二是根据用户勾选的空间范围进行在线计算。

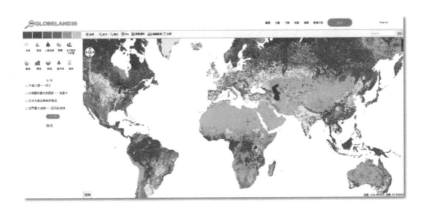

图6　www. globeland30. org 服务平台

（二）初步应用

2014 年 9 月 22 日联合国气候峰会期间，张高丽副总理代表中国政府将该套数据捐赠于联合国，供联合国系统、各成员国和国际社会使用[5]。截至 2015 年 9 月，已经有来自美国、加拿大、意大利等 102 个国家的用户下载了 Globeland30 数据，下载总图幅数超过 10 万多幅，部分典型用户见表4。用户应用类型包括土地利用与变化研究，地表覆盖变化及分类研究，森林植被、农作物、冰川、地形研究，气候环境研究，城市扩张、城乡发展规划研究，生态及生物多样性研究，风险灾害研究以及实验教学等诸多领域。

表 4 Globeland30 的典型用户

用户单位类型	典型单位名称
政府及下属单位	美国国家航空航天局戈达德航天飞行中心（NASA GSFC）、美国地质调查局（USGS）、欧盟委员会（European Commission）、欧空局（ESA）等
研究机构	欧盟委员会联合研究中心（JRC）、德国地学研究中心、奥地利系统研究所（IIASA）、巴西国家空间研究院（INPE）、印度科学院（Indian Institute of Science）、乌克兰空间研究中心（Space Research Institute of Ukraine）、雅典国家天文台（IERSD/NOA）、中国科学院、中国交通集团研究设计院、中国农业科学院、中国城市规划设计研究院
高校	哈佛大学、耶鲁大学、马里兰大学、宾夕法尼亚大学、哥伦比亚大学、海德堡大学、杜克大学、威斯康星大学、清华大学、北京大学、香港中文大学、武汉大学
国际组织	世界自然基金会（WWF）、NatureServe、保护国际（Conservation International）
联合国机构	联合国粮农组织（FAO）、联合国环境规划署（UNEP）、联合国人居署（UN‐Habitat）、联合国维和部队（UNMISS）、联合国经社部（UNDESA）、联合国亚太经社部（ESCAP）、UN Unit in Mali、联合国教科文组织（UNESCO Islamabad）

联合国秘书长潘基文认为，这套数据将促进我们更好地理解、监测和管理全球地表使用及变化情况。联合国环境规划署（UNEP）世界保护监测中心（WCMC）利用 Globeland30 开展全球 21 万个保护区的生物多样性保护评价方面的研究。科技部遥感中心利用 Globeland30 的水体和人造地表数据成果完成了"全球生态健康遥感监测"2012 年和 2013 年度报告，对全球陆地表面水域和城乡建设用地的空间分布、时空变化、用地效率、用地转化等进行了较翔实的解读和分析；中国环境科学研究院利用 Globeland30 数据开展了中国生物多样性保护方面的研究工作。国家遥感中心评价称"是中国首次生产并向全球用户分发 30 米分辨率全球地表覆盖遥感数据产品，弥补了我国没有自己全球地表覆盖数据产品的空白，改写了中国只是他人产品使用者的历史，同时极大地促进了全球对地观测数据共享"。

六 结语

在国家 863 计划支持下，项目以产品工程为主线，完成了全球地表覆盖遥感制图关键技术研究，构建了面向产品研制的工程化生产技术体系，完成了两

期（2000/2010）全球 30 米地表覆盖产品 Globeland30 的研制。以徐冠华院士
为主任的评审专家委员会认为，该成果"填补了国际空白；在产品标准化、
关键技术研究和工程化应用等方面取得了突破，总体上达到国际领先水平"。
国际地理信息著名杂志 GIM 发表署名文章评价"Globeland30 是对地观测和开
放地理信息领域的里程碑"。

应该指出的是，这是万里长征走完了第一步，仅仅解决了"从无到有"
的问题，尚需解决"从有到优""从数据到知识""从成果到服务"等一系列
难题。我们应该继续努力，构建集时序数据、细化类型数据、专题数据为一体
的全球地表覆盖数据体系，开展以地理世情为目标的深层次应用，建成功能完
备、服务高效的全球地表覆盖信息服务平台，进一步巩固领先地位，扩大我国
在该领域的国际影响力。这对于建设形成以我为主的国际合作网络，逐步掌控
全球基础地理信息战略资源，提高我国政府应对全球变化和制定资源管理与环
境保护政策的能力、增强我国在全球变化领域的发言权、提升我国软实力具有
重要意义。

参考文献

［1］ Arino, O. , P. Bicheron, F. Achard, J. Latham, R. Witt, J. L. Weber et. al. :
GLOBCOVER the Most Detailed Portrait of Earth, ESA Bulletin – European Space
Agency, 2008.

［2］ Ban, Y. – F. , Gong P. , Chadra G. . "Global Land Cover Mapping Using Earth
Observation Satellite Data: Recent Progresses and Challenges", *ISPRS Journal of
Photogrammetry and Remote Sensing*, 2015.

［3］ Bontemps, S. , P. Defourney, E. Van Bogaert, O. Arino: GLOBCOVER2009
Products Description and Validation Report, globcover. s3. amazonaws. com, 2011.

［4］ Chen J. , Chen J. , Cao X. et. al. : " Global Land Cover Mapping at 30m
Resolution: APOK – based Operational Approach", *ISPRS Journal of Photogrammetry
and Remote Sensing*, 2014.

［5］ Chen J. , Ban Y. , Li S. et. al. : "China: Open Access to Earth Land – cover Map",
Nature, 2014.

［6］ Chen J. , Chen X. , Cui X. , Chen J. : " Change Vector Analysis in Posterior

Probability Space: A New Method for Land Cover Change Detection", *IEEE Geoscience and remote sensing letters*, 2011, 8 (2).

[7] Chen Jun, Miao Lu, Xuehong Chen, Jin Chen, Lijun Chen: "A Spectral Gradient Difference Based Approach for Land Cover Change Detection", *ISPRS Journal of Photogrammetry and Remote Sensing*, 2013.

[8] DeFries R. S., Townshend J. G. R.: "NDVI – Derived Land Cover Classification at Global Scales", *International Journal of Remote Sensing*, 1994.

[9] DeFries R., Hansen M., Townshend J.: "Global Discrimination of Land Cover Types from Metrics Derived from AVHRR Pathfinder Data", *Remote Sensing of Environment*, 1995, 54 (3).

[10] Defries R. S., Townshend J. R. G.: "Global Land Cover Characterization from Satellite Data: From Research to Operational Implementation", *Global Ecology and Biogeography*, 1999, 8.

[11] Friedl M. A., McIver D. K., Hodges J. C. Fet. al.: "GLC Mapping from MODIS: Algorithm and Early Results", *Remote Sensing of Environment*, 2002.

[12] Fritz S., Bartholomé E., Belward A., Hartley A, Stibig H – J, Eva H: Harmonization, Mosaicking, and Production of the Global Land Cover 2000 databaseJoint Research Center, Ispra, Italy, 2003.

[13] Gang Han, Jun Chen et. al.: "A Web – based System for Supporting Global Land Cover Data Production", *ISPRS Journal of Photogrammetry and Remote Sensing*, 2015 (5).

[14] Gong P., Wang J., Yu L. et. al.: "Finer Resolution Observation and Monitoring of GLC: First Mapping Results with Landsat TM and ETM + data", *International Journal of Remote Sensing*, 2013, 34 (7).

[15] Hansen M. C., Defries R. S., Townshend J R G et. al.: "GLC Classification at 1km Spatial Resolution Using a Classification Tree Approach", *International Journal of Remote Sensing*, 2000, 21 (6 – 7).

[16] Hansen M. C., DeFries R. S., Townshend J. R. G. et. al.: "Towards an Operational MODIS Continuous Field of Percent Tree Cover Algorithm: Examples Using AVHRR and MODIS data", *Remote Sensing of Environment*, 2002, 83 (1).

[17] Hansen, M. C., Loveland, T. R.: "A Review of Large Area Monitoring of Land Cover Change Using Landsat Data", *Remote Sensing of Environment*, 2012.

[18] Hansen M. C., Potapov P. V., Moore Ret. al.: "High – Resolution Global Maps of 21st – Century Forest Cover Change15", *Science*, 2012, 11 (342).

[19] Herold M., Mayaux P., Woodcock C. et. al.: "Some Challenges in GLC Mapping: An Assessment of Agreement and Accuracy in Existing 1km Datasets",

Remote Sensing of Environment, 2008, 112.

[20] Lambin E. F. , Turner B. L. , Geist H. J. et. al. : "The Causes of Land – use and Land – cover Change: Moving beyond the Myths", *Global environmental change*, 2001, 11 (4) .

[21] Liao A. P. , Chen L. J. , Jun Chen et. al. : "High – Resolution Remote Sensing Mapping of Global Land Water", *Science China: Earth Sciences*, 2014.

[22] Loveland T. R. , Belward A. S. : "The IGBP – DIS Global 1km Land Cover Data Set, DISCover: First Results", *International Journal of Remote Sensing*, 1997, 18 (15) .

[23] Loveland T. R. , Reed B. C. , Brown J. Fet. al. : "Development of a GLC Characteristics Database and IGBP Discover from 1km AVHRR Data", *International Journal of Remote Sensing*, 2000, 21 (6 – 7) .

[24] Mayaux P. , Eva H. , Gallego J. et. al. : "Validation of the Global Land Cover 2000 Map", *Geoscience and Remote Sensing*, 2006, 44 (7) .

[25] Meyer W. B. , Turner B. L. : "Human Population Growth and Global Land – use/ cover Change", *Annual review of ecology and systematics*, 1992.

[26] Meyer PItten K. I. , Kellenberger T. et. al. : "Radiometric Corrections of Topographically Induced Effects on Landsat TM Data in an Alpine Environment", *ISPRS Journal of Photogrammetry and Remote Sensing*, 1993, 48 (4) .

[27] Strahler A. H. , Boschetti L. , Foody G. M. et. al. : "Global Land Cover Validation: Recommendations for Evaluation and Accuracy Assessment of Global Land Cover Maps, European Communitiees, Luxembourg, 2006.

[28] Townshend J. R. G. , Justice C. , Li W. et. al. : "GLC Classification by Remote Sensing: Present Capabilities and Future Possibilities", *Remote Sensing of Environment*, 1991, 35.

[29] Townshend J R. G. , Masek J. G. , Huang C. et. al. : "Global Characterization and Monitoring of Forest Cover Using Landsat Data: Opportunities and Challenges", *International Journal of Digital Earth*, 2001, 5.

[30] Turner B. L. , Meyer W. B. : Global Land – use and Land – cover Change: An Overview, Changes in Land Use and Land Cover: A Global Perspective, 1994, 4 (3) .

[31] Turner B. L. , Lambin E. F. , Reenberg A. : "The Emergence of Land Change Science for Global Environmental Change and Sustainability", *Proceedings of the National Academy of Sciences*, 2007, 104 (52).

[32] Verburg P. H. , Neumann W. , Linda N. L: "Challenges in Using Land Use and Land Cover Data for Global Change Studies", *Global Change Biology*, 2011, 17.

［33］陈军、陈晋、廖安平等：《全球 30 米地表覆盖遥感制图的总体技术》，《测绘学报》2014 年第 43（6）期。

［34］陈军、陈晋、宫鹏等：《全球地表覆盖高分辨率遥感制图》，《地理信息世界》2011 年第 9（2）期。

［35］陈军、武昊、李松年、陈斐、韩刚：《面向大数据时代的地表覆盖动态服务计算》，《测绘科学技术学报》2013 年第 30（4）期。

［36］廖安平、陈利军、陈军等：《全球陆表水体高分辨率遥感制图研究》，《中国科学：地球科学》2014 年第 44（8）期。

［37］刘吉羽、彭舒、陈军等：《基于知识的 GlobeLand30 耕地数据质量检查方法与工程实践》，《测绘通报》2015 年第 4 期。

［38］刘纪远、邓祥征：《LUCC 时空过程研究的方法进展》，《科学通报》2009 年第 54（21）期。

［39］刘纪远、张增祥、庄大方：《20 世纪 90 年代中国土地利用变化的遥感时空信息研究》，科学出版社，2007。

［40］史培军、袁艺、陈晋：《深圳市土地利用变化对流域径流的影响》，《生态学报》2001 年第 21（7）期。

论新媒体地图学的发展

杜清运 *

摘　要：　本文在分析新媒体概念及其特点的基础上，主要分析了新媒体与地图的关系，重点阐述了新媒体时代地图学发展的主要趋势及面临的关键特征问题。

关键词：　新媒体　地图　新媒体地图学

人类正在快速进入新媒体时代。新媒体的概念最初来自于新闻界，主要是从政治、文化和社会的角度研究数字化和信息化对传统媒体的升级影响。以计算机技术、通信技术和互联网技术为主导的人类社会信息化进程，对于媒体作为信息传播途径的冲击显得尤为突出。信息呈爆炸式增长，信息传输实现准实时化，人机信息交互体验空前平顺等，都大大加快了新媒体时代的到来，成为当今技术发展的主流方向。地图学作为一门古老的学科，以表达空间信息的地图作为媒体的一员，也必将直面新媒体的机遇，新媒体地图学的发展就是在信息通信技术（ICT）大潮下正在成形的地图学新方向。

一　新媒体及其特点

新媒体是随着现代信息技术和通信技术相结合所产生的新兴媒体形式，它包括媒体的外观形式、技术实现及其交互作用，体现新技术与传统媒体的集成和融合，是一种超越传统媒体形式和传播途径的全新大众媒体。

---

* 杜清运，教授，博士生导师，地理信息系统教育部重点实验室，武汉大学资源与环境科学学院。

新媒体发展的重要基础是多媒体计算机的发展，多媒体所包含的文本、图形、图像、音频和视频使传统相对独立的媒体在多媒体环境下实现了统一，产生了包括网络订阅源、博客和微博、即时通信、播客、照片分享和视频播放等不同媒体形式的网站和网络应用，出现了装备摄像头、话筒和多种传感器等多媒体工具的桌面计算机和移动终端，还出现了 Facebook 等社交网络，同时伴生的还有物联网、服务网、知识网和智能网等不同层次的网络。

新媒体对于人类行为方式的改变主要体现在技术、社会和文化等多个层面，三者第一次在技术的推动下产生交叉演化，形成以信息化取代工业化，促进全球化，实现社会、技术、文化综合变革等后续效应，最终实现技术驱动社会文化的革新。这种革新突出表现在新的文字和符号体验、世界表达方式、主体和媒体技术的关系、个体认同与群体关系的体验、人类自身与技术媒体关系的概念以及媒体组织和产品的模式等。

相对于传统媒体，新媒体的特性反映在内容、结构、技术和体验等多个方面。

（1）数字化。数字化是新媒体实现的技术基础，也是内容基础。只有数字化的媒体内容，才能纳入新媒体的传播通道。

（2）交互性。数字媒体显示的特征就是能够根据用户的多模式输入动态地改变，形成人机交互体验，实质是增加了人对于媒体内容和形式的操控感和沉浸感。

（3）超媒体特征。超媒体是将传统的媒体线性浏览模式转化为非线性的网状链接和浏览的关键技术，是在不改变数据库结构的情况下把分散在广域网络中的媒体通过超链接连成一个巨大的语义媒体系统，便于读者自由浏览。

（4）碎片化特征。碎片化特征是由于网络环境下参与者的多样化导致的，一是媒体来源的分散和去中心化，如自媒体；二是应用需求、传输和生产模式导致的媒体信息的非结构化。新媒体一方面实现了快捷和即时传播，但牺牲的是系统和权威，也极大地影响着用户的使用习惯和方式。

（5）虚拟性。数字化的媒体信息本身具有虚拟性，是采用虚拟的数字形式去表达真实世界的某个侧面；同时用户自身也通过身份、化身等实现虚拟化，新媒体的发布和接收可以在赛博空间中完成，只有在最初的感知和最终的认知过程中才会实现心理物理世界与虚拟空间之间的交叉映射。

二　新媒体与地图

地图作为图形和图像的一个子类，从来就是媒体的一部分。在报纸、图书、杂志和电视等传统媒体中出现的地图便是如此。地图集、挂图等出现在各类场合的地图产品本身承载着刊传播信息的媒介功能，包括附属的广告功能。就此来看，地图的制作出版也是媒体制作的一个重要方面。在传统媒体中，地图一般是和文本、照片甚至声音等其他媒体形式相伴出现的，是典型的媒体产品之一。在新媒体时代，地图的多媒体化有了更出色的表现，借助媒体化的计算机网络等通道，实现了地图信息的媒体化、便捷传播和使用。在新媒体环境下再认识地图的媒体属性，对于把握地图的未来趋势是至关重要的。

（一）地图的数字化

目前，地图的数字化正处于进行之中。其中大规模的现存地图的数字化工作已经结束，各类数字化地图产品如 DLG、DEM、DRG 等已经建库完成，基础地理数据框架基本完成。大量专题地理数据随着测量和监测手段的进步业已完成数字化。一些原非空间表示方式的社会经济统计数据的数字化建库工作也在同步进行当中。随着传感器网络等先进的物联网和传感网技术的发展，可以用于数字地图制作的时空大数据正在快速形成，如手机数据、社交网络数据、交通数据和遥感监测等，配合大数据存储、深度学习和挖掘等功能，地图的数据体系正在走向完善和自主维持中。

（二）地图的网络化

地图传输的网络化是新媒体地图的主要体现，表现为以谷歌地图等为代表的面向公众的网络地图服务系统的出现，以及其他全球地图数据在线提供商如 OpenStreetMap 的兴起。计算机网格和云计算等先进网络模式的出现，为地图的网络化传输提供了计算架构基础，在线浏览、自主制图、众筹制图、在线数据挖掘与知识可视化成为新的传播和服务模式。

（三）地图的移动化

移动终端如智能手机、平板电脑以及穿戴设备等直接推动了地图的移动化，使数字化、网络化的地图能够在移动网络支持下经由移动终端设备为用户提供灵活服务，实现了地图媒体与移动互联网其他媒体渠道的互通，也间接推动地图服务与ICT信息服务的融合。地图被看成是继浏览器和搜索引擎之外的第三大互联网入口，引发了国际、国内一线IT公司的地图大战。地图在移动互联网中的兴起本质是面向线上/线下（O2O）的地图入口之争，也可以看作是继文字新闻、图片共享、音乐和视频分享之后被互联网门户争夺的最后一个媒体阵地。

基于位置的服务、移动计算概念的提出使移动终端本身成为感知世界的"眼睛"以及最普及的物联网传感终端，可穿戴式电脑、智能眼镜和个人虚拟现实设备的快速发展进一步强化了服务终端的便携性和移动化，媒体显示、多点触控和基于姿势的交互、语音等新兴人机交互界面及模式，使移动地图媒体获得了更好的使用体验。

地图的移动化还带来由于移动终端和作为生物体的人类的相伴而行形成的时空大数据，移动终端持有者的行走、站立、爬楼、跑动和一切操作行为均会被记录而成为大数据的组成部分，其中不仅有理性科学的数据，也有持有人直接和间接获取的情感数据，个人和群体产生的这些大数据本身为移动地图增添了新的内容和形式。

（四）地图的泛在化

泛在计算是一种强调无处不在的计算服务模式，是将虚拟数据集成到真实应用环境中，从而提供实时实地的灵性服务，同时也追求所谓的静默、免打扰和非可见计算，使技术隐藏在背后，更多地强调以用户和真实应用为中心的服务模式。地图的泛在化与移动化有着不可割裂的联系。为了实现泛在化地图信息服务，还有许多基础条件和技术问题需要解决。如实现室内外一体的导航服务需要进行室内测量和制图，需要开发增强现实服务的技术将虚拟信息集成到真实应用场景中。物联网、传感器网络和移动设备集群所产生的时空大数据对于泛在服务的支持还需要深入研究。泛在制图同时还对社交网络、赛博空间大数据的深度学习和即时服务提出了新的要求。

从技术趋势来看，媒体图形显示技术的发展是泛在技术的实现基础之一，如桌面、墙面、手机、汽车车窗甚至报纸等未来都是潜在的显示屏和触摸屏，基于姿势的人机交互可以很方便地在这些无处不在的媒体之间所见即所得地拷贝和分发图形，无线网络当然是背后的信息传输提供支持。

三　新媒体时代的地图学

目前，地图学正面临测绘学科从数据获取向数据应用重心后移的技术趋势。地图学的发展迎来了前所未有的历史机遇，包括制图者与终端用户特有的联系，地图与 IT 主流业态的无缝结合、互联网作为数据获取与分发的双向通道、传感器网络与大数据来源的日趋丰富、以地图为中心的工程组织模式、新媒体地图眼球经济对行业的促进等，尽管也面临一些技术发展和集成的难题，但这些变化带来的是无限广阔的前景。我们需要针对新媒体地图学带来的挑战和机遇，重点研究和解决以下几个关键环节。

（一）地图学的理论特征

作为一门经典的传统学科，和数学、物理学等基础学科一样，地图学也面临着基础理论发展缓慢、重大科学问题缺乏、理论突破不足等问题。如何从理论地图学入手，解决这些发展的瓶颈是十分重要的。比较可行的途径是在弄清地图学的学科概念模型的基础上，探索地图学与数学、哲学、认知科学、地理学和信息科学等顶层学科的联系。

地图学应该定位于弄清人类是如何通过认知系统对世界进行形象和逻辑建模、使用图形进行形象化表达以及如何在真实世界中应用这些表达，即要上升到人脑认知系统中图形图像能力内在机理的高度，成为与认知科学相联系的一个学科门类。事实表明，一个学科与基础学科的距离越近，其学术层级就越高，其发现科学问题、定位方法论和发展应用模式的能力就越强。可以预见，随着 21 世纪认知科学的进一步发展，地图学的科学高度应会随之进一步提升，同时理论地图学的发展也会为认知科学特别是空间认知作出贡献。

在新媒体环境下，地图学理论不可避免地会与信息科学、大众传媒和认知科学等相关学科产生边缘学科问题，因为新媒体地图相对于传统纸质地图在存储、处理、传播和阅读等诸多环节都有自己独特的特点，需要结合相关学科领域的新理论和新方法进行研究，对于发展新媒体地图学理论也是很有帮助的。

（二）地图学的技术特征

地图学的近现代发展极大地得益于测量技术和遥感技术的发展，随后是印刷技术，最近三十多年主要得益于信息技术和通信技术，这些技术发展对地图学的支撑是不可或缺的。当代 ICT 技术发展是人机交互与协同为主线的现代信息技术，很多经典的地图制作和使用技术需要在全新的媒体环境下进行重构，相关的关联技术如网络、感知、挖掘和可视化技术等对于地图学来说很多是尚未涉猎的，即使既有的技术也面临着在新环境下的再开发和再利用问题。

一个学科的技术属性对于其发展是十分重要的，尽管对技术的关注一定程度上会影响学科自身问题的研究进展，但技术对于学科的推动不可小视。目前看来，地图融入主流的 IT 技术是大势所趋，国际主流 IT 公司的许多业务分支都与新媒体地图服务的硬软件和服务模式相关，如电子墙、电子纸、个人虚拟现实头盔、智能眼镜和其他穿戴式设备等，都为地图学的技术发展不断注入新的发展动力。

（三）地图学的产业特征

地图学要发展，产业的支持也是必不可少的。目前的地图产业主要集中在数据获取、数据处理与建库、地图制图、地图出版和地图公众服务等领域，传统产业份额发展稳健，地理信息技术的整体发展为地图学的产业支撑提供了良好的保障。地图的品种类别、服务方式和渠道、服务对象和用户需求呈现蓬勃发展的态势。IT 业进入地图产业领域，在导航和公众服务领域培育了可观的市场份额，传统上面向各类专业的专题地图服务加起来应更是一个不小的产业。现在的主要问题是如何加速地图服务的产品化和产业化，探索分散业态下的产业聚集和培植，随着新媒体的迅速发展找到更多的增长点。

由于新媒体地图和其他各类计算系统在信息平台和环境上具有统一性，地图的新业态也不可避免地和地理信息产业甚至整个电子信息服务业走向融合发展的道路。就像很多门户网站或手机开发商都有地图或 LBS 部门一样，新媒体地图产业要在 ICT 大环境中发展壮大自己，更快、更方便地获取地图资料和到达终端用户，新兴技术为产业的发展创造了更好的环境和条件。

（四）地图学的设计学特征

地图学首先是一门设计科学，新媒体地图在数据库、算法、软件架构、人机界面、图形可视化策略等方面也有极强的设计学特征。目前地图和地理信息系统的设计学特征正变得越来越重要，最终会转化为用户体验，而用户体验则是在新媒体环境下产品实现其应用价值的关键因素，这一点从汽车、服装、手机等工业产品的设计中已经表现得淋漓尽致。

新媒体技术的一个重要特点是通过网络和终端聚集了同时在线的大量用户，这些用户同时是地图的制作者和使用者，设计的活力正是来自这些潜在的众筹地图和自愿的地图参与者，其中不乏设计水准很高的设计人员，只要有数据和软件工具，人人都可以设计自己的地图。微博地图、微信地图、地图 APP 的大量出现就是地图作为一种设计产品在新媒体环境下蓬勃发展的具体体现。这些地图最大的特点是不受传统地图的束缚，在很大程度上吸取了计算机图形学和科学可视化的研究成果，同时还受益于无比丰富的大数据类型和题材，是对传统地图学设计理论的极大丰富和发展。

（五）地图学的内容特征

长期以来，地图学特别是地图制图学相对比较关注地图形式本身，虽然也有内容设计，但作为地图设计者，主要是把地图作为一门通用语言加以应用，符号、色彩和表示方法考虑较多，而地图内容的真正内涵通常是交给读图的人。新媒体时代是一个"内容为王"的时代，地图学应该从关注形式向关注内容方向迁移，更加重视地图作为一种媒体的自然、社会和文化工具价值，关注地图的表达对象及其内在本质，把地图语言推向更多的自然和人文专业领域，总结提炼和应用带有规律性的理论和方法，开辟地图学从形式到内容的全新思想王国。

四　结束语

地图学是一门经典学科，同时也随着时代的进步而不断发展。地图作为媒体的一员，在新媒体时代自然也有它扮演的角色。21 世纪是人类走向全面媒体化的世纪，人与计算机的交互从来没有像今天和可见的未来那样频繁和富于体验感。思考新媒体时代地图学的发展问题，在人类社会发展的重要阶段实现地图学的"华丽转身"，应该成为 21 世纪地图工作者的光荣使命和努力方向。

北斗差分定位系统应用分析

赵文军 张锋 郑冲*

摘　要：北斗二号系统是我国自主研发的卫星导航系统，具有 GEO、IGSO、MEO 三种卫星的混合星座，同时播发 B1、B2 和 B3 三个频点观测值。北斗差分定位系统基于北斗网络 RTK 技术，能够提供米级、分米级甚至厘米级实时定位服务，可以满足高精度定位用户需求。本文介绍了北斗网络 RTK 原理、应用指标和应用模式，分析了北斗差分定位系统应用效能，为北斗高精度应用推广提供了新的选择。

关键词：北斗　差分定位　网络 RTK　参考站

一　引言

我国北斗二号区域导航系统已经初步建成，目前在轨卫星共 14 颗，其中包括 5 颗 GEO 卫星、5 颗 IGSO 卫星和 4 颗 MEO 卫星。

北斗二号系统具备定位导航、测速、授时和短报文通信四大功能，应用性能见表 1。

随着北斗应用的逐步发展，表 1 中的基本应用性能已无法满足部分用户的高精度应用需求，因此，北斗差分定位系统应运而生。北斗差分定位系统采用北斗网络 RTK（实时动态定位：Real – Time Kinematic）技术，为精密工程测量、地形勘测、形变监测、精密农业等测量用户，提供近实时（秒级）的高精度定位基准服务。

＊ 赵文军，北京卫星导航中心，高级工程师；张锋、郑冲，北京卫星导航中心。

表1　北斗二号系统提供的应用性能

服务区类型	覆盖范围	服务指标
RNSS 服务区	东经55〜180度 纬度−55〜+55度	定位精度：水平20米，高程20米 授时精度：50ns 测速精度：0.2米/秒
RNSS 重点服务	东经75〜135度 纬度10〜55度	定位精度：水平10米，高程10米 授时精度：50ns 测速精度：0.2米/秒 军码战区功率增强：优于8分贝
RDSS 报文服务区	东经55〜160度 北纬5〜55度	授时精度：单向授时50ns 短报文通信：每次120个汉字
RDSS 定位服务区	东经70〜145度 北纬5〜55度	定位精度：水平20米，高程10米 授时精度：双向授时10ns 短报文通信：每次120个汉字

二　北斗网络 RTK 技术原理和系统构成

（一）网络 RTK 原理

在一定的区域内建立多个（一般为三个或以上）参考站，对该区域构成网状覆盖，并以这些参考站中的一个或多个为基准，计算和播发改正信息，对该区域内的卫星定位用户进行实时误差修正的定位技术，称为网络 RTK 技术，又称为多参考站 RTK。

北斗网络 RTK 的基本原理是利用多个连续运行北斗基准站（最少3个或3个以上基准站形成基准站网络）的观测数据，经计算处理实时生成格网化的差分改正数据，发送给网络区域内的用户，该数据相当于距离用户较近（10米左右）位置的一个虚拟参考站的观测数据，该种方法的 RTK 定位结果可靠、精度高，且精度一致性好。网络 RTK 技术又被称为虚拟基准站技术（见图1）。

网络 RTK 的高性能源于功能强大的网络 RTK 数据处理软件，由基准站观测数据处理模块和差分改正数生成模块组成。

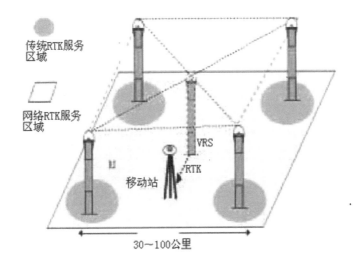

传统RTK服务区域

网络RTK服务区域

VRS

RTK

移动站

30～100公里

图1　网络 RTK 原理

（二）北斗网络 RTK 系统构成

北斗网络 RTK 系统组成见图 2。

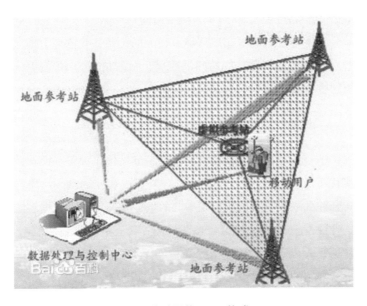

地面参考站

地面参考站

虚拟参考站

移动用户

数据处理与控制中心

地面参考站

图2　北斗网络 RTK 构成

北斗网络 RTK 系统由 GNSS 基准站网、控制中心、从各基准站到控制中心的通信网络、控制中心和用户间的通信网络和用户五部分构成。

GNSS 基准站网由 3 个以上基准站组成，基准站是网络 RTK 的空间基准，其位置信息和观测数据是生成差分校正数据的基础数据。控制中心是网络 RTK 系统的核心，利用网络 RTK 软件处理基准站网络的数据，形成校正数据网格。基准站到控制中心的通信网络则负责将基准站的数据实时传输给控制中心，由于基准站数据量大，位置固定，并有实时性要求，因此通常采用有线通信网络（或无线移动链路）进行数据通信，但应避免通信延迟过大。控制中心和用户间的通信采用无线移动网络，将网络校正数据传送给用户。

三　北斗网络 RTK 应用

（一）应用技术指标

（1）基准站精度：≤3 厘米，测量时间：180 分钟（无控制点）。

（2）基准站之间距离：50 公里 ~ 70 公里。

（3）用户定位精度：≤30 厘米，测量时间：5 秒。

网络差分精度与区域的电离层环境有很大的关系，我国南方地区电离层环境较差，解决的办法是缩短基准站间的距离，一般情况为 50 公里，而我国北方地区电离层变化相对稳定，则基准站间的距离可以延伸到 100 公里。

（二）应用模式

系统维护中心设计和布设基准站网络，基准站优先设置在已知的大地控制点上（精度优于 3 厘米），对于设置在未知点上的基准站，该站能自动把最先观测的 180 分钟观测数据发送到控制中心的数据处理系统，数据系统与西安陆态网络数据处理系统链接，利用陆态网络的连续运行基准站（国家级的基准站）数据快速计算出该点的精确坐标（精度优于 3 厘米）。

在布设基准站的同时，设置控制中心（可设置在一个基准站上），控制中心由一台计算机实时控制和管理整个系统的运行，进行数据通信和数据处理，并监测基准站的运行状态。

控制中心通过信息网络实时接收地面基准站的观测数据,生成作业区域内的差分定位改正信息,同时通过移动网络把这些改正信息发送给作业区域内所有配备北斗差分接收机的测量用户,进行自主测量定位。

四　应用效能分析

(一)机动布网,全域覆盖

北斗网络 RTK 系统能够实现作业区域内灵活机动布设,覆盖范围广。网络 RTK 系统只需布设 3 个基准站,即可提供覆盖区域内的位置空间基准服务。

图 3 是一个具有同样定位精度的单基站 RTK 系统和网络 RTK 系统的覆盖对比。为了有效覆盖 100 公里 × 100 公里的区域,单基站 RTK 系统需要建设 9 个基准站(按单基站 RTK 覆盖半径 15 公里计算),而网络 RTK 系统只需要建设 4 个基准站。因此,为了达到同样的覆盖效果(精度和范围),单基站 RTK 需要的基准站建设成本远远高于网络 RTK。

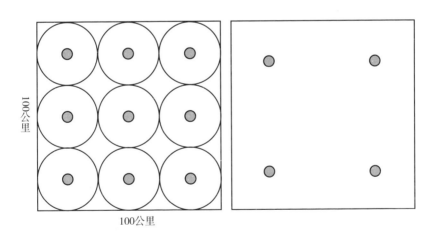

图 3　不同 RTK 方式下基准站数量对比

(二)系统可靠性强,测量结果可靠

在系统的可靠性方面,网络 RTK 远远优于单基站 RTK 系统。单基站 RTK

系统的可靠性取决于单个基准站，一旦该基准站出现问题，其覆盖的区域就会成为服务盲区，甚至是错误服务区。而网络 RTK 系统的可靠性不是由单个基准站而是由整个基准站网络来维护的，因此单个基准站即使出现问题也很容易被发现，不会导致数据被错误使用；而要提高系统的容错性，保持网络的有效覆盖也只需要在网络中增加很少的备用基准站，这在单基站 RTK 系统中代价将是十分高昂的。相对于单基站 RTK，网络 RTK 测量结果精度与距离无关，在基准站网络控制范围内，定位精度始终在厘米级，并且坐标结果一致为 CGCS2000 坐标系。

（三）利用连续运行参考站网络，提高基准站定位精度

对于设置在未知点上的基准站，能够利用连续运行参考站网络快速解算该站的位置坐标（精度优于 3 厘米）。基准站位置坐标精度越高，生成的差分定位改正信息就越准确，定位结果精度更高。

（四）用户自主测量，应用范围广

可以为全域内的所有设备和人员（装备北斗差分接收机）提供近实时（几秒钟）的高精度自主定位测量服务，还可以为运动的车辆和设备提供动态定位服务。

五　结束语

北斗卫星导航系统是全球首个提供三频信号服务的卫星导航系统，其三频信号对中长距离的卫星导航精密定位非常有利，不仅可以扩大作业范围，而且还能显著改善作业效率、精度和可靠性，对北斗差分定位系统的应用推广，可以打破 GPS 对我国精密定位市场的垄断，满足各类不同行业用户对精密定位、快速和实时定位、导航的需求，满足城市规划、国土测绘、地籍管理、城乡建设、环境监测、防灾减灾、交通监控等多种现代信息化管理的社会需求。

参考文献

［1］刘基余：《北斗卫星导航系统的现状与发展》，《遥测遥控》2003 年第 5 期。

［2］张锋：《基于区域参考站网络的 VRS 动态定位算法研究与实现》，郑州信息工程大学学位论文，2005。

［3］何海波：《高精度 GPS 动态测量及质量控制》，郑州信息工程大学学位论文，2002。

［4］许其凤：《空间大地测量学》，解放军出版社，2001。

［5］吴北平、李征航：《GPS 网络 RTK 线性组合法与内插法关系的讨论》，2003。

［6］王平：《虚拟参考站—GPS 网络 RTK 技术》，《测绘通报》2001 年增刊。

［7］杨小军：《虚拟参考站技术与差分改正信息的研究》，西南交通大学学位论文，2005。

［8］GAO xingwei, The Algorithmic Research of GPS/GLONASS Network RTK and Its Program Realization, Wuhan University.

社会科学文献出版社

✤ 皮书起源 ✤

"皮书"起源于十七、十八世纪的英国,主要指官方或社会组织正式发表的重要文件或报告,多以"白皮书"命名。在中国,"皮书"这一概念被社会广泛接受,并被成功运作、发展成为一种全新的出版形态,则源于中国社会科学院社会科学文献出版社。

✤ 皮书定义 ✤

皮书是对中国与世界发展状况和热点问题进行年度监测,以专业的角度、专家的视野和实证研究方法,针对某一领域或区域现状与发展态势展开分析和预测,具备原创性、实证性、专业性、连续性、前沿性、时效性等特点的公开出版物,由一系列权威研究报告组成。

✤ 皮书作者 ✤

皮书系列的作者以中国社会科学院、著名高校、地方社会科学院的研究人员为主,多为国内一流研究机构的权威专家学者,他们的看法和观点代表了学界对中国与世界的现实和未来最高水平的解读与分析。

✤ 皮书荣誉 ✤

皮书系列已成为社会科学文献出版社的著名图书品牌和中国社会科学院的知名学术品牌。2011年,皮书系列正式列入"十二五"国家重点出版规划项目;2012~2015年,重点皮书列入中国社会科学院承担的国家哲学社会科学创新工程项目;2016年,46种院外皮书使用"中国社会科学院创新工程学术出版项目"标识。

中国皮书网

www.pishu.cn

发布皮书研创资讯，传播皮书精彩内容
引领皮书出版潮流，打造皮书服务平台

栏目设置：

- □ 资讯：皮书动态、皮书观点、皮书数据、
  皮书报道、皮书发布、电子期刊
- □ 标准：皮书评价、皮书研究、皮书规范
- □ 服务：最新皮书、皮书书目、重点推荐、在线购书
- □ 链接：皮书数据库、皮书博客、皮书微博、在线书城
- □ 搜索：资讯、图书、研究动态、皮书专家、研创团队

中国皮书网依托皮书系列"权威、前沿、原创"的优质内容资源，通过文字、图片、音频、视频等多种元素，在皮书研创者、使用者之间搭建了一个成果展示、资源共享的互动平台。

自 2005 年 12 月正式上线以来，中国皮书网的 IP 访问量、PV 浏览量与日俱增，受到海内外研究者、公务人员、商务人士以及专业读者的广泛关注。

2008 年、2011 年中国皮书网均在全国新闻出版业网站荣誉评选中获得"最具商业价值网站"称号；2012 年，获得"出版业网站百强"称号。

2014 年，中国皮书网与皮书数据库实现资源共享，端口合一，将提供更丰富的内容，更全面的服务。

法 律 声 明

　　“皮书系列”（含蓝皮书、绿皮书、黄皮书）之品牌由社会科学文献出版社最早使用并持续至今，现已被中国图书市场所熟知。“皮书系列”的 LOGO（ ）与“经济蓝皮书”“社会蓝皮书”均已在中华人民共和国国家工商行政管理总局商标局登记注册。“皮书系列”图书的注册商标专用权及封面设计、版式设计的著作权均为社会科学文献出版社所有。未经社会科学文献出版社书面授权许可，任何使用与“皮书系列”图书注册商标、封面设计、版式设计相同或者近似的文字、图形或其组合的行为均系侵权行为。

　　经作者授权，本书的专有出版权及信息网络传播权为社会科学文献出版社享有。未经社会科学文献出版社书面授权许可，任何就本书内容的复制、发行或以数字形式进行网络传播的行为均系侵权行为。

　　社会科学文献出版社将通过法律途径追究上述侵权行为的法律责任，维护自身合法权益。

　　欢迎社会各界人士对侵犯社会科学文献出版社上述权利的侵权行为进行举报。电话：010－59367121，电子邮箱：fawubu@ ssap. cn。

社会科学文献出版社